丛书主编 潘云鹤

跨学科工程研究丛书

工程创新：突破壁垒和躲避陷阱

李伯聪等 著

浙江大学出版社
ZHEJIANG UNIVERSITY PRESS

总　序

新时代呼唤大量涌现卓越工程师

潘云鹤

　　《跨学科工程研究丛书》即将出版了。这套丛书的基本主题是从跨学科角度研究与"工程"和"工程师"有关的一系列问题,更具体地说,这套丛书的主题分别涉及了工程哲学、工程社会学、工程知识、工程创新、工程方法、工程伦理等许多学科或领域,希望这套丛书能够受到我国的工程界、科技界、管理界、工科院校师生和其他人士的欢迎。

　　从古至今,人类以手工方式或以机器方式制造了大量的"人工物",如英格兰的巨石阵,古埃及的金字塔,古希腊的雅典卫城,古罗马的斗兽场,中国古代的都江堰、万里长城、大运河,欧洲中世纪的城堡等等,直到现代社会的汽车、拖拉机、电冰箱、高速公路、高速铁路、计算机、互联网等等。无数事例都在显示:从历史方面看,造物和工程的发展过程构成了人类文明进步和发展的物质主线;从人的本质特征方面看,造物和工程创新能力成为了刻画人的本质力量的基本特征。

　　正如马克思所指出:"工业的历史和工业的已经产生的对象性的存在,是一本打开了的关于人的本质力量的书。"已经进行过和正在进行着的数量众多、规模不一、类型和方式多种多样的工程活动,不但提供了人类生存所必需的衣食住行等物质生活条件,而且在工程的规划、设计、实施、运行和产品使用的过程中,人类的创造力得以发挥，人的本质力量得以显现。工程活动不但创造了人类的物质文明，而且深刻地影响了自然的面貌，深刻影响了人类的精神世界和生活方式。

工程对人类的发展很重要，而对21世纪初的中国而言，可谓特别重要。因为今天的中国正处于工业化的高潮，其工程活动的类型之丰富、规模之宏大、发展方式之独特，均居世界前列，其取得的成就令世界惊讶。

与此同时，中国工程所面临的复杂挑战也令世界关注。此种挑战的复杂性不仅来自于工程本身，要兼顾科技、经济、文化、环境、社会等各方面的综合需求与可能；也不仅来自于中国发展的特殊阶段，要同时面对工业化、信息化、城镇化、市场化、全球化的综合挑战；还来自于当今时代所面临的共同问题，如气候变化、资源短缺、环境压力等等难题。这些难题的重叠交叉，要求中国涌现出大批卓越的富有创造性的工程师。

历史经验的总结和现实生活的启示都告诉人们：工程师这种社会角色，在生产力发展和社会发展的进程中发挥了重要的作用。在新兴产业开拓的过程中，工程师更义不容辞地要成为技术先驱和新产业的开路先锋。

在近现代历史进程中，工程师不但从数量上看其人数有了指数性的增长，而且更重要的是，工程师的专业能力、社会职能和社会责任，人们对工程师的社会期望，工程师自身的社会自觉都发生了空前巨大而深刻的变化。

在现代社会中，作为一种社会分工的结果，卓越的工程师毫无疑问地必须是杰出的专家，但绝不能成为"分工的奴隶"。要成为卓越的工程师，不但必须有精益求精的专业知识、广泛的社会知识和综合的创造能力，而且必须有高瞻远瞩的工程理念、卓越非凡的工程创新精神、深切的职业自觉意识、强烈的社会责任感和历史使命感。

新形势和新任务对我国工程师提出了新要求。面对社会发展和时代的呼唤，我国的工程师需要有新思维、新意识、新风格、新面貌。

现在中国高等院校每年培养的工科毕业生已超过200万。他们学的都是专业性工程科技知识，如土木工程、机械工程、电子工程、化学工程……，但多数人对工程整体特性的学习和研究却相当缺乏。这种"只见树木,不见树林"的状态,不利于他们走向卓越。21 世纪新兴起的工程哲学和跨学科工程研究(Engineering Studies)就提供了从宏观上认识工程活动和工程师职业的一系列新观点、新思路、新视野。

应该强调指出的是,工程哲学和跨学科工程研究可以发挥双重的作用。一方面,工程哲学和跨学科工程研究可以促使其他行业的人们更深刻地重新认识工程、重新认识工程师;另一方面,工程哲学和跨学科工程研究又可以促使工程师更深刻地反思和认识工程活动的职能和意义,更深刻地反思和认识工程师的职业特征、社会责任和历史使命。

进入 21 世纪之后,工程哲学和跨学科工程研究作为迅速崛起的新学科和新研究领域,在中国和欧美发达国家同时兴起。近几年来,跨学科工程研究领域呈现出了突飞猛进的发展势头,研究范围逐渐拓展,学术会议和学术交流逐渐频繁,研究成果日益丰硕。

为了促进工程理论研究的深入发展,为了适应在我国涌现大批卓越工程师的需要,特别是为了适应工程实践和发展的现实需要,我们组织出版了这套《跨学科工程研究丛书》。整套丛书包括中国学者的两本学术著作——《工程社会学导论:工程共同体研究》和《工程创新:突破壁垒和躲避陷阱》,以及四本翻译著作——《工程师知道什么以及他们是如何知道的》、《工程中的哲学》、《工程方法论》和《像工程师那样思考》。我们相信,这套丛书的出版将会有助于我国加快培养和造就创新型工程科技人才,有助于社会各界更深入地认识工程和认识工程师的职业特征与职业责任,也有助于强化我国在工程哲学和跨学科工程领域研究的水平与优势,从而促进我国工程理论与实践又好又快地发展。

2010 年 9 月 15 日

目 录

理论篇

案例篇

理 论 篇

第一章
绪　论

本书的关键词是"工程创新"和"工程智慧";本书的基本叙述和研究方法是运用"壁垒和陷阱隐喻";本书的核心主题是阐述"工程创新是创新活动的主战场"。希望本书的思路和内容能够对工程创新者、工程管理者、工科院校师生和其他读者起到一定的启发作用①。

创新可能成功,包括巨大的成功;但同时也可能失败,包括惨痛的失败。美国学者克里斯坦森(Christensen, M. C.)在1997年出版了《创新者的困境:当新技术

---

① 美国学者科恩认为"启发法"是最基本的"工程方法"。启发法有四个特点:(1)启发法并不保证能给出一个答案;(2)一种启发法可能与另外一种启发法相冲突;(3)在解决问题时启发法可以减少必须的研究时间;(4)一种启发法的可接受性依赖于直接的问题脉络(context)而不是依赖于某个绝对标准。科恩还指出,当工程师在特定的时间使用一组启发法解决一个特定的工程问题时,人们可以把卓越的工程实践说成是艺术(state of the art)。

引起伟大公司失败的时候》①。这本书的出版犹如一石激起千层浪，引起了很多人的关注。人们注意到创新者并不必然永远头戴胜利的桂冠，他们也有陷于困境的时候。

我国的许多国有企业在 20 世纪八九十年代进行了技术改造。从技术层面看，技术改造无疑地是技术进步和追求创新精神的表现，可是，在这个技术改造潮流中，许多人困惑地看到了一些企业"不搞技术改造是等死，搞技术改造是找死"的现象。这不能不使一些人感到理论的困惑和现实的迷惑。

以上所述绝不是要用悲观主义的色彩来认识和阐述工程创新，相反，本书对创新的基本立场和态度是持乐观主义的。但我们主张谨慎、批判的乐观主义，不赞成廉价、盲目的乐观主义。

本书以"突破壁垒和躲避陷阱"为基本线索研究"工程创新"问题，希望能够用它双向地分析和解释创新的成功与失败：从正面看，创新的成功皆可归因于能够胜利地突破壁垒和躲避陷阱；从反面看，创新的失败皆可归因于未能成功地突破壁垒或躲避陷阱。

需要强调指出，在另外一个含义上，用壁垒陷阱隐喻与创新成败的关系又是不对称的：从正面看，必须突破"所有壁垒"和躲开"所有陷阱"才有可能成功；②而从反面看，却是"一个壁垒"前的失败或"一个陷阱"中的落难就有可能断送整个创新。

所谓壁垒和陷阱显然都是某种隐喻。二者的区别在于：壁垒不但是必须花费力气才能越过的，而且它们常常明确而有形地矗立在创新者面前；而陷阱则不但是隐蔽的，而且它们常常并不需要花费什么特别的力气就掉进去了。创新路程中必

---

① Christensen, M. C., *Innovator's Dilemma: When New Technologies Cause Great Firms to Fail*. Boston: Harvard Business School Press, 1997. 这本书已经被译为中文出版(《创新者的窘境》，吴潜龙译，江苏人民出版社 2001 年版)，但原书中的一个关键概念 disruptive technology(可译为"分裂性技术")却被误译为"突破性技术"。

② 为行文简洁，这里权且把万一落入陷阱而能够"跳出"陷阱的情况也看做是"越过"陷阱的一种特殊形式。

然存在许多壁垒和陷阱,这些壁垒和陷阱都是对创新者能力和智慧的严峻考验。

如果我们把工程创新的过程比喻为一出戏剧,那么,创新戏剧的一种典型情节模式就是——当主人公正在为自己突破了一个险峻的壁垒而兴高采烈时,意外地发现自己意外地一脚跌入了一个陷阱。宋代诗人杨万里《过松源晨炊漆公店》诗云:"莫言下岭便无难,赚得行人错喜欢;正入万山圈子里,一山放出一山拦。"在工程创新的路途中,许多创新者大概都会有类似的体验和感受。

本书在结构上划分为理论篇和案例篇两大部分,它们是相互联系、相互配合的,而不是相互割裂的。

在理论上,本书将着重阐述以下几个基本观点。

(1)工程活动是社会存在和发展的物质基础,是直接生产力。

(2)在国家创新系统和建设创新型国家的过程中,研发活动是创新的"前哨战场",工程创新是创新的"主战场"。研发机构是"侦察兵",企业是"主力军"。创新之战的胜利取决于侦察兵和主力军的密切配合与协同,而侦察兵和主力军的脱节必然导致创新之战的挫败。侦察力量薄弱的部队和企图依靠侦察兵进行决战的部队都不可能赢得主战场的胜利。

(3)必须从"全要素"和"全过程"的观点认识工程创新。从要素和集成方面看,工程活动是包括技术、经济、政治、管理、社会、伦理等多种要素的集成活动;从过程方面看,工程活动是涵盖计划、决策、设计、施工、运行、安全、维护、废物处理直到最后的善后事宜的完整过程。在工程活动的"全要素"和"全过程"中都会遇到形形色色的壁垒和陷阱。工程创新过程中的要素壁垒和陷阱主要包括信息壁垒和陷阱、技术壁垒和陷阱、资本壁垒和陷阱、市场壁垒和陷阱;而工程创新过程中的集成壁垒和陷阱主要包括沟通壁垒与陷阱、耦合壁垒与陷阱、制度壁垒与陷阱、文化壁垒与陷阱等。

(4)科学发现和技术发明的内容必须具有可重复性,但其社会评价规范却是只承认"首创性",即基本上只承认"第一个"发现者或发明者的贡献和功绩;而工程活动——以项目为基本活动单位——却以具有"唯一性"为基本特征。

具有可重复性的技术发明以集成的方式重复应用在具有唯一性的工程项目中时,绝不是只有技术发明的第一次应用才有意义,而是"每次"应用都各有其不同的意义,并且位次居后的技术应用项目完全有可能具有更重要的社会作用与影响。

(5)工程创新的过程是在"创新空间"中通过不断的"选择"与"建构"而把"可能性"转化为"现实性"的过程,从而,选择与建构就成为了工程创新的实质和基本内容。合理的多维要素选择(包括对技术路径和技术要素的选择、获得资本的路径和方式的选择等)和多维建构(既包括在技术维度上对不同技术成分的集成和其他维度上的有关集成,又包括整体性的对技术、经济、社会等不同要素的集成)是工程创新活动的基本内容和决定成败的关键。必须尽可能扩大选择的可能性空间(包括技术可能性空间、经济可能性空间、社会可能性空间等),提高选择决策的水平,提高集成能力和建构艺术,努力掌控工程创新的现实命运和路径。

(6)工程活动的灵魂是其主体依赖性和当时当地性。学习和创新之道,理有固然;此人此时此地①,势无必至;工程实践是"道"和"器"的统一、"造物主"("造物主体")和"人造物"的统一;工程智慧是工程合理性和工程艺术性的统一。

(7)"实践智慧"和"理论智慧"是两种不同类型的智慧。工程实践智慧的灵魂和具体表现就是必须善于应对创新过程中的各种壁垒与陷阱,其主要战略与策略原则是:知己知彼,知败知成;察势谋划,妙用奇正;突破壁垒,躲避陷阱;有学有创,合作竞争。

(8)创新的全过程包括"发明"、"首次商业化"(狭义创新)和"创新扩散"三个阶段。三个阶段中需要运用三种不同类型的工程实践智慧。创新扩散不但涉及微观问题而且涉及宏观问题,绝不能轻视"学习性创新"和"创新扩散"的

---

① "此人此时此地"亦可表述为"当人当时当地"、"本人本时本地"或"他人他时他地"。

作用和意义。从宏观范围看问题，最关键的问题不仅在于有了一个"孤独的领先创新者"，而且更在于通过快速扩散和大规模扩散逐步出现"众多的追赶者"。如果没有成功的创新扩散，就不可能实现创新的宏观经济效果和宏观社会目标。在创新发展过程中，没有前定论的注定的命运而只有敞开多种可能性的命运，人类在敞开着的可能世界中实现价值追求；单个工程项目的生命有限，终始相续的工程发展无穷。

在中国历史上，北宋的苏轼不但是大文学家，而且善书善画，还是著名的经济学家和医学家。苏轼曾在一首诗中吐露了他的万端感慨："剑在床头诗在手，不知谁作蛟龙吼？"①苏轼的这两句诗也是本书作者希望献给读者的心声。

第一节　国家创新系统中的工程创新

在进入本节主题前，需要先谈谈"创新"（innovation）这个词语的使用问题。

现代汉语中，"创新"原非常用词汇。在20世纪70年代之前，innovation常被译为"革新"而不是"创新"。后来，随着观念和形势的变化，出现了大量的以"创新"为中心词的词组——技术创新、知识创新、工程创新、制度创新、理论创新、管理创新、服务创新等，"创新"遂逐渐成为目前中国使用频率最高的词语之一。虽然人人都在谈创新，可是，对于"创新"这个术语的理解和使用仍然存在着意见纷纭、概念模糊的现象。

与"创新"到20世纪末才成为常用词不同，"工程"早在19世纪末就开始成为一个比较常用的词语。可是，与"哲学"、"科学"、"技术"等常用词汇不同之处是：哲学界高度关注"哲学"的含义问题并对之进行了很多讨论，科学界和技术界高度关注"科学"和"技术"的含义问题并对之进行了很多讨论，而学术界和工程界对"工程"的

---

① 苏轼这首诗有一个不短的标题——"郭祥正家，醉画竹石壁上。郭作诗为谢，且遗二古铜剑"。（陈迩冬选注：《苏轼诗选》，人民文学出版社1984年版，第203页。）

含义却少有专题研究和探讨。① 这个"三多一少"现象引人注目,耐人寻味。

有鉴于此,这里有必要先对创新、工程、工程创新这几个概念的含义进行澄清,以使本书的讨论能够有一个比较明晰的概念基础。

一　创新理论的历史回顾

创新理论是由著名经济学家熊彼特(Joseph A. Schumpeter)在《经济发展理论》(1912年初版②,1926年修订再版)中首先提出来的。在熊彼特的理论中,创新就是建立一种新的生产函数,建立生产要素和生产条件的新组合,实现新的生产职能,以获得企业家利润或潜在的超额利润。熊彼特认为,创新包括五种情况:"(1)采用一种新产品……或一种产品的一种新的特性。(2)采用一种新的生产方法……这种新的方法决不需要建立在科学上新的发现的基础之上;并且,也可以存在于商业上处理一种产品的新的方式之中(引者按:请读者注意这个观点)。(3)开辟一个新的市场……(4)掠取或控制原材料或半制成品的一种新的供应来源,也不问这种来源是已经存在的,还是第一次创造出来的。(5)实现任何一种工业的新的组织,比如造成一种垄断地位(例如通过托拉斯化),或打破一种垄断地位。"③西方绝大多数经济学家原来都不关心技术进步的作用,可是,在熊彼特的创新理论中,技术创新却被赋予了推动经济发展的关键性作用。

熊彼特独具慧眼,注意到了技术与经济的相互关联,但他同时也注意到了不能把二者混为一谈,认为二者有可能出现不一致的情况。他说:"经济上的最佳和技术上的完善二者不一定要背道而驰,然而却常常是背道而驰的。"④

---

① 杨盛标和许康在2002年发表的《工程范畴演变考略》一文中尖锐地指出:尽管工程一词如今被普遍使用,可是,一般人却很难准确说出"工程"的含义究竟是什么。(刘则渊、王续琨主编:《工程·技术·哲学》(2001年技术哲学研究年鉴),大连理工大学出版社2002年版,第35页。)

② 熊彼特本人在《经济发展理论》的"英文版序言"中说该书德文初版的时间是1911年,可能是他记忆有误,因为多种熊彼特传记资料都说《经济发展理论》德文初版的年代是1912年。

③ [美]熊彼特:《经济发展理论》,何畏、易家详译,商务印书馆1990年版,第73—74页。

④ 同上,第18页。

　　在熊彼特所说的创新的五种具体表现形式中,前两种主要属于技术领域,后三种主要属于经济领域。虽然,无论就关注重点来看还是就其学说的理论性质来看,熊彼特的创新理论都是一种经济学理论,从而熊彼特的创新概念在本质上也无疑地是一个经济学概念,可是,在创新理论随后的发展历程中,在一段不短的时间内,关于经济发展的技术推动模型却倍受青睐,甚至可以说出现了"技术推动的创新论"一枝独秀的局面。1966 年,美国经济学家施穆克勒在《发明与经济增长》中提出了与技术推动说相反的市场拉动说,强调了创新活动中市场维度的重要性。其后,技术推动说与市场拉动说长期争论,到 20 世纪 80 年代又有学者提出链环—回路模型,指出在技术推动和市场拉动中任何一方都不能忽略,应该把二者结合起来。

　　从以上的叙述中可以看出,创新理论的具体内容是不断发展的,人们对创新的认识也是不断变化的。自熊彼特提出创新理论后,创新概念不胫而走,对创新问题的实证研究、案例研究、理论研究和政策研究的成果不断涌现,蔚为大观。不夸张地说,创新研究目前已经形成了一个引人注目的专题研究领域。

二　国家创新系统：创新理论的重大发展

　　1987 年,英国学者弗里曼在《技术政策与经济绩效：日本国家创新系统的经验》①中首先提出国家创新系统这个概念。1988 年,纳尔逊等人也专题论述了国家创新系统。② 很快地,国家创新系统不但成为一个焦点性理论主题,而且成为"正式的"政策概念。

　　国家创新系统概念的提出是创新理论研究的一次重大进展。20 世纪 90 年代以来,我国学者和有关部门也高度关注了对国家创新系统问题的研究。目前,关于

---

　　①［英］弗里曼：《技术政策与经济绩效：日本国家创新系统的经验》,张宇轩译,东南大学出版社 2008 年版。

　　②［意］多西、［英］弗里曼等合编：《技术进步与经济理论》,经济科学出版社 1992 年版,第 377—485 页。

构建国家创新系统和建设创新型国家，在我国已经不单纯是一个理论研究课题，而且已经成为我国的重要政策原则。

对于国家创新系统和创新型国家，本书想着重阐述如下一个重要观点：在国家创新系统和建设创新型国家的过程中，工程创新是创新活动的"主战场"；在考察和评价一个国家的国家创新系统和建设创新型国家进程的成败得失时，最关键之点就是要看这个国家在工程创新这个主战场上的战况和成败得失如何。

为什么工程创新是创新的主战场？什么是工程创新？为回答这些问题，需要先对工程这个概念进行一些简要分析和阐述。

三 从"科学、技术、工程三元论"看工程活动的性质与特征

在现代社会中，科学、技术、工程都是重要的活动方式。科学技术是第一生产力，工程是直接生产力。作为直接生产力，工程活动是社会存在和发展的基础，如果工程活动停止了，社会就会崩溃、瓦解。

"科学、技术、工程三元论"认为：科学、技术、工程是三种不同类型的社会活动，它们虽然有密切联系，但却不能混为一谈。① 科学、技术、工程的主要区别是：

（1）活动内容和性质不同：科学活动是以发现为核心的活动；技术活动是以发明为核心的活动；工程活动是以建造为核心的活动。

（2）三种活动的"成果"有不同的性质和表现形式：科学活动成果的主要形式是科学理论，它们是全人类的共同财富，是"公有的知识"；技术活动成果的主要形式是发明、专利、技术诀窍等，它们往往在一定时间内是"私有的知识"；工程活动成果的主要形式是物质产品、物质设施，一般来说，它们就是直接的物质财富本身。

（3）活动主角不同：科学活动的主角（社会学意义的"角色"）是科学家；技术活动（此处主要指技术发明）的主角是发明家；工程活动的主角是工程师、管理者、投资者和工人。

---

① 李伯聪：《工程哲学引论——我造物故我在》，大象出版社 2002 年版，第3—7 页。

（4）"科学共同体"、"技术共同体"和"工程共同体"是三种不同类型的"共同体"。

（5）制度安排不同：从制度方面来看，科学活动、技术活动和工程活动有不同的制度安排、制度环境、制度运行方式和活动规范，有不同的管理原则、发展模式和目标取向，有不同的演化路径。

（6）评价标准不同：科学、技术和工程有不同的评价标准。

总而言之，科学、技术和工程是三种不同的社会活动方式，不能混为一谈。但这又绝不意味着可以割裂它们相互之间的密切联系。相反，正是由于肯定了科学、技术和工程是三种不同的社会活动方式，这才更加突出它们之间的相互转化关系。无论从理论方面看还是从现实方面看，在认识和处理科学、技术和工程的相互关系时，这个"转化"关系才是关键之所在，而那种把科学、技术和工程混为一谈的观点反而是在理论上"取消"了三者之间的转化关系。

四　工程与技术的关系和工程活动的阶段性

工程活动的本性和基本特征是一个特别重要而复杂的问题，除了可以通过"科学、技术、工程三元对比"的方法来认识和把握之外，还需要从其他角度来认识和阐述这个问题。

在分析和认识工程本性的众多角度和进路中，以下两个分析角度是值得特别重视的——研究"技术与工程的相互关系"和分析"工程的阶段性"。从前一个分析角度来看，应该特别注意的是以下两组"对待性命题"及其理论内蕴。

第一组对待命题：在技术与工程的相互关系上，一方面，没有无技术的工程；另一方面，又没有纯技术的工程。承认"没有无技术的工程"，意味着承认任何工程都必须有其技术前提、技术条件、技术基础、技术路线、技术手段，如果没有一定的技术条件和技术基础，任何工程都将只能是某种空中楼阁。由此，可以得出以下结论：技术是工程中的必不可少的条件或要素，绝不可轻视技术在工程中的地位和作用。

另一方面,"没有纯技术的工程"意味着在工程活动的构成要素中,除技术要素外,还有一些其他要素也是绝不可缺少的,如果仅仅有技术要素而没有其他必需的要素(例如资本要素),任何工程也将同样仅仅是某种空中楼阁。由此,可以得出另外一个结论:工程中必然还包括许多"非技术要素"(如资金要素、劳动力要素、政治要素等),绝不可仅仅重视技术要素的作用而轻视"非技术要素"在工程中的地位和作用。①

任何具体的工程都必然是技术要素、经济要素、政治要素、资源要素、管理要素、社会要素、制度要素、伦理要素、心理要素等多元要素的系统集成。从技术与工程关系的观点看问题,也可以把工程看做是技术要素和非技术要素的集成。对于不同的工程来说,由于环境、条件、目标的不同,有时技术要素是工程中最重要、最关键的要素,但也常常出现"某个非技术要素"——如政治要素或安全要素——成为工程中最重要、最关键要素的情况。

从对上述"第一组对待命题"的分析中,我们可以更加清楚地看出:"轻视技术的观点"和"把技术与工程混为一谈的观点"都是错误的。

第二组对待命题:在技术与工程的相互关系上,一方面,技术"引导"和"限定"工程;另一方面,工程又"选择"和"集成"技术。先谈引导和限定的关系。技术对工程的引导作用在"技术革命"时期和"高技术"工程中得到了特别突出的表现;由于任何技术都不是万能的,于是,技术能力和技术条件也必然"限定"了工程的"技术可能性空间"的边界和范围,由于这方面的事例不胜枚举,道理"显而易见",这里就不再举例说明了。

许多人往往仅仅关注了技术对工程的"引导"和"限定"关系而忽视了工程对技术的"选择"和"集成"关系。其实,技术可以对工程发挥"引导"和"限定"作用并不意味着技术可以对工程发挥"单方向"的决定作用,因为,工程活动还必然要

① 李伯聪:《略论科学技术工程三元论》,杜澄、李伯聪主编:《工程研究》第 1 卷,北京理工大学出版社 2004 年版。

对技术进行多维度、多层次的"选择"和"集成"。这一问题将在本书后面的章节中反复谈及。

在以上对技术与工程相互关系的分析中,工程活动的"多要素性"和"多要素的集成性"被凸显出来;以下再谈工程活动的"多阶段性"和"多阶段的延续性"。

应该强调指出的是:在对工程活动进行具体的阶段划分时,由于环境、条件、分析角度、认识目的和观察范围的不同,人们不但可能划分出不同的"阶段数目",而且在"阶段划分尺度"(例如,宏观技术经济尺度或微观技术经济尺度)和"全过程"的"时空范围"的界定上也可能有很大不同。这里关注的中心问题不是应该如何具体划分工程活动的阶段,而是强调这些认识上的差别不会影响到对工程活动的"多阶段性"和"多阶段的延续性"的一致承认。

从微观技术经济尺度来看,一个完整的工程项目应该包括哪些步骤或内容呢?美国学者马丁和辛津格认为,工程活动过程从任务倡议和设计开始,中间经过生产制造、建造、质量控制和检验、广告、销售、安装、产品使用、维修、监控社会和环境效果等环节,一直到最后还要完成包括废品循环利用和废料废品处理等"最后任务",这才算完成了工程活动的整个过程。① 国内外的许多专家都有与此大体相同的看法。

上面谈到工程活动包括技术要素、经济要素、管理要素等许多要素,这里又谈到工程项目应该包括从最初倡议、设计、生产制造、检验、控制、营销、维修、废物处理直到完成最后任务等许多环节。如果前者说的是工程活动的"全要素"问题,那么这里所说的就是工程活动的"全过程"②问题了。

以往有许多人认为只要制造出产品或把产品销售出去就算完成工程活动了,现在看来,这种观点是不恰当的,因为产品销售还不是工程活动的"终点"。在确

① Martin, M. W. and Schinzinger, R. *Ethics in Engineering.* Boston:McGraw-Hill, 2005, pp. 16 – 17.
② 除微观技术经济的全过程问题外,宏观技术经济的全过程也是一个非常重要的问题。本书第四章将会涉及后一方面的一些问题。

定工程活动的"终点"时，无论从理论上看还是从现实角度看，都必须承认整个工程活动还存在着一个进行"善后处理"的任务，只有完成了这个最后任务，才能认为一项工程活动"终结"了。例如，核电站工程就不能以"电站建成"为"工程的完成"，因为其后不但还有一个安全运行和维护的阶段，而且这项工程退出运行时还有一个核废料安全处理问题。中国有一个成语叫"善始善终"，从"全过程"的工程观来看，一个工程不但应该设计得好、开工得好、建设得好、生产得好、运行得好、产品销售得好、维修工作好、"环境界面"友好、"社会界面"友好，而且还必须把废品、废料处理好，工程"终结"得好①，这才算一个真正的"好"工程。在现实社会中，工程活动的"要素性"和"阶段性"分分合合、错综交叉，这就使工程活动呈现出了极其复杂多变的面貌和景象。

在工程活动中，"多要素性"与"多阶段性"常常是问题的症结和难点之所在，所以，本书以下将不可避免地一再论及这两个主题。

不久前，"铱星系统"曾经轰动一时。有人说："从高科技而言，铱星计划的确是一个美丽的故事。铱星系统开创了全球个人通信的新时代，被认为是现代通信的一个里程碑。"可是，转瞬间风云突变，"铱星系统"在市场上遭受惨败，2000 年 3 月，这个已经投资几十亿美元的项目终因又背负 40 多亿美元债务而正式破产。有人说："昨夜星光灿烂，而今化做一道美丽的流星。"可以说，"铱星系统"就是一个"技术上取得成功"而"工程上——首先是工程的经济维度——遭遇失败"的典型事例。"铱星系统"的一个重要教训就是那种"单纯技术观点"的工程观是要不得的。

五　国家创新系统中的工程创新

工程活动是人类社会存在和发展的物质基础，如果没有工程活动，社会就无法

---

① 我国有许多煤矿工程，过去只考虑有煤时如何多开采，而没有考虑资源枯竭时"工程"如何才能"终结"得好，这就造成了现在不得不面临的许多"苦果"。

存在下去,就会瓦解,就会崩溃。人类不但通过工程活动改变了自然的面貌,为人类的生存和发展提供了必需的物质生活条件和基础,而且在工程活动中还形成了一定的人与人的关系、人与社会的关系。从而,工程活动不但直接体现了人与自然的关系,而且有力地体现了人与人的关系、人与社会的关系。在现代社会中,科学技术是第一生产力,工程是直接生产力。

在历史进程中,工程通过创新而不断进步,社会整体也通过创新而不断发展。应该如何认识工程创新和国家创新系统的相互关系呢?

国家创新系统是一个复杂系统。如果把一个企业或一个国家的整体性创新活动比喻为一场以企业或国家为"单位"的"创新之战",那么,在这个创新之战的兵力部署上就出现了侦察兵、主力军、后勤保证力量的分工,而在战场态势上,就出现了"前哨战场"、"后勤战场"和"主战场"的划分。

容易看出,研发机构是"侦察兵",企业是"主力军";研发活动是前哨战场,工程创新是主战场。创新之战的胜利必须有侦察兵和主力军的密切配合与协同作战,而侦察兵和主力军的脱节必然导致创新之战的挫败。侦察力量薄弱的部队和企图依靠侦察兵进行决战的部队都不可能赢得主战场的胜利。

对于国家创新体系和国家水平的创新之战来说,工程创新是创新活动的"主战场",最具决定意义的环节是必须夺取"主战场"的胜利。由于这个问题特别重要,本书第二章将对这个问题进行专题分析和论述。

第二节 直面工程活动的"唯一性"和"当时当地性"

在日常语言中,工程一词有多种含义,例如工程实践、工程活动、工程科学、工程项目、工程学科、工程技术等。本书讨论的基本主题是工程活动而不是工程科学,因为工程科学从本质上看属于"应用科学"范畴。

上面已经在科学、技术、工程三元论的框架中对工程活动的基本性质进行了一些分析,由于工程的性质和特征是特别复杂而关键的问题,以下不得不再进行一些补充分析和论述。

　　社会现实中,工程实践的基本活动单位是"项目",所以,汉语中的"××工程"常常被翻译为"××project"。这就是说,汉语的"工程"在译成英文时,可能是engineering,也可能是project(项目)。于是,不但汉语中有了"工程项目"这个常用词,而且在英文中也不断有人使用"engineering projects"①。应该更加注意的是,虽然许多英文文献中没有使用"engineering projects"这样的说法,但从具体内容和实际所指对象看,他们所说的engineering恰恰正是"engineering projects",即汉语中的"工程项目"。

　　从方法论角度看,要害之点不是名词术语问题,而是"对象本身"的问题。中国古代哲学家提出"得意忘言",西方现象学家提出要"直面实事本身"。在思考和讨论工程、工程创新等问题时,必须努力透过可能出现的"词语迷雾"而"直接面对工程活动的实事本身",即"得意忘言",而不能让"词语的迷雾"迷离或歪曲了"实事本身"。

　　"直面工程实事",我们应该怎样认识和评价工程活动的基本性质和特征呢?

一　能否把工程活动简单地看做是科学技术的单纯"应用"

　　在谈到工程的性质时,有一种流行观点认为工程只不过是科学的应用,这种观点影响很大、流传很广,造成了许多误解和误导。如果接受了这种观点而把工程简单地看成是"科学的应用",那就会陷入一个贬低工程的地位、作用和创新性的片面性陷阱。

　　与"工程只是科学的应用"这个观点相随,在很长时期中,有许多人——包括许多著名学者——都认为工程知识只是科学知识的"应用",似乎工程知识仅仅是科学知识的"派生知识",于是,工程知识也就成为比"头等"的科学知识低一等的"次等知识"。在"工程知识只是科学知识的应用"这种观点的笼罩下,工程类知识

---

① Martin, M. W. and Schinzinger, R. *Ethics in Engineering*. Boston: McGraw-Hill, 2005, p.2.

的独立性、创新性往往也就被严重贬低甚至被一笔抹杀了。

工程知识与科学知识的关系究竟如何,那种把工程知识仅仅说成是科学知识应用的观点是否正确呢?

美国学者小布卢姆旗帜鲜明地批评了那种把工程定义为科学的观点,他说:"科塔尔宾斯基行动学(praxiology)学派把工程定义为一种科学——有效行动的科学。其他许多观点也把工程宣称为各种类型的科学。""然而,工程不可能是一种科学。设计工程项目(engineering projects)的目的并不必然是为了生产出知识。首先,这些项目经常是不受控制地被设计出来的,因而,关于因果关系的假说经常也就很难被验证(引者按:作为对比,我们可以指出,科学实验的条件受到控制并且可以验证科学假说,科学活动的目的是生产知识)。其次,从这些项目获得的知识仅仅部分地可以转移到其他情况之中,因为工程系统如此复杂以至于每个项目都可以被认为是独一无二的(unique),并且因此在本质上自然而然地成为一次实验。最后,正如罗纳多·曼森谈到医学(medicine)时所主张的那样,由于工程的原则和工程师方法的可靠性并不要求有科学的可确证性(corroboration),在这个意义上,工程是自主的。"①

美国学者哥德曼认为,工程有自己的知识基础,绝不应和不能把工程知识归结为科学知识。他指出:不但在认识史上科学不是先于工程的,而且在逻辑上科学也不是先于工程的;不但古代是这样,而且现代社会中也是这样。哥德曼尖锐地批评了西方哲学根深蒂固的轻视甚至歧视实践的传统,他坚决反对把工程简单化地说成是科学的应用。② 著名美国技术哲学家皮特也明确指出:"没有事实根据说科学和技术每一个都必须依靠另一个,同样也没有事实根据说其中一个是另一个的

① Broome,T. H. Jr. Bridging Gaps in Philosophy and Engineering. In Durbin,P. T. (ed.). *Critical Perspectives on Nonacademic Science and Engineering.* Bethlehem:Lehigh University Press, 1991, p.273.

② Goldman,S. L. Philosophy, Engineering, and Western Culture. In Durbin,P. T. (ed.). *Broad and Narrow Interpretations of Philosophy of Technology.* Dordrecht:Kluwer Academic Publishers, 1990.

子集。"①美国职业工程师文森蒂在其名著《工程师知道什么以及他们是怎样知道的——航空历史的分析研究》一书中，结合具体案例的分析无可辩驳地阐明了绝不能把工程知识归结为科学知识。② 我国技术哲学的领军人物陈昌曙教授针对我国的情况尖锐批评了以下现象："在一些场合，人们常常把科教兴国的'科'就看做是科学，技术不过是科学的应用，工程不过是技术的应用。与之相关，人们也往往把尊重人才主要看做是重视科学家，或还要敬佩杰出的发明家，工程师则可能不很被看重，通常是名不见经传。"③

本书不拟在此多谈对工程知识的性质和特征问题的看法，这里只想强调指出，工程知识与科学知识既有联系又有区别，工程知识有其特殊的本性和特殊的重要性，那些认为"工程知识仅仅是科学知识的应用"的观点和认为"工程活动仅仅是科学技术的应用"的观点都是不正确的。

二　工程活动的灵魂是具有"唯一性"和"当时当地性"

工程活动以项目为单位。正像饭要一顿一顿地吃一样，工程活动也要一个项目一个项目地进行。虽然必须承认在许多情况下项目的界限可能不太清楚，项目重叠、交叉、大项目分解为小项目、项目协同、项目连续等复杂情况更令人眼花缭乱，但这都无妨于"工程活动以项目为单位"这个一般性观点的正确性。

上面引用的小布卢姆的那段话中已经指出工程项目的一个根本特征就是具有独一无二性（唯一性）。陈昌曙教授也提出了同样的观点，他说，工程项目——如青藏铁路工程、南京长江大桥工程——的突出特征就是它具有"一次

---

① ［美］皮特：《工程师知道什么》，张华夏、张志林：《技术解释研究》，科学出版社 2005 年版，第 133 页。

② Vincenti, W. G. *What Engineers Know and How They Know It*: *Analytical Studies from Aeronautical History*. Baltimore and London: Johns Hopkins University Press, 1990.

③ 陈昌曙：《重视工程、工程技术与工程家》，刘则渊、王续琨主编：《工程·技术·哲学》（2001 年技术哲学研究年鉴），大连理工大学出版社 2002 年版，第 29—30 页。

性"或"唯一性"。① 例如,武汉长江大桥建成后,又建设了武汉长江二桥和武汉长江三桥。武汉长江二桥不可能简单重复武汉长江一桥,武汉长江三桥又不可能简单重复武汉长江二桥,每一座长江大桥都是一个不可重复的、独一无二的工程。

从哲学的角度看,工程活动的实质和灵魂就是其所具有的唯一性和当时当地的独特个性。由于不同的工程活动有不同的主体,由于时间具有不可逆性,工程活动的"地理空间"状况和"社会空间"状况(政策、法律、文化环境等)具有"不均匀"性,这就使不同的工程有了不同的活动目标、边界条件、约束力量、推动力量、方法路径,工程活动——以项目为表现形式的工程活动——也就成为以唯一性为灵魂的活动。

由于工程活动的实质和灵魂是其所具有的唯一性和当时当地的独特个性,这也使必须创新成为对工程活动的"绝对要求"。

以唯一性为基本特征的"工程创新"与人们常说的"科学创新"与"技术创新"有何区别又有何联系呢?②

从创新主体方面看,科学创新的主体是科学家,技术发明(创新)的主体是发明家或研发机构,而工程创新的主体则是企业或项目部。有关工程活动主体(从而也是工程创新的主体)的许多问题,《工程社会学导论》③已有较多分析和研究,有兴趣的读者可以参看。

科学发现活动、技术发明活动和工程建造活动是三类不同性质的活动,它们的基本性质和特征不同,活动规范和社会评价标准也不相同。

----

① 陈昌曙:《重视工程、工程技术与工程家》,刘则渊、王续琨主编:《工程·技术·哲学》(2001年技术哲学研究年鉴),大连理工大学出版社2002年版,第29—30页。

② 应该注意,"创新"的范围和所指对象从20世纪初到20世纪末已发生了很大变化。起初,创新主要是一个经济概念,从而"科学发现"不属于创新的范畴,可是,随着环境、条件和语言习惯的不断变化,到了20世纪末,创新的含义和对象已经推广或扩大到经济、工程、科学、技术、制度、理论等许许多多领域。

③ 关于工程活动主体方面的诸多问题,可以参阅李伯聪等:《工程社会学导论:工程共同体研究》,浙江大学出版社2010年版。

就其本性或基本特征而言,科学发现和技术发明的基本特征是其结果必须具有"可重复性"——在第一次发现或发明之后,其他人必须可以再进行第二次、第三次乃至第 n 次重复,凡不具有"可重复性"者皆不能被承认为科学发现或技术发明。科学发现和技术发明成果可重复性来自科学知识和技术方法所具有的"普适性"。这个可重复性带来了许多"好处",但它同时也在科学社会学和技术社会学维度上带来了许多矛盾。为了恰当认识和处理这些矛盾和困难,在科学技术社会学和科技政策法规领域中出现了关于科学发现和技术发明必须具有"首创性"的评价标准,根据这个标准,科学发现者和技术发明者可以享有"优先权"或专利权。

所谓科学发现"首创性",其核心内容就是在社会学和法规维度上只承认"第一个"发现人的"发现功绩",只承认"第一人"是"发现者"。所谓技术发明"首创性",其核心内容就是在社会学和法规维度上只承认"第一个"发明人的"发明功绩",只承认"第一人"是技术领域的"发明者"。

根据这个首创性准则,在科学研究领域就不再承认对同一科学定律(或科学事实)进行第二次、第三次"重复发现"是完成了一项科学发现;①在技术发明领域也不再承认第二次、第三次"重复发明"是完成了一项技术发明。

科学发现和技术发明只承认"第一"的结果就是只有"第一个"发现者才可以戴上发现者的桂冠,只有"第一个"发明者才可以拥有发明权(在申请专利的时候,只有"第一个"发明者才可以拥有专利权)。在技术史上,一个许多人都熟悉的典型事例就是虽然贝尔和格雷"同时""各自独立"地发明了电话,但贝尔终因在向专利局递交专利申请时比格雷早两个小时而成为该发明专利的"唯一"拥有人。

大概是由于受到了关于科学发现和技术发明必须具有首创性要求的影响,有

---

① 在现代社会中,偶尔也可能出现"同时而独立完成"的"科学发现""同时"受到承认的情况,但那毕竟是特例或特殊情况,并且这些特例或特殊情况也没有成为对"首创性"规范的挑战。

些学者在认识和评价创新活动时,在创新理论中也提出了一个相应的观点,认为"创新"的含义虽然不等于"第一次"科学发现或"第一次"技术发明,但它应该是而且必须是"第一次"商业应用。

这个观点是否正确或恰当呢?我们认为,这个关于只有技术发明的第一次商业应用才能被称为创新的观点和评价标准是有道理的但又是有局限性的。出于多方面的考虑,也许一个更恰当的观点应该是:把发明的第一次商业化应用称为狭义创新(不排除在特定语境下也可以径直称为创新),把"创新扩散"称为"广义创新"(同样不排除在特定语境下也可以径直称为创新)。

再回到"唯一"和"第一"这个话题上来。需要特别注意的是,"唯一"和"第一"在含义上是有根本区别的。"第一"是相对于"第二"而言的,"第一"之后是"第二"、"第三",等等。而"唯一"就是"唯一",独一无二的"唯一","唯一"之前没有"第一","唯一"之后没有"第二"。在本章的内容分析中,可以清楚看出工程活动与科学发现、技术发明具有不同的本性,而工程活动(更具体地说就是工程项目)的基本特征则是其具有唯一性,即不可重复性。

科学知识(如科学定律)和技术方法(如新的技术发明专利)必须具有可重复性,可重复性与"普遍性"或"普适性"互为表里;工程活动(工程项目)具有唯一性,唯一性与不可重复性互为表里。

在科学领域中,其他人可以在首次科学发现之后,通过科学传播、交流或学习的方法"重复发现"——即"普遍""掌握"——已经发现的科学知识。在技术领域中,其他人可以在合法条件下,第二次、第三次、乃至第 n 次"重复使用"由于别人的首创而拥有的技术。

应该怎样认识和评价这些"重复性"工作呢?一方面,必须承认所有这些重复性工作都已经不是科学发现或技术发明性质的工作;但在另一方面,也不能否认,这些"重复性"工作或活动在另外的领域中也是具有重要意义的。例如,科学教育的基本内容就是要对以往的科学发现、科学知识、科学理论进行必要的"重复"(第 n 次重复),有谁能否认科学教育的重要性呢?

一般地说，重复性工作在科学领域属于科学验证、科学交流、科学传播、科学教育等范畴；而在技术领域，技术转移、技术转让、技术获取、技术学习、技术扩散也都是"技术重复"性质的活动。从社会学的角度看，必须通过这些"重复性"的活动，科学发现和技术发明的社会性才能真正得到实现。如果科学发现仅仅只有发现者一个人知道而没有任何重复性的知识传播，技术发明仅仅只有发明人一个人掌握而没有任何重复性的技术传播，那么，从社会学角度看问题，人们简直可以说这样的发现或发明与"不存在"是没有实质性差别的。

本节开头处提出不能简单地把工程看做是科学技术的单纯应用（因为工程活动中还有比科学技术的单纯应用更深、更高层次的东西），但这个观点绝不是否认工程活动中必然有对科学技术知识的"应用"性质的内容或成分。

工程活动中对科学技术知识的"应用"，可以是第一次应用，但也可能是第二次应用、第三次应用乃至第 n 次应用。对于这种科学技术知识在工程中得到应用的情况，是否只有第一次应用（商业应用）才具有重要意义，而其后的应用就没有意义或意义不大呢？

实际上，在经济现实和社会现实生活中，人们常常见到某些技术的第一次应用社会意义和社会影响并不大，反而是第二次应用、第三次应用甚至更后面的应用具有更重要、更重大的意义和影响。

工程创新的本质是集成性创新。集成性工程创新和首创性技术发明是两个不同的概念。应该强调指出，在进行集成性工程创新时，不但不可能在技术领域全部都运用首创性的技术，而且完全有可能在对技术集成时连一项首创性技术也没有，但即使在后一种情况下，这次集成性工程创新也完全有可能成为一次成功的集成性创新。

当具有可重复性的技术发明以集成的方式"重复应用"在具有唯一性的工程项目中时，由于各种条件和环境的变化，完全可能出现某项技术发明在"第 n 次"应用时在新的集成环境中出现"化腐朽为神奇"或"画龙点睛"的效应，出现"集成飞跃"的效果。这就是说,即使某种技术或某些技术的第一次应用没有出现重要结果,那也完全可能在其后的"某次"应用中出现重要作用与效果——这就是工程的集成性创新与技术发明的区别和分野了。

有人把创新仅仅限定为新发明的"第一次商业性应用",这也是不恰当的。①因为技术发明和工程创新是两个不同的概念,技术发明的成功和工程创新的成功也是两个不同的概念。技术发明的第一次商业应用有可能取得成功,但并不必然取得成功。工程创新者必须高度关注技术领域的新发明,他们绝不会放弃以运用新发明的手段取得工程创新成功的机会,但他们关注的焦点始终是集成性工程创新的成功问题而不仅仅是新技术的第一次商业应用问题。人们不但必须关注新技术在第一次商业应用时出现的种种问题,而且必须更加关注技术在集成创新中出现的种种问题。

三　现实评价中必须区分平庸工程、恶劣工程与创新性工程

应该强调指出,以上所说的关于"由于任何工程都具有唯一性从而创新应该成为工程活动的必然要求"的观点只是一个"哲学观点"或"纯理论性观点",这个观点绝不意味着在评价任何一个现实的(实际的)工程项目时,都要在进行"现实评价"或"社会评价"时把它评价为"创新性"工程。相反,在对工程项目进行具体评价时,许多工程不但不能被评价为具有创新性的工程,反而必须将其评价为平庸工程、豆腐渣工程、恶劣工程或惨痛失败的工程,等等。

我们知道,西方存在主义哲学家曾经提出了关于每个个人都是独特的、不可重复的个体的哲学观点,这个观点从哲学上高扬了人生的意义和价值,但这个观点绝不意味着不承认在现实世界的现实个人之中,既有高尚的人,也有平常的人、犯严重错误的人,甚至有十恶不赦的人,等等。

---

① 考虑到术语的使用习惯或"使用惯性",我们也可以把发明的首次商业化应用称为"狭义创新",把技术发明的扩散称为"扩散性创新"。

我们从哲学上和理论上主张任何工程都具有唯一性。这个哲学观点和纯理论性观点不但是一个可以从哲学上和理论上高扬工程活动创新性的观点，可以帮助转变那种认为"工程集成"和"扩散学习"不具有创新性的观点；同时这种观点也具有内在的批判精神，因为它同时意味着必须正视和揭露"唯一"的工程项目中可能出现的种种错误和弊端。所以，这里所说的"任何工程都具有唯一性和创新性"①的哲学观点和在对具体工程活动进行具体评价时不同的工程必然有不同的现实评价之间是没有矛盾的。

在绪论开头处我们谈到本书将着重论述八个基本观点。以上仅蜻蜓点水般地涉及了其中的前四个观点，未能有深入分析，本书以下两章将对与此有关的问题进行更具体的分析，至于其余的四个观点，本书将在第四章进行比较集中的讨论。

---

① 从理论上说，创新性本身不但不能保证必然成功而且也不能保证必然对人类无害，但为简便起见，我们也可以在一定语境中姑且假定创新性在价值上都是"有益"的。

第二章
工程创新：创新的主战场

　　工程活动的灵魂是创新。作为一个异质要素的集成过程，工程创新中不但包含着技术创新的内容而且常常包含着管理创新、制度创新等方面的内容，这个过程的重要产物就是具有新质的"工程系统"和一种新的"生活方式"。工程创新是一个国家创新活动的主体部分，是一个国家创新活动的主战场，是一个国家现代化的关键。工程创新的成败是检验国家创新系统有效性的关键指标。如果一个国家单纯强调研发活动和孤立的技术创新而有意无意地模糊了"工程创新是主战场"的意识，那就不大可能赢得创新之战的决定性胜利。

第一节　工程创新的性质与类型

一　工程创新问题的提出

当前，"创新"（innovation）已经是一个耳熟能详的经济学概念。熊彼特最先确立了这一概念，并以此为起点建立了自己的经济理论体系。在他看来，所谓创新，就是"建立一种新的生产函数"，在生产体系中引入生产要素的"新组合"。具体包括五个方面：引入新产品、引入新工艺、开辟新市场、控制原材料的新供应来源、建立新的企业组织。①　其中，新产品和新工艺的引入可以被统称为"技术创新"，并被认为是经济发展的更为根本的因素。这样，相对于孤立的发明，技术创新作为技术的商业化应用过程，就具有了迥然不同的经济学意义。不过，与"技术创新"概念相比，"工程创新"还是一个新近提出的理论概念。那么，有必要创用"工程创新"这一概念吗？工程创新相对于技术创新究竟具有什么独特之处？

要回答上述问题，需要从工程与技术的关系谈起。从科学、技术、工程"三元论"来看，②科学是以发现为核心的人类活动，是对自然的本质及其运行规律的探索、发现、揭示和归纳，讲求真善美，追求真理；技术是以发明创造为核心的人类活动，旨在发明方法、装置、工具、仪器仪表等，讲求巧，追求构思与诀窍；工程是以构建、运行及集成创新为核心的人类活动，是按照社会需要设计造物，构筑与协调运行，讲求价值，追求一定边界条件下的集成优化和综合优化。可见，工程既不是单纯的"科学的应用"，也不是相关技术的简单堆砌和剪贴拼凑。工程活动的基本"单位"是项目。对科学和技术来说，工程发挥"集成"的作用；而对产业和经济来说，工程又是其"基层单位"和"构成单位"。

---

① ［美］熊彼特：《经济发展理论》，何畏、易家详译，商务印书馆 1990 年版。
② 李伯聪：《工程哲学引论——我造物故我在》，大象出版社 2002 年版。

为了进一步明晰技术与工程的关系，不妨基于汉语世界和英语世界日常语言中的"技术"和"工程"两个词的用法，就技术和工程的关系再进行一点语义上的补充辨析。

在中文里，"工程"早已成了一个大众词汇。我们不仅说"三峡工程"、"曼哈顿工程"，还说"希望工程"、"菜篮子工程"、"形象工程"、"名牌工程"、"精品工程"、"211 工程"、"五个一工程"等，不一而足。这里的"工程"显然等同于英文中的"项目"（project）或"计划"（initiative）——英文里的三峡工程是 The Three Gorges Project，曼哈顿工程是 The Manhattan Project，很难看到 The Three Gorges Engineering 或者 The Manhattan Engineering 这类表达，除非是我们中国人的"硬译"。在上述中文表达里，"工程"一词都不能被置换为"技术"，例如，我们不会说"三峡技术"、"菜篮子技术"、"希望技术"、"211 技术"，等等。不仅如此，我们常说"技术转移"，但绝不会说"工程转移"；我们说"技术进步"、"技术发展"，不大会说"工程进步"和"工程发展"。这些例子足以说明，在中文里，工程不能化约为技术，技术也不能取代工程。尽管工程中包含着技术因素，但工程的综合性和目的指向性都要比技术明显得多。

"工程"在英文中的对应词是 engineering，这个动名词衍生自动词 engineer（建造、设计），两者都包含着行动（action）、做（doing）的含义，而这种涵意是中文"工程"一词所不具备的。比如，在英文中可以说"engineering this world"，或者"to engineer engineering education"等，但很显然，中文的对应表达肯定不会用"工程"这个词。就工程与技术的关系来说，在英文中，技术（technology）大体上属于知识和能力的范畴，但工程则是一个行动范畴。因此不能将"技术"用作动词，说"to technology this world"（技术这个世界）。其实，英文中的 technology，按其希腊词源，来自 techne（意思是 art 和 craft）和 ology（意思是 word 和 speech），意思是对技能和手艺进行的言说或者理论化。另一方面，动词 engineer 包含着谋划、独创的意味，to engineer 意味着 to be ingenious，工程师们（engineers）所做的事情一般说来是 ingenious（有独创性的）。事实上，英文中的 ingenuity（独创性）和 engineering（工程）以及法文中的对应词 ingéniosité 和 ingénierie 都有同样的拉丁文词根。

这就可以理解，为什么英国人说好的工程师或学生是 engineer-minded，但绝不会讲是 technician-minded，说他们具有 engineered-eyes，但肯定不是 technical-eyes，估计这是工程的整体性和独创性在起作用。另一方面，找工作的人会形容自己想要找一份 technical（有技术成分的）job，而不会讲自己要找一份 engineering job，则可能意味着后一种表达太"不具体"。总的看，要成为一个好的工程师，你就必须是一个好的技术人员，但是，一个好的技术人员未必就是一个好的工程师。换言之，所有工程师都可以算作技术人员，但是，并非所有的技术人员都可被称为工程师。例如，棉纺工人、车间工人和飞行员等都是技术人员，但他们并不进行工程意义上的组织、设计和规划，因而他们都不是工程师。正是"组织"、"设计"、"规划"这类含义将工程从更为一般性的技术活动中筛选了出来。①

从上述比较可以看出，尽管中英文表达存在着一些差异，但两类表达都体现了工程具有相对于技术的独特之处，两个概念在不少情况下难以互换使用。因此，在技术和工程的关系上，至少可以概括如下几点：（1）工程负载着明确的目的，本身就蕴含着规划、谋划的意思，是手段和目的的综合体，而技术基本上等同于手段；（2）工程的本源是机巧、谋略和行动，技术的本源是技能和知识（know-how）；（3）工程可以是静态的物质化的存在，技术则只能是体现在人体、书本和物质现实中的非物质化的知识和技艺；（4）工程是各类技术的集成，没有技术就没有工程，如果说技术"引导"和"限定"工程，那么工程则"选择"和"集成"技术，没有工程的选择作用和聚焦作用，技术也就失去了发挥作用的舞台。

既然"工程"不同于"技术"，那么"工程创新"似乎也就不能等同于"技术创新"？

其实，从词源上看，"工程"本身就意味着创新。世界上没有两项完全相同的

---

① Vincenti, W. G. *What Engineers Know and How They Know It*：*Analytical Studies from Aeronautical History*. Baltimore and London：Johns Hopkins University Press，1990.

工程，没有创新，就没有工程。即便从技术角度看，有些工程可能没有什么新意，但如果在特定地域建起一座常规的桥梁、大坝或核电站为一方百姓造福，改变了当地人民的生活方式，那么，这项工程无疑就是一项创新，因为它具有创新的内涵——熊彼特意义上的"创新"内涵。

这一点，已经可以表明，作为创新的"工程"或者"工程创新"与技术创新的确有所不同。工程创新中可以包含技术创新，但也可以不包含技术创新，毕竟许多工程从技术层面看，不过是一种简单的复制。当然，在很多情况下，要完成一项工程，既需要进行组织创新，又需要进行技术创新，这时的工程创新就是技术创新和组织创新的统一体。例如，三峡工程建设，既需要应用大量的新技术，又需要通过移民等方式创造性地解决当地居民的生活问题。那些具有深远意义的"工程创新"，则往往是那些建立在全新科学和技术基础之上并最终开辟新产业空间的工程创新。

从另一方面看，当前国内外对技术创新的研究已经相当深入。人们不仅研究作为"发明的首次商业化应用"的孤立创新，而且研究技术创新牵涉到的方方面面，比如技术系统的变革和技术—经济范式的转型、创业投资、产业演化过程、技术创新与组织创新以及制度创新之间的关系乃至国家创新系统，等等。既然如此，在这样一个大视野下来看技术创新，似乎又可以将工程创新纳入到技术创新的名下进行研究，似乎可以将工程创新看做技术创新的一个环节——工程化过程或者工艺创新过程。那么，又为什么要别出心裁，创用"工程创新"的概念呢？我们的回答是，用"工程创新"一词来表达工程过程中的创新，可以引起人们对"工程创新"独特之处的特别关注，而这一点正是制约我国创新问题有效解决的瓶颈因素。对此，后面还要重点加以分析。

基于上述考虑，我们可以将工程创新理解为人类利用物理制品对周围世界进行重新安排的过程，是一个通过问题界定、解决方案的提出和筛选、工程试验和评估、实施和运行等环节，试图使知识和社会力量物质化的过程。正是通过这个过程，技术因素、社会因素和环境因素等彼此关联而成为一个复杂的系统。换言之，作为一个异质要素的集成过程，工程创新中往往包含着技术创新和社会发明，这个过程的重要产物就是一个具有新质的"工程系统"和一种新的"生活方式"的出现。

总之，工程活动不但涉及人与自然的关系，而且涉及人与人、地区与地区、个人与集体等不同层次的利益关系，涉及整体性、全局性和抽象性的哲学问题。工程创新具有许多不同于技术创新的特点和内涵，因而应该成为一个独立的研究对象。从现实针对性上来说，工程创新这一概念则可以用来澄清人们在创新活动上的种种认识误区。因此，在思想、理论和政策研究方面，必须大力加强对工程创新的研究，使工程创新成为创新研究领域的一个新主题。[①]

二　工程创新的性质

1. 工程创新的集成性

工程既不同于科学，也不同于人文，而是在人文和科学的基础上形成的跨学科的知识与实践体系，具体体现为以科学为基础对各种技术因素、社会因素和环境因素的集成。既然如此，工程创新者所面对的必然是一个跨学科、跨领域、跨组织的问题。工程创新不但意味着人与自然的关系的重建，而且意味着人与社会的关系的重建，工程创新过程就是技术要素、人力要素、经济要素、管理要素、社会要素等多种要素的选择、综合和集成过程。那种仅仅把工程活动解释为单纯的"科学的应用"或"技术的应用"的观点是对工程本性的严重误解。因此，可以说，集成性是工程创新的基本特点。

工程创新的集成性突出地表现在两个水平或层次上。第一个层次是技术水平上的集成。在科学领域中，科学家常常要进行单一学科的科学研究；可是，在工程领域中，任何工程都必须对多项技术、多种技术进行集成，不可能存在只使用单一技术的工程。如果没有技术的集成，任何工程的设计和实施都是不可能的。第二个层次是工程的技术要素和工程的经济、社会、管理等其他方面要素的集成，这是一个范围更大和意义更加重要的集成。在理解和把握工程创新这第二个层次的集

---

① 李伯聪：《工程创新是创新的主战场》，《中国科技论坛》2006 年第 2 期。

成性时,需要特别强调的是,在工程创新活动中,社会因素常常具有核心的重要性,正确认识、处理技术要素和经济社会要素的关系常常是工程创新成败的关键。

鉴于工程创新的集成性,在解决人类面临的复杂的大尺度的现实工程问题时,只有将科学知识、技术知识、财务知识、营销知识、法律知识、美学知识乃至人类学知识等整合进工程之中,只有在工程创新中实现各类利益关系的调和、各类社会因素的整合,只有在工程创新中做到人、技术与自然环境的和谐共存,才能通过工程创新创造出令各方满意的“优质工程”。

2. 工程创新的社会性

工程创新是一个社会过程。工程创新不仅是“技术性”活动,更是“社会性”活动。工程创新不但具有经济发展方面的意义,而且还直接影响到人与人关系的和谐、影响到和谐社会的构建。实际上,当前许多“不和谐的声音”——如严重的工程事故、拖欠农民工工资等——都是从工程活动和工程领域中“传出来”的。所以,工程创新不仅直接关系到国家的经济发展格局和国家的整体实力,而且直接关系到人民的切身利益和可持续发展问题。成功的工程创新能够造福人民,而失败的工程创新则可能破坏环境、危害民众、殃及后代。我们应该深刻认识到,工程不仅是经济工程、技术工程,也是社会工程、生态工程。因此,必须在工程决策与实施中处理好多方面关系,充分考虑社会、经济、文化、自然、伦理等一系列因素。只有这样,才能使每项工程都成为建设和谐社会的一块基石。

工程创新的社会性还表现在,孤立的工程人才是无法发挥作用的,工程人才(包括工人在内)必须组成集体和团队才能真正发挥作用。工程师、工人、管理者和投资者是四类最基本的工程人才,各有其不可缺少和不可替代的重要作用。其中,工程师(包括研发工程师、设计工程师、生产工程师等)是工程人才的中坚力量,他们在工程活动中常常发挥着基础性作用。

工程活动和工程创新还是价值导向的过程,工程活动必然要触及广泛的价值和利益关系。工程活动不仅必须充分考虑技术可行性和经济效益,还必须充分考虑环境效益和社会效益。如果不考虑环境和社会效益,不充分考虑一项工程直接和间接触及的多方利益，不仅工程本身是不合理的，而且有可能因为遭遇各种阻力（如公众的强烈反对）而导致工程失败。目前已经有人提倡工程活动中要有公众参与，认为应该在工程活动中体现对公众的尊重和民主原则，促进多种价值观的交流，这样做，不但可以使公众通过参与而增加对工程的理解，而且有助于建立有效的监督约束机制。

3. 工程创新的建构性

如果说，工程创新是一个异质要素的集成过程，那么这些被集成的要素对于创新者来说并不是给定的、随意可用的，只有当这些要素被识别、被认知、被调动、被转译（translation）进行动者网络（actor network）之中，才能发挥作用，而这些调动和转译同样不是随意的、单向的，而是一个双向的、多向的相互作用过程。行动者网络就是多向冲突和协调的产物，因此，从行动者网络理论的视角看，工程创新也是一个行动者网络的建构过程。在这里，随着工程创新行动的展开，一个包括人和非人行动者的行动者网络将脱颖而出，行动者就是构成这个网络的异质实体。

在行动者网络的形成过程中，"转译"发挥着关键作用。转译是一个行动者通过相关机制和策略识别出其他行动者或要素，并使其彼此关联起来的过程，由此，每个行动者都建构一个以自己为中心的世界，这个世界是他所力图联结并使其依赖于自己的各种元素的一个复杂的变化着的网络。① 转译是一个运用策略的过程，通过转译要使别人接受自己的问题界定，使别人确信需要解决的仅有的问题就是自己的方案所设定的问题，确信遵照自己的安排，工程就能取得成功，从而接受自己的开发议程，加入到技术开发中来。如果每个相关实体都被说服认可这个计划，那么转译就成功了。每个实体都在行动者网络中扮演自己的角色，在网络中都发挥着不可或缺的特定作用。而每个行动者要想发挥作用，必须调动其他行动者，形成自己的网络，而且也只有这样，他才能获得与其他行动者讨价还价的能力。

---

① Callon, M. Society in Making: The Study of Technology as A Tool for Sociological Analysis. In Bijker, W. E., Pinch, T. and Hughes, T. P. (eds.). *The Social Construction of Technological System*. MIT Press, 1987, pp. 82－103.

因此,工程创新成功与否,关键在于创新者的策略。工程创新过程始终就是一个利益冲突和相关行动者彼此斗争的过程。需要思考的关键问题是:要说服谁?被说服的人的抵抗力有多强?应搜集什么样的资源?创新计划应做什么样的转变?创新计划是否被看做黑箱而不被质疑?如果被一些行动者质疑,又应该做什么样的转变?① 可以说,工程创新方案的确定,各个子问题的分解,相应角色的招募,行动者网络的产生等,都不是一劳永逸的事情。对于工程创新的决策而言,民众往往是工程创新的利益相关者,是行动者网络中的一员,他们有权利参与影响他们切身生活的重大工程创新的决策和实施过程。既然如此,工程决策对公众而言就不应再保持为一种黑箱,社会应鼓励社会群体真正作为有资质的"行动者",介入工程评估活动,从而促成重大工程创新决策的民主化,从根本上将未来可能发生的利益冲突尽量解决在工程实施之前,尽量消灭在萌芽之中。

在这样一个对异质要素进行集成的过程中,需要匹配各种要素,需要调和各类要求,需要进行复杂的权衡。可以说,"权衡"(trade-off)是工程的生命,工程决策者和工程师必须懂得在物理的、生物的和社会的因素之间进行权衡,这里并不存在一个理性的程序和最优解。

4. 工程创新的稳健性

任何创新都是一个不确定的过程,工程创新也不例外。但是,与通常的技术创新不同,工程创新总是要求最低限度的不确定性和最大限度的稳健性。这是因为,工程创新活动往往涉及面较大,一旦失败,就极有可能造成永久性的、不可逆转的社会创伤和环境影响。在这种情况下,力求稳健就成了工程创新的一个必然要求。

其实,工程创新面临着很大的结构约束,正是这种结构约束使得工程创新不能走冒进的路线。根据社会学家吉登斯(Anthony Giddens)的结构化理论,工程创新实际上发生在特定的结构之中。所谓结构,是指社会再生产过程中反复涉及的规

---

① Latour, B. The Prince for Machines as Well as for Machinations. In Elliot, Brian (ed.). *Technology and Social Process*. Edinburgh University Press, 1988, p. 20.

则和资源。正是这些规则和资源在日常生活中相互交织，带来了社会整合和系统整合，构造了人与人彼此互动的时空区域，带来了人们习以为常的生活惯例。惯例形成在人们的实践之中，并能通过反复实践而在人们的意识中促发一种指导人们行为举止的实践意识，使人们反思性地监控自己的行为，为人们提供本体性安全感和信任感。① 这样，一方面，社会场景的固定化，使得社会场景成为无意识的背景，成为黑箱而不被质疑，人们就可以一心创造基于这个平台的新事物，营造新的生存空间；另一方面，如果人们质疑生存的本体基础，意识到固化本身带来了问题甚至灾难，这也将引导人们反思当下的工程，进行更深层次的创新，包括工程创新。因此，工程创新就意味着打破惯例，创造出新的生活形式，创造出新的语言，而根本性的工程创新，更是一个打破结构、重建结构的过程。它的执行将重新构造我们的时空感觉，它的完成将带来一种时间和空间的"区域化"。它把人的社会活动场景"固定化"，通过工程的运行促发日常生活中惯例的形成，从而使人的实践意识固定在特定的客观场景之中。

如此看来，工程创新的过程，是一个形成新的生活常规、新的时空区域、新的语言和新的社会系统的过程。换言之，从事工程，就是从事一种生活的建设；建构一项工程，就意味着营造一种新的生活方式。既然如此，当然需要最大程度地保证工程创新的可靠性。为了做到这一点，面对当今复杂的工程系统的建构，人们往往首先采用计算机仿真等新的虚拟实践手段，在赛博空间中进行集成，通过模拟自然界、模拟工程系统、模拟社区，进行大尺度工程系统创新的试验和评估。这样，通过虚拟的规划、设计、建造、评估，而后再进行实际的建造和集成，就会降低工程创新的总体风险和不确定性。另一方面，鉴于当今的工程系统往往具有复杂性、混沌性和离散性，其运行后果甚至从理论上来说都是不可预见的，②人们正在进一步考虑工程系统设计的原则，以便能够做到当工程创新失败时，不至于造成重大灾难，不

① ［英］吉登斯：《社会的构成》，李康等译，生活·读书·新知三联书店 1998 年版。
② Wulf, W. A. Engineering Ethics and Society. *Technology in Society*, 2004, 26：385 - 390.

至于因为一个地方的失灵而一下子影响全局。人文主义者芒福德(Lewis Mumford)等人反对巨型机器的一个原因,就是巨型工程系统的不可控性。① 随着知识的增长,随着工程设计准则的改进,这种"不可控性"本身可能也在演化——过去是巨型工程,现在看来可能微不足道;现在的巨型工程,可能在过去不可想象。可以期待的是,人类进行工程创新的能力将会不断改进,人类驾驭自然的能力能够不断提升。

在工程创新过程中势必要认真关注工程创新的集成性、工程创新的社会性、工程创新的建构性和工程创新的稳健性。对工程教育来说,就应该采用系统的教育方法,练就工程人员的整体思维能力,使他们具备跨学科的知识背景,具有深刻的人文关怀,使得未来的工程师们能够承担起自己的一份责任,谨言慎行,对工程的社会后果保持敏感。

三 工程创新的类型

工程的类型多种多样。不同产业、不同国家、不同地区、不同规模的工程,往往具有不同的"边界条件"和"进步目标",在工程创新方面的具体表现和特点也会有很大不同。例如,航天工程、基因工程领域和建筑工程、矿山工程领域的创新表现和创新特点显然有很大差别。在认识、管理、评价不同类型的工程创新时,当然应该注意到这种差异。

1. 从系统的角度看工程创新的类型

工程创新不是凭空发生的,它往往是参照现有的工程系统来展开的,而这种工程层级系统包含着材料、元器件、装置、子系统、宏观系统等不同的层次。这些层级之间在一定程度上是可分解的(decomposable),因而各个层次可以进行相对独立的工作。由此看来,根据创新程度,可以将工程创新分为四类:工程系

---

① Mumford, Lewis. *The Myth of the Machine*: *The Pentagon of Power*. New York: Harcourt Brace Jovanovich, 1970.

统的移植创新、工程系统中的孤立创新、工程系统的全面创新、工程系统的替代创新。

所谓工程系统的移植创新，是指将其他地方由他人建立的工程系统移植到本地，来满足当地人们的需求。例如，模仿国外发展起来的地铁交通系统，在本地建立类似的地铁系统。这可能在技术方面并没有任何新的东西，但的确为当地带来了全新的发展机会。所谓工程系统中的孤立创新，是指在现有工程系统总体上保持不变的情况下，对系统内部的特定环节进行创造性重构。例如，在电照明系统本身不发生变化的情况下，对系统中的发电环节进行更新，发展出全新的效率更高的发电设备。所谓工程系统的全面创新，是指对工程系统本身进行全面变革，使之升级换代。例如，从交流输配电系统变革到直流输配电系统，就意味着工程系统的全面变革。所谓工程系统的替代创新，是指建立全新的工程系统，来替代现有工程系统的功能，并带来全新的功能。例如，爱迪生电照明系统对煤气照明系统的替代。

工程系统有两种类型：一类是松散组合的工程系统，如交通系统、空中交通管制系统；另一类是紧密组合的工程系统，如飞机。尽管两类工程系统在四类创新的发生和发展机制上会有所不同，但是这些创新中的绝大多数，都位于底层和中层位置，如新材料、新装备、新器件、子系统的开发等，而与此同时，高层系统保持着稳定状态。反之，如果高层系统发生了变革，就将成为具有重大经济社会意义的宏观工程系统创新。19 世纪后半叶，美国的煤气照明系统被爱迪生的电照明系统所取代，就是一个突出的例子。在人们的心目中，一提起爱迪生，自然就会想到他是一个发明家，仅在美国就拥有千余件发明专利。不错，爱迪生的确做出过很多发明，但是，爱迪生的伟大，不仅仅在于他进行了许多孤立的发明，不仅仅在于他能够将特定发明转化成一件件的产品，更在于他是新的工程系统的创建者，在于他的每项发明都是基于对社会—工程系统的深刻把握来进行的。在他主导的创新活动中，科学的、技术的、经济的、社会的、政治的因素都被考虑在内；用户、供应商、竞争者、政府、议会、技术工人的培训等，都被一一安排。① 可以说，爱迪生是一个工程系统的创新者，是一个推动技术经济范式转型的创新者。

就此而言，提出"工程创新"概念的一个重要意义，就在于建立工程创新的系统观念，引导人们对复杂的工程系统之根本变革的关注。其实，大尺度工程系统或者技术—社会系统（交通、保健、能源、通讯等）是 21 世纪工程创新的重要对象，它们都是跨学科的综合性工程问题。在这里，蕴含着最为重要的工程创新机会。

当前，大多数工程技术人员的注意力都放在了工程系统的中观或微观层面，因为这容易取得即时收获、"立竿见影"的效果——结果清楚、正面收获容易、失败的风险小。这很正常。但是，对于整个社会来说，更为重要的事情，则是将注意力从中观转向系统和宏观系统，并基于新的技术发明寻找根本性变革或替代现有宏观工程系统的机会。② 所有这些，都需要政府、企业和大学的携手参与。一些宏观工程的创新，甚至超过一个国家的边界，如全球定位系统、太空开发系统等，则需要国际合作。

2. 从产业角度看工程创新的类型

工程创新具有明显的产业特性。根据产业特点，可以将工程创新分为采集领域的工程创新、装配制造业领域的工程创新、非装配制造业领域的工程创新、建造领域的工程创新以及保障领域的工程创新等类型。

采集领域的工程创新，具体包括探测工程、采油工程、采矿工程、海洋渔业工程等领域的创新，这类工程创新强烈依赖于供应商的设备创新，其直接目标是提高自然资源开采的能力和效率。

装配制造业领域的工程创新，具体包括汽车制造、飞机制造等装配行业领域的创新，其主要特点是支撑大量生产体制的工艺创新。通过工程创新和长期生产实

---

① Hughes, T. P. *Network of Power*: *Electrification in Western Society*, *1880‒1930* . Baltimore: Johns Hopkins University Press, 1983.

② Coates, Joseph F. Innovation in the Future of Engineering Design. *Technological Forecasting and Social Change*, 2000, 64: 121‒132.

践产生的组织化了的难言性工程知识，是这类产业赢得长期竞争优势的关键所在。

非装配制造业领域的工程创新，包括水泥、玻璃等行业的工程创新，其创新焦点主要不在产品本身，而在于对连续加工过程的设计、组织和建构。

建造领域的工程创新，包括造船、大坝、桥梁、建筑等领域的工程创新，其突出特点是单件产品的创新设计和建造。在这类创新过程中，用户和建筑商之间的密集互动对于创新的成功十分重要。

保障领域的工程创新，主要包括交通领域、通信领域、金融领域的工程创新，其焦点是对物流、人流、信息流和资金流的传输方式进行重构，从而为其他工程领域的顺利运行提供更加强大的支撑和保障。

鉴于工程创新具有突出的产业特点，因此，在认识、管理和评价不同类型的工程创新时，就应该建立不同的工程创新评估体系和专业指标体系，而不是用同一种模式、同一套指标机械地进行衡量，否则就会出现某些误导性认识，甚至使工程创新沦为形式主义或空洞的口号。

3. 关于突破性工程创新和渐进性工程创新

根据创新的"性质"和"程度"，可以把工程创新活动划分为"突破性"创新（或"革命性"创新）和"渐进性"创新（或"积累性"创新）两大类型。

"突破性"工程创新是一个打破旧结构、再造新结构的过程，它的实现将对经济社会发展产生重要影响，会重新构建人们的时空感觉，必然会引起人们的高度重视。然而，在另一方面，也必须注意，更多的工程创新是通过"渐进性"的积累、逐步改进和完善等过程实现的——这也是一个被历史反复证明的真理。在创新过程中，由于工程具有集成优化的特征，需要不断优化或改进，因此，渐进性创新同样具有非常重要的作用。在这个日臻完善的集成优化过程中，某些单元过程的小创新、小革小改，如果从单个技术来看，它们的很多进步都不一定具备特别振奋人心之处，但是通过诸多单体技术的集群性进步并经过合理组合、集成优化达到一定水平后，也会出现"改型"、"换代"的工程创新效果。"渐进性"创新也能够通过积累效应而产生重大的经济社会效果和历史性影响。

因此，在开展工程创新活动时，既要重视突破性的创新，也要重视渐进性、积累性的创新。必须正确认识突破性创新和渐进性创新的意义和价值，正确处理突破性创新和渐进性创新的相互关系，这既是一个理论问题，同时，更是一个需要在理念和政策层面上把握好的现实问题。那种轻视渐进性创新重要性的观点在理论上是错误的，在实践上是有害的。

第二节　工程创新的地位与作用

一　工程创新是创新活动的主战场

如果说科学技术是第一生产力，那么工程则是现实的、直接的生产力。一般地说，科学知识、技术知识都需要通过工程创新这个环节才能转化为直接生产力，如果没有工程创新，那么，无论是科学知识还是技术知识，都只能作为"潜在生产力"游离在工程活动之"外"（如基础科学的新发现、那些目前还没有生产厂家理睬的专利等）。从潜在的、间接的生产力（科学技术）向现实的、直接的生产力（工程）转化的过程不可能是一个简单的、可以一蹴而就的过程，相反，它不可避免地要成为一个任务艰巨的飞跃和转化过程。在这个过程中，人们不但必须跨越许多"壁垒"，而且需要躲避重重"陷阱"。工程创新的任务就是要跨越在这个过程中可能会遇到的重重"壁垒"，要躲避隐藏着的重重"陷阱"。① 换言之，科学、技术转化为现实生产力的功能通常都要通过工程这一环节，科技成果的转化、技术创新的实现，归根结底都需要在工程活动中"实现"并检验其有效性、可靠性。因此，片面强调科学发现和技术发明以及孤立的技术创新都是十分有害的。

如果把一个企业或一个国家的整体性创新活动比喻为一场以企业或国家为单位的"创新之战"，那么，在这个创新之战的兵力部署上就出现了侦察兵、主力军、

---

① 李伯聪：《工程创新是创新的主战场》，《中国科技论坛》2006 年第 2 期。

后勤保证力量的分工，而在战场态势上，就出现了"前哨战场"、"后勤战场"和"主战场"的划分。就此来说，在国家创新系统和建设创新型国家的过程中，研发是创新活动的"前哨战场"，工程创新是创新活动的"主战场"；研发机构是创新活动的"侦察兵"，企业就是创新活动的"主力军"。创新之战的胜利必须有侦察兵和主力军的密切配合与协同作战，而侦察兵和主力军的脱节必然导致创新之战的挫败。侦察力量薄弱的部队和企图依靠侦察兵进行决战的部队都不可能赢得主战场的胜利。

从这个意义上说，工程创新是一个国家创新活动的主体部分，是一个国家创新活动的主战场。如果一个国家单纯强调研发活动和孤立的技术创新，也就不大可能赢得创新之战的决定性胜利。如果一个国家不能在这个"创新主战场"上取得实实在在的进展，其经济和社会的发展速度必然迟缓，甚至徘徊不前。在过去几十年中，某些国家尽管拥有大量的科研成果，但由于缺乏有效的工程转化，结果使科学研究成为"孤立"的行为，从而延缓了这些国家的经济发展速度。与此同时，有些国家虽然其科研成果在很长一段时间内不如其他国家多，诺贝尔奖获得者也没有这些国家多，但它们在技术开发、工程转化上效率高，在战后不长的时间内实现了经济上的崛起，其综合国力明显上升。这些都雄辩地说明了工程创新的枢纽地位。

其实，科学能力、技术能力和工程能力是三种不同的能力。虽然三者之间存在着密切联系，可是，在不同国家、不同地区、不同时期和不同条件下，三者之间也经常出现不平衡现象。大体而言和相对而言，英国的科学能力相对较强而工程能力相对较弱；日本的科学能力相对较弱而工程能力相对较强；美国则同时具有比较均衡而强大的科学能力、技术能力和工程能力。第二次世界大战后，日本之所以能够创造"经济奇迹"，在不长时间内成为世界第二经济大国，一个重要原因就是日本具有特别突出的工程能力，因而能够在工程创新这个主战场上取得决定性胜利。因此，国家创新系统是否有效，一个关键的衡量指标就是要看在创新主战场上取得了什么样的进展。正是工程创新的好坏，成为衡量国家创新系统有效性的重要判据。

总之，工程是科学技术影响经济社会发展的必然中介，工程创新的开展还将为科学研究和技术发明奠定关键的平台依托，而重大建设工程创新的开展又会成为拉动科技发展和相关产业发展的知识源泉和动力源泉。如果我们认识不到工程创新的主体地位、平台角色和源泉作用，那么，就势必带来创新政策制定中的种种错位现象，从而造成事倍功半的效果。对此，必须给予特别注意。

二 工程创新是经济——社会发展的关键

工程活动和工程创新是人类文明中特有的现象，离开了工程创新活动，也就不会有人类社会的发展与进步。正是一项项工程创新，构成了社会前进的步伐。一部人类文明史，就是一部此起彼伏的工程创新史。工程创新不但关系着人类物质文明的进步，也关系着人类精神文明的提升。

事实上，不同时代、不同类型的文明往往都以特定的工程创新成就为标志。埃及的金字塔、中国的万里长城等伟大工程，直到今天仍然令人叹为观止。钻木取火，照亮了世界的黑暗；铁器的使用，颠覆了奴隶制。高效率、高产量纺织机械的制造和蒸汽机的采用，掀起了以纺织工业为主导的第一次工业革命的浪潮。19世纪以来，一系列科学技术的突破性进展，相继引发了以钢铁工业、重化工及电力工业为主导的第二次产业革命以及以信息技术为主导的第三次产业革命。尽管人类社会在很久以前就开始进行规模较大的工程创新了，但我们还是应该承认，古代社会的基本生产方式不是大规模的工程活动方式，而是手工的、个体的生产方式；工程创新活动在近现代才成为社会中最基本的、主导的、典型的、基础的实践方式和活动形态之一。这也就是为什么说，迄今为止，在人类"知识总量"中，绝大多数知识是近代科技革命以来形成的；在人类"物质财富总量"中，绝大多数物质财富是在产业革命以来的不长时间中创造出来的。

随着现代科学技术日新月异的发展，工程创新的规模愈加宏大，工程创新的内容和形式正在发生重大变化，工程创新对于现代社会的变革作用也愈加突出。人类对工程的依存度正日益加深，人类越来越生活在由各类工程所构筑起来的人工平台上。如果说在 19 世纪中叶人们创造了古人所无法想象的工程伟业，那么，当今的社会又创造了 19 世纪中叶的人们所无法想象的工程伟业。核电站建设、登月工程、火星探测、航空母舰、电子计算机、海底隧道等，都是耳熟能详的例子。人类通过土木工程、机械工程、化学工程、采矿工程、水利工程、生物工程、信息工程、能源工程、航天工程等领域的创新活动，深刻地改变着世界，创造这个世界新的存在形式。各类工程创新正在改变原有社会产业结构和经济结构，改变人们的劳动方式和生活方式，改变社会生产组织和管理体制，成为决定生产力发展速度和经济竞争力高低的关键。可以毫不夸张地说，世界各国现代化进程在很大程度上就是各国进行各类工程创新的过程。就此而言，从历史演化的角度考察工程创新的内容、形式的范式变化，是一个重要的研究课题。

总之，当代科学、技术与工程之间的相互促进，共同构成了经济发展和社会进步的强大动力。科学发现推动人们在认识世界的过程中形成科学原理，技术发明往往成为创新活动的认知焦点和"基因"，而工程的使命则是把科学原理和技术发明转变成改造世界的现实的能动力量。正是工程创新架起了科学发现、技术发明与产业发展之间的桥梁，从而构成了产业革命、经济发展和社会进步的关键杠杆。

三　工程创新关乎我国现代化建设的成败

中华民族在工程创新方面曾经为人类文明的进步作出过巨大贡献。古代的都江堰工程、万里长城、京杭大运河等，都是人类工程创新的丰碑。万里长城已经成为中华民族的骄傲、自信和团结的象征，而都江堰至今仍然发挥着滋润大地、惠泽苍生的作用，是当今世界上人水和谐、持续发展的典范工程。这些工程创新都体现了中国古代的整体观和统一观，将顺应自然、改造自然和利用自然巧妙地融为一体，实现了人与自然的和谐发展。

近代以来，中国在现代化进程中所取得的一切成就，都离不开工程创新的巨大支撑。由于西方列强对中国的入侵和不断蚕食，中华民族曾经陷入前所未有的即将"亡国灭种"的困局。19 世纪 60 年代，清政府自上而下展开的洋务运动，就是中国通过采矿、冶金、造船、铁路、电信等一系列先进的工程创新活动以图自强的一次大规模尝试。尽管由于清政府的懦弱无能而未能达到预期的宏伟目标，但这毕竟为中国的现代化积蓄了力量、撒下了宝贵的种子。自那之后，频繁发生的战乱一次次地中断了这一进程。

随着新中国的成立，中国的现代化终于进入了一个崭新的阶段。20 世纪 50 年代苏联援助中国的"156 项"工程奠定了新中国的工业基础，并初步形成了一个门类齐全的工业体系；大庆油田的开发彻底摘掉了中国"贫油国"的帽子；以"两弹一星"为代表的军事工程创新更是为我国的国家安全竖起了坚实的屏障。改革开放以来，通过引进、消化、吸收、再国产化，各类产业工程创新活动不断推动着我国工业基础的升级换代。长江三峡工程的规划和建设，成为中国乃至世界水利工程史上的一座里程碑；载人航天工程的成功实施，更是令整个中华民族扬眉吐气。可以说，一波又一波的技术进步和工程创新帮助中国人基本告别了贫穷，并为中华民族的崛起打下了坚实的平台，而我国的工程创新也为世界的工程科技进步作出了历史性贡献。

改革开放 20 多年来，我国工程创新取得了重大成就，为举世所瞩目。但是，我国还处于工业化阶段，第一、第二、第三产业整体素质仍然较低，经济增长在很大程度上靠人力投入和资源消耗来推动，技术进步的推动作用还比较小，在国际市场上的竞争力还比较低。例如，研究表明，中国的能源有效利用率只有 1/3，发达国家已达 50% 左右；中国的水重复利用率只有 30%，发达国家已接近 70%；中国的钢材利用率不到 60%，而发达国家大于 80%。又如，中国汽车整车制造业的竞争力综合指数分别是美国的 41.7%、日本的 42.4%、德国的 47.3% 和韩国的 61.6%。又如，我国工程技术人员总数达 1000 万，其中工程师 210 万，数量居世界首位；但我国每百元产值占用的工程师人数，是美国的 16 倍、德国的 13 倍。从这些数据中可以看出，我国的经济发展和工程创新还面临着重大挑战。

虽然我国早就提出了要实现从粗放型增长方式向集约型增长方式转变的任务，但我国至今仍未真正实现这个转变，而大力推进工程创新正是促使我国实现集约型增长的必由之路和最为关键的措施之一。当前，我国已经确立了全面建设小康社会的目标，这当然离不开大大小小、各种类型的工程创新——特别是一些大型和特大型工程项目的建设。目前我国每年投入工程建设的资金总额超过了 10 万亿人民币，并且这个数字还将逐年增加。这些工程项目是否能够顺利完成，是否能够成为体现"人与自然和谐"以及"人与社会和谐"的"双和谐"工程，将直接关系到我国小康社会建设目标的实现程度，甚至还会产生更长期的影响。

从总体上看，我国是工程大国，但目前还不能算是工程强国。我国科学技术的发展水平与发达国家存在差距，但工程能力方面的差距更大。正是因为在科学研究与技术开发、工程创新、经济发展之间缺乏协调性、统一性，最终导致了我国创新活动的低效率。造成这种现象的原因是复杂的，其中一个重要原因就是没有认识到只有"工程创新"才是创新活动的枢纽，才是一个国家创新活动的"主战场"，因此，也就没能在"主战场"上投入足够的、足以决定胜负的创新力量。因此，我国必须大力提倡工程创新，尽快使我国从工程大国走向工程强国。

总之，工程创新直接决定着国家、地区的发展速度和进程。工程创新不是少数工程技术人员的事，也不是局部地区、个别企业的事，工程创新（特别是工程创新的理念）应是全国、全社会、全民的事情，是直接关系到建设小康社会全局的大事。我国的现代化必须立足在一波又一波的"集群性"的工程创新上，而不能停留在单一技术的突破或是个别理论问题的解决上，否则，走新型工业化道路的进程必然会受到影响，小康社会的建设就会成为一句空话。

第三章
工程创新中的壁垒和陷阱

工程活动的核心内容是以各类要素为前提和基础的"集成",因此,工程创新活动中不但包括了"要素方面的创新",而且包括了"要素集成方面的创新"。工程创新要取得成功,不但必须在要素创新中克服各种壁垒和陷阱,而且必须在集成创新中克服各种壁垒和陷阱。本书前面已经谈到,壁垒和陷阱作为隐喻,意在表明工程创新中会遇到两种不同类型的困难,它们在内在性质、外部表现和具体特征上都有所不同。本章将讨论工程创新中壁垒和陷阱的特点,并着重从"要素"和"集成"两个方面——或曰两个分析"线索"——来研究工程创新中一些典型性的壁垒和陷阱问题。

第一节   壁垒和陷阱

在创新过程中，壁垒和陷阱代表了两种不同类型的困难——困难性质不同、困难特征不同、困难表现不同、造成困难的原因和后果不同、克服困难的方法也颇不同。一般地说，壁垒是看得见的障碍，陷阱是看不见的危险；壁垒是明明白白摆在创新者面前的困难，如果不花费力气，创新者就突破不过去，而陷阱则是指那些创新者看不见或意识不到的困难，是需要创新者运用智慧设法躲避的。例如，进行创新时如果缺乏所需的技术和资金，那么，这就意味着出现了技术壁垒和资金壁垒，创新者需要通过技术开发或购买专利的方法克服技术壁垒，需要通过融资手段克服资金壁垒。另一方面，如果选择的技术经过一段时间后被发现是有缺陷的或不恰当的，这便可能形成某种形式的技术陷阱。斯科特·普劳斯指出，行为陷阱（behavioral trap）是指这样一种情境：个人或者群体从事一项很有前景的工作，最后却变得不尽人意而且难以脱身。① 无论是壁垒还是陷阱，如果没有被良好解决，都会导致创新的失败。

从理论上讲，用"壁垒"和"陷阱"来隐喻创新中的各种困难，可以双向解释创新的成功与失败：从正面看，创新的成功皆可归因于能够胜利地突破壁垒和躲避陷阱；从反面看，创新的失败皆可归因于未能成功地突破壁垒或躲避陷阱。不过，这里还有另外一个值得注意的问题，那就是在另外一个含义上，壁垒陷阱的隐喻与创新成败的关系又是不对称的：从正面看，必须突破"所有壁垒"并躲开（或跳出）"所有陷阱"才有可能取得成功；而从反面看，"一个壁垒"前的失败或"一个陷阱"中的落难就有可能断送整个创新。

"壁垒—陷阱"作为一种理论模型，与经典的创新"过程—机制"模型和"要

---

① ［美］斯科特·普劳斯：《决策与判断》，施俊琦、王星译，人民邮电出版社 2004 年版，第210 页。

素—系统"模型一起,构成了三种创新理论模型。这三种模型关注的焦点问题是不同的,所蕴含的主要政策含义也是不同的。作为审视创新的三种视角或维度,它们之间不是相互对立或排斥的关系,而是相互渗透、配合互补的关系。迄今,它们已经形成了各自的主要内容,并出现了一些代表性理论,如表3-1所示。

表3-1　三种创新模型的比较

	过程—机制模型	要素—系统模型	壁垒—陷阱模型
核心问题	创新是个什么过程	创新需要哪些资源	创新需要克服哪些困难
主要内容	创新是包括研究开发、设计、实施、市场营销等多环节的过程,其中存在多重反馈机制	创新需要各类要素,需要产业界、大学与科研院所、政府、中介机构的共同参与	由于信息不对称、实力有限和环境多变等原因,创新中存在以壁垒和陷阱为主要表现形式的种种困难
代表理论	五代创新过程模型①	创新系统理论	"攻关"、"死亡之谷"与"达尔文之海"
政策含义	优化创新过程	完善创新系统	必须跨越重重壁垒和应对重重陷阱

目前,"壁垒—陷阱"模型尚未被学术界作为一种明确的创新理论来认识,但在创新政策分析和管理实务中,特别是在工程创新的实践活动中,已经得到了相当广泛的基于经验的运用。此处将其作为一种特定的创新理论提出来,旨在在经验研究的基础上,建立起较为系统的理论解释,从而为创新实践提供更明确的理论启示。

创新的基本意义和内容是采用不同的方式做事,以创造新价值和提升价值链。许多人都知道,熊彼特将导致经济发生质的发展的"生产手段的新组合"界定为创

---

① 罗斯韦尔(Roy Rothwell)总结了20世纪50年代以来出现的五代技术创新过程模型,分别是:技术推动模型(第一代)、需求拉动模型(第二代)、技术与市场交互作用模型(第三代)、一体化创新模型(第四代)、系统集成与网络模型(第五代)。参阅 Rothwell, R. Successful Industrial Innovation: Critical Factors for the 1990s. *R&D Management*, 1992, 22(3): 221-239;傅家骥主编:《技术创新学》,清华大学出版社1998年版。

新,并列举了创新的五种情况:采用一种新的产品;采用一种新的生产方法;开辟一个新的市场;开拓并利用新的材料或半成品的供给来源;采用新的组织方式。①可见,熊彼特的创新概念指的是一类具有特殊性质的经济活动,不管具体形式如何,其本质是促进经济产生实质性的发展。也正是在这一意义上,创新是经济发展的根本动力。因此,创新的内容和范围并不局限于技术,而且包括了更多类型的活动,如制度创新等。

　　以上所述,自然绝不意味着对技术创新在经济发展中的基本性作用和意义有任何否定或怀疑。工程作为人类的"造物"活动,是创造物质财富、实现经济发展的基本途径。因此,工程必然是各种创新活动得以发生的重要场所。人类的"造物"活动需要技术、管理、经济等要素,对于以新产品②或新工艺开发为主线的创新活动,可以把技术创新和工程创新看成是对同一过程的两种观察视角,技术创新更加着眼于技术的产生与转化过程,工程创新则更加着眼于工程活动中所需的要素及这些要素的集成过程。在另外一些创新中,比如以制度创新、市场创新、标准创新为主要内容的创新,虽然这时往往也包含某些技术方面的创新,但技术并不是主线,这时,技术创新只是工程创新中的内容之一。

　　科学活动以发现为核心,重在逻辑与理论构建;技术活动以发明为核心,重在效率与功能;工程活动以建造为核心,重在多要素的集成和价值的创造。工程的多要素和多环节之间是相互制约,互为支持的,这决定了工程创新是在一定边界条件下的集成和优化。工程系统作为整体,具有不同于各要素简单加和的整体特质。成功的工程创新乃是技术因素、经济因素、管理因素和其他社会因素合理地进行创造性"集成"的结果。工程活动的过程、要素和集成如图 3-1 所示。

----

①［美］熊彼特:《经济发展理论》,商务印书馆 2000 年版,第 73—74 页。
②"产品"这个术语,其基本含义原来主要是指"物质形态的产品",这里主要也是在这个含义上使用这个词汇的。但值得特别注意的是,目前在许多行业中都出现了把"产品"的含义和所指"扩大化"的现象和趋势,例如,旅游公司的"新旅游线路"、服务业的"新服务项目"都被一些人"习惯性"地称为"新产品"了。

　　在一项工程从理念决策、规划设计,到建造实施、运行维护的整个过程中,在每个环节、每个要素和集成方式上,都经常发生或大或小、或合成性或局部性的创新,具有多方面的具体内容和多种不同的表现形式,如工程理念创新、工程规划创新、工程设计创新、工程技术创新、工程管理创新、工程制度创新、工程运行创新、工程维护创新、工程"退出机制"的创新(如矿山工程在资源枯竭后的"退出机制")等。[1] 可以认为,在工程创新中,存在多个创新环节和多条创新行为路径。这些工程创新活动使一项工程具有不同于其他工程的整体或部分的新特点,由此看来,工程活动的创新性和工程活动的"唯一性"是内在地结合在一起的。

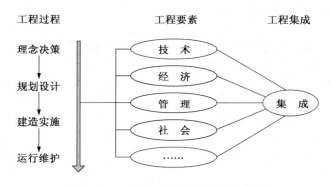

图 3-1　工程活动的过程、要素与集成

　　工程创新中的壁垒和陷阱是复杂、多态、多象、多变、多因、多果、多元的。从以技术创新为主线的创新过程看,一项创新通常需要经过两个阶段:第一阶段是从发明到首次商业化的创新产生阶段,第二阶段是从首次商业化到形成规模市场的创新扩散阶段。必须注意:这两个阶段并不是分离的,而是存在着必然的内在联系。[2] 在这一完整的创新过程中,"工程化"是其中的关键环节,一项创新只有经过"工程化"环节,付诸工程活动,才能成为实实在在的产品或工艺;同类工程在时间和空间维度上序贯地实施,便构成了创新的扩散。

---

　　① 李伯聪:《工程创新是创新的主战场》,《中国科技论坛》2006 年第 2 期,第 33—37 页。
　　② 邢怀滨、苏竣:《技术创新微观机制的网络分析》,《科学学研究》2004 年第 10 期,第 322—326 页。

由此,工程是技术创新产生与扩散的载体和桥梁,如图 3-2 所示。

工程创新中的壁垒和陷阱,不仅包括发生在技术创新产生阶段的"死亡之谷",也涵盖了技术创新扩散阶段的"达尔文之海"。所谓"死亡之谷",是指在基础科学和发明创造到新产品或工艺之间的深渊,即从发明到首次商业化的种种困难。所谓"达尔文之海",是指从首次商业化到形成规模市场的挑战,因为即使能将科技成果转化为产品或工艺,如果不能在市场竞争(可以类比为自然界的自然选择、生存竞争)中脱颖而出,同样也无法生存下去。对新产品、新工艺类型的技术创新而言,能够跨越"死亡之谷",只是产生了(狭义的)创新,而只有渡过了"达尔文之海"的"完整的创新"才是真正成功。

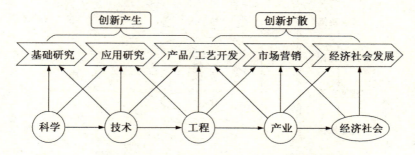

图 3-2   工程是技术创新产生与扩散的载体和桥梁

在工程创新中,不仅技术创新的"死亡之谷"与"达尔文之海"同时存在,而且其他工程要素的创新,如新的生产方式、新的管理模式等,也会经历从概念形成、应用设计、试点实施到大规模推广的历程,也存在大量形形色色的壁垒和陷阱。在工程活动中,不仅技术创新要面临多种壁垒和陷阱,而且其他创新(制度创新、管理创新等)也要面临形形色色的壁垒和陷阱。人们经常看到,往往即使只有一个要素方面的壁垒或陷阱未能被突破,也会导致整个工程的失败,这就是所谓"一着不慎,满盘皆输"。

在工程活动中,不但在各个要素中都必然存在许多壁垒和陷阱,而且在工程决策、规划、实施、运行的全过程中,也必然存在许多壁垒和陷阱。工程活动的每个环节上都会出现种种性质不同、特点不同的壁垒或陷阱,它们出现的原因和可能导致的结果都很复杂,变化多端,甚至防不胜防,创新者必须认真对待,寻求恰当的应对措施。

即使各类工程要素都已具备,倘若在集成中出现问题,同样会导致工程创新的失败。工程系统作为整体,具有不同于各要素简单加和的整体特质。某一要素的创新可推动集成创新,因为某一性能的改进会要求集成结构的变化;反过来,集成创新会拉动要素创新,因为新的集成结构通常会要求原有要素发生某些改变,以适应集成结构运行的需要。工程创新的核心,在于对各类工程要素的集成运用和优化。在工程创新中,如果各要素之间不相互配合,以及存在"集成障碍"等原因,都会导致好的工程要素不能发挥应有的作用,甚至由于"内耗"而导致某些要素功能降低乃至丧失,进而使工程整体陷入困境,这样的工程注定是要失败的。

人们必须从"全要素"、"全过程"和"集成"的角度来认识、剖析、应对工程创新中的壁垒和陷阱。为分析方便,下文就从要素和集成两个方面,来具体分析工程创新中的壁垒和陷阱。

第二节　要素壁垒和陷阱

工程中涵盖了技术、经济、管理、社会等多方面的要素。本节无意全面分析这些要素中的各种壁垒和陷阱,而仅着重分析以下四个方面的要素壁垒和陷阱:信息壁垒和陷阱、技术壁垒和陷阱、资本壁垒和陷阱以及市场壁垒和陷阱。

一　信息壁垒和陷阱

在工程决策、规划设计、建造实施和运行维护的每个环节,都需要充分可靠的信息支持。工程中需要的信息是多样的,包括技术信息、市场信息、资本信息、文化信息等。因此,信息的获取、甄别和沟通是工程创新的基础之一。应该申明的是,虽然在严格意义上,信息和知识的含义是有区别的,可是,由于二者有密切的联系以及受到本节篇幅的限制,这里为了叙述的方便,权且把"知识壁垒和陷阱"问题也一并放在"信息壁垒和陷阱"这一内容中进行分析和讨论。

一般地说，工程创新中的信息壁垒和陷阱可以粗略地划分为两种类型：（1）在"信息产生和知识产生"方面所遇到的壁垒和陷阱；（2）在"信息传播或信息交流"方面所遇到的壁垒和陷阱。

在工程创新活动中，常常需要进行一种重要的"前哨活动"——"技术攻关"。所谓"技术攻关"，其最核心的内容就是要"创造和获取新的技术知识"。"技术攻关"的结果如何，往往就成为决定工程活动成败的第一个关键环节。在"技术攻关"这个常用词汇中，已经生动地蕴含和揭示这个过程的一个实质内容就是要通过"突破知识壁垒"而获取"新知识"——包括可以申请技术专利的知识和成为技术诀窍的知识。应该注意，工程创新不但需要新的技术知识和信息，而且需要其他方面的新知识和新信息，例如关于管理的知识和信息、关于市场的知识和信息等，而所有的这些知识和信息——包括对各类知识进行集成和再创造——都不可能无代价地产生和获取，它们都需要克服一定的壁垒和陷阱后才能产生或获得。

在认识和分析"信息壁垒和陷阱"时，必须特别注意和深刻认识许多信息壁垒和陷阱都是"由于信息本身所具有的某些性质"——特别是信息不完全和信息不对称——而形成的。

信息不完全，是指特定主体得不到支持决策和行动的全部信息，由于决策者不可能掌握"完全信息"并且决策者做出最优决策的能力也是有限的，这就对工程创新的实践活动和过程产生了巨大而深刻的影响。比如，要上马一条新生产线，需要知道该生产线的技术可靠性、替代技术的情况，该生产线可能带来的管理变动、需要的技巧、可能的风险等。这些信息的任何一类缺乏或不全，都会影响该生产线的决策和行动。

从时间的角度看，信息可以分为两类：关于"现实"的信息和关于"未来"的信息。前者是关于已经发生事件的信息，后者是关于可能发生事件的信息，如某项工程可能造成的环境影响。从理论上讲，关于"现实"的信息是可以以适当的方法和手段获得的，但事实上由于各种障碍却难以完全得到所需要的"现实"信息；关于

"未来"的信息是基于预测的,而预测总是不完全的,与未来发生的实际情况总会有差距。科林格里奇困境(Collingridge dilemma)表明了人类对技术进行预测评估和控制的尴尬:技术的后果在其发展前期难以预测,因为我们无法获得关于其可能产生影响的足够信息,故虽可以进行控制,却不知应该控制什么;随着技术的发展,当其占据了生产和市场,所产生的影响逐渐明显时,我们知道应该控制什么了,却往往很难对其进行控制。① 因此,工程创新中的决策和行动通常都是在信息不完备的情况下做出的,这是工程创新存在风险的原因之一。它要求工程创新必须坚持科学、开放和多方参与,尽量克服信息不完备所可能带来的问题。

信息不对称是指不同主体掌握的信息是不同的,这种不同会导致对问题理解的差异,从而影响共识和行动的一致性,并可能产生道德风险和机会主义行为。工程活动中涉及多个主体,包括决策者、工程师、工人、管理者等,而且需要与外部的技术、资金和市场等发生联系。因此,工程创新中的信息不对称既包括工程共同体内部的信息不对称,也包括工程共同体与外部的信息不对称。为了解决内部的信息不对称问题,信息传递和沟通是非常重要的,下文将专门论述沟通壁垒和陷阱。对于与外部的信息不对称,则需要加强信息搜集和甄别能力,防止隐瞒技术缺陷、资金风险等行为。

要解决信息不完全和信息不对称问题,往往需要进行广泛而深入的信息搜集、搜寻、搜索工作。工程创新所需的各种信息不但分布广泛而且往往隐藏得很深,这就使得必须投入大量的时间、人力和资金②才能获得足够和及时的信息,于是,搜寻和获得这些信息——克服"信息壁垒和陷阱"的过程——就成为与"相关人力投入"和"相关资金投入"联系在一起的过程。③

① Collingridge, D. *The Social Control of Technology*. London: Frances Printer, 1980, p. 19.

② 注意:这里是特指为搜寻信息而投入的时间、人力和资金。

③ 容易看出,如果为了搜寻某种信息而必须投入的资金有可能超出获得该信息后在经济上的可能所得,人们往往就宁可不投入那笔资金去进行那个信息搜寻工作,这就是"有意"造成的"信息不完全"现象了。

　　工程创新中的信息陷阱主要来自于信息失真、信息过量和信息忽略。

　　信息失真，即是指信息全部或部分失去真实性而成为不可靠的、虚假的信息。依据错误的信息做出决策或采取行动，从一开始便埋下了失败的种子。避开信息失真陷阱，需要不断完善信息传递机制，提高信息甄别能力。

　　当代信息技术革命，特别是互联网的应用，给人类带来了更为便捷的信息搜集渠道，提供了更为丰富的信息内容，但是海量信息的汇聚也不可避免地会带来信息过量（或者称为信息过剩）问题。正如戴维·申克指出的："信息过剩一旦发生，信息就不再对生活质量有所帮助，反而开始制造生活压力和混乱，甚至无知。如果信息超出人类的承受能力，它就会破坏我们自我学习的能力，使作为消费者的我们更容易受到伤害，使作为共同体的我们更缺乏凝聚力。"①在工程创新中，一方面存在信息不完备的问题，另一方面也可能出现信息过量的问题。在许多情况下，面对海量的技术、市场、社会等信息，决策者需要形成科学有效的信息搜寻和选择方法。否则一旦落入信息过量陷阱，将迷失在"信息烟尘"中，降低理性辨别能力，导致做出错误的决策和行动，甚至无法做出决策和行动。

　　信息忽略是另一种信息陷阱。在工程创新所搜集的众多信息中，决策者往往会忽略一些看似不太重要，但实际上却隐含着未来重要变革的信息。这些信息由于开始比较微弱，或者在常规创新思维和管理中无法得到分析，从而会使甚至是在创新方面卓有成效的公司也遭遇失败。哈佛商学院克里斯坦森提出的分裂性技术（disruptive technology）便是这样一种陷阱，该类技术由于在开始时表现出较低的技术性能和有限的市场规模，这些信号通常会被视而不见，如小尺寸小容量的磁盘驱动器对市场的占领、液压挖掘机对机械挖掘机的替代，便造成了许多大公司的失败。② 这种信息陷阱是非常隐蔽的，它要求工程创新者不能局限于常规的创新思

　　① ［美］戴维·申克：《信息烟尘：在信息爆炸中求生存》，黄锫坚等译，江西教育出版社2001年版，第9页。
　　② Christensen, C. *Innovator's Dilemma: When New Technologies Cause Great Firms to Fail*. Boston: Harvard Business School Press, 1997.

维,而要从不同的角度思考问题。

二　技术壁垒和陷阱

工程离不开技术。如果一项工程缺乏所需要的技术,或者已有技术达不到工程的功能要求,这就是遇到了"技术壁垒"。根据工程的功效旨向和风险规避特性,工程中的技术创新根据不同情况、环境和条件,在许多情况下可以按照"继承——引进、消化、吸收——再创新"的"技术创新路线"进行;在另外的环境和条件下,也可能必须进行"原始技术创新"①推动型的创新活动。对于创新能力相对落后的追赶型国家而言,大力开展引进、消化、吸收,再创新,有助于向原始创新追赶。创始于日本的反求工程(reverse engineering)就是通过引进、消化、吸收,最后提高创新能力的典型。反求工程,即打破从一般科学原理出发,经过技术发明,再转化为工业开发和生产的常规路线,而是从生产第一线的技术应用开始,通过逐级解析其原理,最后溯源到研究开发,由此在实现继承与引进消化的基础上,进行再创新。韩国汽车产业,也经历了通过引进、消化、吸收,进而提高创新能力的历程。当然,当某些技术由于技术管制和封锁而无法引进时,就必须依靠自己的力量进行攻关。

需要强调指出的是,无论以何种方式获得技术,都是壁垒重重的。不仅原始创新需要知识积累和创造性,引进、消化、吸收,再创新也不是简单的事情,也是需要大量的投资、知识和足够的创新能力的。我国过去技术引进中存在"引进——落后——再引进——再落后"的怪圈,其根源是学习能力不足造成的。由于学习能力不足,我们只能停留在技术的"引进"或"买进"上,而不能真正消化、吸收,更谈不上再创新。在此需要强调指出的是,引进、消化、吸收,再创新,不但必须建立在自身所具有的创造能力和创新能力的基础之上,而且所谓"消化、吸收,再创新"本

---

① "原始技术创新"是指那种性质、意义和影响都十分重大的技术新发明及其首次应用,其评价标准和"命名门槛"都是很高的。不能滥用"原始技术创新"这个概念,不能"降低评价标准",把那些改进性、改良性的技术发明夸大或吹嘘为"原始技术创新"。

身已经是创新的一种重要表现和重要方式。更一般地说，在跃进式创新和积累性创新两种方式中，前一种形式的创新是少见的，后一种形式的创新则是大量存在的，而这后一种积累形式的创新正是这个"引进、消化、吸收，再创新"的过程。因此，那种脱离具体环境条件而笼统地轻视和贬低"引进、消化、吸收"的观点在理论上是不正确的，在实践上则是会引起严重负作用的。

工程活动中必须克服技术壁垒，必须努力提高技术创新能力，否则便会陷入技术依附的陷阱。

技术依附是落后地区和企业容易跌入的陷阱。追赶者有后发优势，也有后发劣势。技术积累的欠缺是后发劣势的重要内容之一。正如上面所讲，培育自身的学习和创新能力是困难的，壁垒重重；而一旦学习和创新能力培育不起来，便会跌入技术依附陷阱，只能靠引进过日子。在此，突破获得技术能力的壁垒和摆脱技术依附的陷阱往往是同一问题的两个方面。

这里还有一个技术锁定的问题。技术锁定往往发生于领先地区或企业，突出表现为不能及时采用新技术，而仍然沿用老的技术，从而导致失败。例如，英国19世纪末在电力革命中落后的重要原因，便在于其产业技术锁定于蒸汽动力体系，未能及时转换。在企业层面，越是成功的企业，越有可能发生技术锁定。阿瑟（Arthur，W. B.）指出了"采用的收益递增"规律，即"技术之间的竞争通常使技术变得越有吸引力——越发展、越广泛扩散、越有用——越多地被采纳"。① 由于已有技术已经占据了生产和市场，因此一些有前景的新技术刚开始可能引不起足够重视，这便陷入了前面提到的信息忽略陷阱；由于新技术的一些特征与企业工程师原有的心智图式不相适应，②或由于转换成本等原因的考虑而没有被及时采用时，便会陷入技术锁定陷阱。

---

① Arthur, W. B. Competing Technology: An Overview. In Dosi, G. (*et al.*). *Technical Change and Economic Theory*. London and New York: Pinter Publishers, 1988, pp. 590–607.

② 夏保华：《技术间断、技术创新陷阱与战略技术创新》，《科学学研究》2001 年第 12 期，第81—86 页。

工程需要对技术进行选择,而技术选择往往会出现失误。技术选择失误包括多种情况,如由于信息不对称等原因而选择了某些性能不达标的技术,选择的技术不能融入原来的生产系统等。这里特别需要提及的,是技术选择中貌似合理而且非常隐蔽的一种陷阱,即技术领先陷阱。该陷阱的主要特征是,在工程中盲目追求技术的先进,认为只要技术先进就能保证工程的成功,这实际上是一种片面的技术决定论。事实上,技术只是工程的要素之一,不管它在工程中何等重要,并不能单独决定工程的成败,"铱星计划"就是一个技术先进而工程失败的典型案例。

在技术领先陷阱中,许多公司会大量投资于研发,而忽略了与运营体系和业务模式进行集成。IBM 一项全球研究表明,研发投入和总股本回报之间相关度非常低(相关系数低于 0.0032,如图 3 - 3 所示)①——这实在是一个让许多人都会感到"惊讶"和"意外"的研究结果。

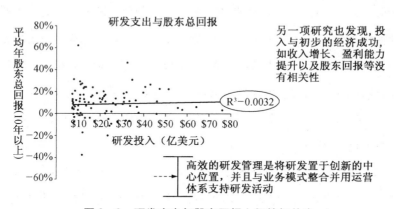

图 3 - 3 研发支出与股东回报之间的相关度

要维护和提高创新能力,企业必须投资于研发。但是,技术只有与管理、市场、社会等其他要素有效配合时,才能带来收益。IBM 的调研结果表明,现实中的许多企业在技术与其他要素的结合方面做得并不尽如人意。因此,工程创新要避免盲

① 丘琪铮:《产品创新的陷阱》,《中国企业家》2007 年第 21 期,第 93—97 页。

目选择"领先"技术,而是要选择"适当"技术。当然,"适当"技术中,需要包含"适度领先"这一指标。

三　资本壁垒和陷阱

从经济社会的发展历史看,资本和技术是驱动产业演进的两个轮子。新技术只有在资本的支持下,才能实现工程化和产业化,进而改变社会的生产结构;而资本也只有在新技术提高生产效率的过程中,才能获得实质性增加。正是技术与资本的联姻,构成了人类经济发展的基本推动力。

工程,特别是现代的大规模工程和高科技工程,往往需要大量的投资。资金不足通常是工程创新面临的最大壁垒之一。创新是有风险的,尤其是在创新的开始阶段,一般都有较高的技术风险、市场风险、组织风险和环境风险等,这经常造成有潜在前景的创新因为得不到及时充分的资金支持而无法实现。因此,一个国家和地区倘若缺乏完善的资本支持体系,便无法产生大量的创新活动,经济也就难以增长。熊彼特认为,资本是一种杠杆,企业家通过利用资本控制生产要素的流动从而实现创新,推动经济的发展,因而资本市场的发育程度对经济发展至关重要。①我国建设创新型国家,促进国民经济又快又好发展,除了要增强科技创新能力之外,还必须建立金融支持体系,完善金融市场,为创新活动提供良好的融资环境,消除资本对创新的约束。

在工程创新中,一方面需要突破资本不足的壁垒,去获得足够的资金,另一方面也要防止盲目投资,掉入投资过度的陷阱。当工程决策者对创新项目的评价过于乐观,在经济、技术、财务、市场等基础性分析工作不充分的情况下,大量投资于该项目,便有可能掉入过度投资陷阱,导致投资浪费,并危及企业的长期利益。

从整个产业系统看,同类工程的大规模创新会带来新的产业变革。展现出前景的创新会吸引大量投资,工程创新中资本的进入大概会经历四个阶段：爆发阶

---

① [美]熊彼特：《经济发展理论》,商务印书馆2000年版。

段、狂热阶段、协同阶段和成熟阶段。① 在爆发阶段,金融资本的支持使创新获得了爆发性的增长,由此会引发对该创新的狂热投资,进入狂热阶段。在该阶段,金融泡沫的形成往往是必然的,从而便不可避免地导致由于投资过度而形成的陷阱。之后,经过一段时间的协同调整,创新带来的新产业才能走向成熟和稳定。狂热阶段波及整个产业系统的陷阱经常会造成一个国家、一个地区甚至是全球的经济波动,如当代网络经济的发展给世界经济带来的冲击。对于个体企业而言,狂热阶段一方面催生了大量新企业,另一方面,投资过度陷阱会导致大量企业的失败。

在工程项目的融资中,良好的融资结构是重要的,倘若融资结构不当,往往会使工程掉入资本陷阱。一般地说,在现代经济环境中,许多企业在创业期、"常规运行期"、"实施新项目的创新期"都需要根据不同情况和条件通过外部融资来获得必要的资本。一般而言,一项工程创新通常会有多个投资者,由多家股东共同发起。这时很重要的一个原则是,决策者一定要选择那些对本项工程创新存在价值认同和真正要做该项"事业"的投资家。如果某个投资商只是为了获利,那么在风险面前,他很可能会采取撤资行为,从而导致资金不能及时到位,使有前景的项目因为无法克服暂时的困难而失败。因此,创业时期如果资金来源不恰当,会大大降低项目的运行能力,尤其是抗风险能力低下,而风险是创新过程中必然存在的。这种脆弱的融资结构如果在前期形成隐蔽的资本陷阱,一旦这个陷阱从隐蔽中突现出来,往往会使工程创新处于艰难的境地,甚至会使工程创新遭遇"灭顶之灾"。

四　市场壁垒和陷阱

创新的目的是提供新的产品或服务,在新的产品或服务进入市场的过程中,会遇到形形色色的市场壁垒和陷阱。如果不能克服这些壁垒和陷阱,即使创新实现了商品化,也可能不能巩固和扩大市场,掉入"达尔文之海",在市场竞争中走向

---

① 〔英〕卡萝塔·佩蕾丝:《技术革命与金融资本》,田方萌等译,中国人民大学出版社 2007 年版,第54—67页。

失败。

创新的市场壁垒主要来自于经济条件、市场认同和政府管制等方面。

在产业组织理论中,来自于经济方面的市场壁垒主要包括规模经济、必要资本量、产品差别化和绝对成本等。对于新产品或服务而言,由于尚未占有足够的市场,便难以享受规模经济。倘若新产品或服务与原有产品或服务存在竞争关系,那么原有产品或服务会利用已有的市场优势遏制新产品或服务的进入,如采取"阻止进入定价策略",这会进一步增加新产品或服务的市场进入费用。倘若创新的领域存在网络效应,如涉及行业标准的改变,那么市场进入的难度会进一步增加。这意味着在市场进入和扩散的过程中,创新者必须要有足够的资金支持。这种来自于市场进入的资本需求,既是一种市场壁垒,也是构成资本壁垒的一个因素。

来自于市场认同的壁垒主要是指,大部分的创新产品投放市场之后,并不能迅速被市场接受,而需要一个逐步被市场认可和扩散的过程。在消费过程中,新产品或服务在不断被进一步深化认识,并接受在不同条件下应用的检验后,很可能会逐渐暴露出一些缺陷。在这种情况下,能否对原有创新进行改进,甚至开发出市场需要的新用途是非常关键的。许多案例表明,只有那些在市场扩散过程中能不断改进,让消费者易于接受的创新,才能最后取得成功。许多创新虽然完成了商业化,但由于没有被更广泛的市场接受,从而无法走远,最终被淘汰。

创新进入市场的第三种壁垒来自于政策法律制度。在许多行业,如基础设施、环境、安全、健康等领域,一般都施行政府管制,设有审批、数量限制等管制措施。在国际贸易领域,贸易壁垒就是典型的管制壁垒。这些都会成为创新进入市场的障碍。

市场陷阱是创新在市场上遇到的另一种性质的困难。市场不确定性和沉没成本是两种常见的市场陷阱。

创新通常是基于市场预测而进行的,而市场是具有不确定性的。当创新完成时,市场可能已经发生了变化。例如,塑料门窗20世纪70年代中后期传入我国时,正值我国高档建筑物建设及改造的高潮初始,传统的木制、铁制门窗已经不能满足需要,塑料门窗的市场前景非常看好。但是,铝合金门窗抢先投入市场,并以更高的性能和质量满足了用户要求,塑料门窗没有来得及扩散便宣告失败。

当工程创新投入了大量资金,特别是形成了大量专用性很强的资本时,如厂房、固定设备等,便有可能在市场失败时掉入沉没成本陷阱。因为专用性很强的资本是很难被转用或转卖的,如果退出市场,则意味着要承担巨大的沉没成本,如果继续前进,则可能在错误的方向上越走越远。在这一市场陷阱中,创新会陷入进退两难的境地。

总之,市场是工程创新必须考虑的要素,只有技术上的创新成功并不代表商业上的成功。在市场的"舞台"上,创新会遇到形形色色的壁垒和陷阱,工程创新必须整合投资融资、生产制造、市场营销等方面能力,才能在"创新之战"中取得胜利。

第三节　集成壁垒和陷阱

工程活动在一定意义上可以说就是对各种要素在各个阶段和各种水平上进行不断集成的过程。而且各种集成的过程就是对相互关联、相互依赖的有关要素进行创造性的"结合"、协调和优化的过程。在工程创新的集成中,各主体间的沟通是集成的前提,要素的耦合是集成的方式,必要的制度是集成的保障,一定的文化是集成的"软环境"。要想取得工程集成的成功,不但必须努力克服形形色色的沟通壁垒和陷阱、耦合壁垒和陷阱,而且必须努力克服形形色色的制度壁垒和陷阱、文化壁垒和陷阱。

一　沟通壁垒和陷阱

工程活动是由投资者、管理者、工程师、工人等不同主体共同参与的,他们组成了"工程共同体"。投资者进行投资活动、管理者实施管理活动、工程师进行工程设计等技术活动、工人则从事建造和操作活动,如此等等。这些人员在工程活动中各司其职，相互配合，各有其自身特定的、不可取代的重要作用。但是，这些主体在价值取向、知识背景等方面都存在诸多差异，这些差异会导致他们在目标、工作内容和程序的理解等方面出现分歧。工程创新需要创造精神和团队合作，是一种团体行为。如果团体内部没有良好的沟通，就不可能建立起共同的价值观与目标工作体系，创新也就不可能产生。因此，工程创新的开展，必须促进各工程主体在共同的目标下协调配合，他们之间的有效沟通是必要的。

工程创新中的沟通壁垒既来自于主体方面，也来自于客体方面，同时也会出现沟通环境方面的障碍。

如果主体的沟通意愿、沟通能力等不足，则沟通很难进行。事实表明，那些取得成功的企业，其在产品开发中非常重视 R&D 人员、管理人员、生产制造人员、市场人员等之间的沟通和协同工作，而且会充分发挥消费者的作用。一般地说，R&D 人员更感兴趣的是纯技术方面的问题，对于市场的关注相对缺乏。然而，新产品的产生需要在技术可行、生产可行、市场可行和政策法律允许的框架下进行。例如，日美两国制造业的创新比较表明：美国的技术设计人员与生产制造人员之间关系比较紧张，尤其是设计人员与生产人员的沟通意愿不足，造成了其开发设计很少结合生产的可能性不断进行改善；日本企业在产品开发设计之初，设计人员就考虑如何把合格产品在企业特有的技术和人才条件下制造出来，产品设计规格书和设计图都要由生产现场职工进行详细研讨，充分吸收生产方面的意见，由此大大提高了新技术开发的成功率，保证了产品的质量。

在很多情况下，沟通内容的特殊性质也会成为沟通壁垒。例如，在工程创新中会产生一些新知识，其中有些知识具有默会知识的特征，如操作诀窍等。这类知识靠正常的信息传递渠道是难以被准确理解的，因此需要一些特殊的方式，如手把手的示范、共同学习等，这种沟通的成本要高于普通的信息传递，需要工程共同体付出更多的努力。

如果缺乏良好的沟通环境，比如缺乏团队沟通传统、缺乏沟通场合等，都会对沟通造成障碍。在这方面，塑造合作文化，创造沟通机会是必要的。日本企业在这方面的做法卓有成效。例如，索尼公司在公司内部举办的技术座谈会、技术交流会、开放式敞开大门的会议等，都促进了各类人员的相互交流，"每一个人都可以到他愿意去的地方，提出他关于现在和未来研究项目和技术中的所有问题"，公司成员之间由此就能增加了解彼此职务和从事什么工作的机会。① 这些交流增加了创新的源泉，并促进了创新的进行。

在沟通过程中，有时会掉入沟通陷阱。官僚化可能造成的沟通扼制和网络化可能带来的沟通低效都是具有陷阱性质的沟通障碍。马克斯·韦伯提出了一种"理想"的行政管理体制，对人类社会中的大中型组织包括企业的管理体系进行了抽象、升华和总结。其核心目的是使整个企业或组织的信息沟通如同一架机器或者一个人，搭建简单顺畅的沟通渠道，最大限度地降低信息传递过程中的噪音，实现情感、信息、思想、计划、工作的高度统一沟通。这种设想是完美的，但是事实上，由于主体的多元性和组织的复杂性，这种貌似顺畅的沟通渠道往往会扼杀掉许多不同意见，造成沟通失效。另一种沟通陷阱来自网络化沟通，这是当代管理领域比较流行的沟通模式，这种组织的扁平化无疑是有利于团队沟通的，但当组织中存在较多差异时，过度扁平化将带来许多不必要的耗费和分歧，降低了运行效率，甚至因得不到共识而无法开展工作。因此，沟通必须在某种合理的尺度上，既要保证沟通充分，又要避免陷入沟通低效。

另外，工程的社会影响决定了沟通不能仅限于工程内部，还必须与更广的利益相关者进行沟通，获得更广泛的社会理解和认同。让公众理解工程，不仅体现了对公众的尊重和民主原则，促进多种价值观的交流，而且可使工程获得更广泛的智力支持。

二　耦合壁垒与陷阱

"耦"的原意，是指两个人在一起耕地。"耦合"一词，在物理学上是指两个或

① ［瑞典］哈里森：《日本的技术与创新管理：从寻求技术诀窍到寻求合作者》，华宠慈等译，北京大学出版社2004年版，第172—176页。

两个以上的体系或两种运动形式之间通过各种相互作用而彼此影响以至联合起来的现象。在工程创新中，耦合是要素集成的基本方式，它形象地表明要素之间因存在相互作用而联合起来。

工程创新中的集成包括两个层面：一是指技术水平上的集成；二是指技术、经济、管理、制度等各种要素在"更高水平上"和"整体意义上"的集成。相应地，耦合也可以从这两个层面来把握。

工程活动需要对多个学科和多种技术在更大的时空尺度上进行集成，工程会用到多种技术。以航天工程为例，它需要对许许多多的技术进行耦合或集成，如发动机技术、燃料技术、新材料技术、控制技术、测量技术、安全技术等，还包括航天医学领域的技术。这就是说，不可能存在只使用单一技术的工程。在进行工程创新时，如果单项的技术创新成果没有与之相配合的其他相关技术的集成性创新，那么，仅仅有单项技术突破的工程项目常常由于受到不配套技术的"拖累"而造成工程失败。

从工程技术系统的内在配套机理上看，只有当工程所需要的各类技术成功耦合时，工程才具备了技术上的可行性。例如，在机械工程中，如果加工精度控制技术与刀具材料不耦合，即使测量控制可以达到很高的精度，但刀具不具备高精度加工的性能，那么整个工程便无法达到预期的质量。过去我国经常出现引进的技术不能正常发挥功能的现象，其技术方面的原理便在于引进的技术与原有的关联技术无法正常耦合，从而限制了技术性能的发挥。因此，技术耦合的壁垒常常表现为系统的配套性问题。当单一提高某些技术的水平，而其他配套技术无法满足这些"高"技术的要求时，便掉入了耦合陷阱。

工程创新集成性的第二个层次是技术、经济、管理、制度等各种要素的集成。在工程实践中，人们常常谈到人流、物流、资金流、信息流（知识流）等方面的问题。由于工程不单纯是技术活动，它还必然包括经济、社会、管理等维度或方面的内容，所以，在工程活动中必须对经济、社会、管理、技术等方面进行更大范围的集成。这些要素的集成包括战略创新、制度创新、管理创新和技术创新。战略创新即在工程的总体方向、目标、设计上的创新。例如，我国近年来的铁路提速工程，首先是一项重大的战略创新,它不是照搬发达国家的铁路改造模式,而是根据中国的国情和问题做出的战略决策。在工程实施中,把运输技术创新、运输组织与管理创新、安全管理与风险控制统筹考虑,有效集成,从而保证了铁路提速这一复杂工程创新的成功。再如,在举世瞩目的三峡工程中,除了工程技术上的复杂综合外,组织管理、资金筹措、移民等问题都需要妥善处理。为了促进工程顺利进行和保障工程质量,单是工程的监理系统便设立了试验中心、测量中心、安全监测中心和水情气象中心。如此庞大的一项工程,其中存在着各种类型的创新行为,这些创新因素相互协调、共同支撑和推进着工程的创新。

经济、管理、制度、技术等要素之间的集成也是通过"耦合"的方式实现的。例如,基于流水线的大量生产方式,必然需要与技术的标准化、互换性技术的耦合;铁路提速工程必然需要管理调度、列车速度等的耦合。在这个层面的耦合壁垒比技术耦合更高,涉及更广泛的因素;倘若只在单一要素上取得重大进展而无法与其他要素有效耦合,便掉入了耦合陷阱,这种陷阱通常需要更大的努力才能摆脱。

三　制度壁垒和陷阱

工程创新是在特定的制度条件下进行的。制度是一种复杂的社会现象,"制度"一词的含义和用法丰富而多变,不但从内涵上看,它涵盖了多层面的内容,而且它在不同的环境和不同的语境中还可能有不同的指称和不同的含义。在此,我们借用 D. 诺思对制度环境和制度安排的区分,再加上制度运行这个维度,把制度解释为"制度环境、制度安排和制度运行"三者的统一。制度环境是一系列用来建立生产、交换和分配基础的基本的政治、社会和法律基础规则,一般是稳定不变的。制度安排是支配经济单位的工作秩序和合作与竞争方式的一组行动规则安排,一般是具体可变的。制度运行是制度的实际执行状况。制度安排的问题是一个"规范性"的问题,是一个关于规定应该怎样行动的问题;而制度运行则是一个"实践性"的问题,是一个实际上怎样执行制度的问题。前者是一个"应然"的问题,后者是一个"实然"的问题。① 制度环境、制度安排和制度运行不是互不相关的，而是存在着复杂的相互联系和相互影响的。

本书的基本主题是工程创新，特别是工程创新中的壁垒和陷阱问题。这个所谓壁垒和陷阱问题，在制度方面也是存在的。在一定意义上我们甚至还可以说，在工程创新所遇到的所有壁垒和陷阱中，制度壁垒和陷阱是最困难和最特殊的一类，人们必须对其给予特别的关注。由于这实在是一个过于复杂的问题，这里便只能进行一些蜻蜓点水式的论述了。

按照以上对制度含义的解释，我们可以把工程创新的制度壁垒和陷阱更加具体地划分为"制度环境方面的壁垒和陷阱"、"制度安排方面的壁垒和陷阱"和"制度运行方面的壁垒和陷阱"三种类型。由于具体现象千变万化，具体情况千差万别，我们无法明确指出何种具体的制度有利于或不利于工程创新，但如果从制度壁垒和陷阱的"性质和特点"方面看，我们可以把工程创新中的制度壁垒和陷阱划分为以下一些类型：制度缺失、制度陈旧、制度越位、制度错位和运行失效等。

由于任何制度都不是天然存在的，而是人为创造出来的，于是，创新者就难免经常发现自己正在面对某种"制度缺失"现象，即没有制定出和建立起必要的制度的现象。容易看出，从这个制度缺失状态到建立起必要而合理的制度状态，势必要经历一个克服困难的过程。同时，还应该注意这里往往还可能出现另外一种现象：如果在创建有关的新制度时，没有进行细致、周到的制度设计，或者由于其他方面的原因，这个新创建的制度完全有可能成为今后行动的某种陷阱。把以上两个方面结合起来，我们看到：新制度的创建过程既是一个突破壁垒的过程，同时也有可能成为导致某种陷阱的过程。

创新不会自发地产生，创新需要多种资源的整合，而且是有风险的。社会需要建立起一系列有利于创新的制度环境和制度条件，例如，激励创新的获益制度和风险分担制度等。实践表明，倘若一国不具备促进创新的良好制度条件，即在促进创

① 李伯聪：《工程哲学引论》，大象出版社 2002 年版，第 249 页。

新方面出现了制度缺位，其创新活动将会非常贫乏；而那些创造了良好制度条件的国家，创新活跃而富于成效，其经济会快速增长和繁荣。在国家创新体系中包括了投入制度、金融支持、促进跨部门知识流动的制度等，这些方面如果出现了这样或那样的问题，便会出现所谓的"系统失灵"。建立和完善国家创新系统，实质上就是要建立起有效促进创新的制度环境。工程创新是创新活动的主战场，是国家创新体系中的核心活动。根据各国的具体国情，剖析工程创新所需的制度环境和制度安排，跨越制度缺位壁垒，是在工程创新主战场上取得出色战绩的前提条件和基础性条件。

与制度缺失相对的，是制度僵化、制度陈旧和制度越位——由于制度陈旧过时或其他原因而造成对创新的阻碍。在这里需要特别注意的是所谓"制度越位"现象。从理论上看，完全竞争的自由市场是促进创新的，但由于创新活动的特点和市场本身的一些缺陷，现实社会生活中不可避免地会存在"市场失灵"现象。为了对付"市场失灵"现象，这就制定出了一系列关于产权保护、财税政策、激励限制等各方面的制度。制定这些制度的初衷一般都是为了达到支持创新的目标，但在有些情况下，在市场能够有效配置创新资源的地方，如果政府干预过多或干预不当，当现实形势有了重大的新变化，就会出现"制度越位"或"制度畸变"的现象，而"越位"和"畸变"现象造成的后果之一就是可能形成某种阻碍创新的陷阱。有些学者认为，政府为了提高国家创新能力，在竞争性创新领域大量投入，尽管可以产生一些创新，但也会产生对私人投资的"挤出效应"，从而削弱产业界投资于该创新领域的积极性。在工程创新的具体制度安排中，如果出现了过多、过死的规定，无疑会束缚、限制工程共同体的创造性。

在一定意义上，制度畸变和越位也都可以被看做是"制度错位"现象。所谓"错位"，往往是针对"系统"而言的。要制定出合理、恰当、"配套"的制度系统绝不是容易的事情，它往往需要经历一个不断"试错"和不断改进的过程。在这个过程中，经常出现的一种错误是照搬照抄其他国家或企业的"先进"管理经验，而没有切合自身所从事工程的"当时当地性"，这就形成了制度安排中的许多偏差。提高制度制定的科学化水平和工程共同体参与制度制定的民主性,是规避制度错位的重要措施和重要途径。

在制度陷阱中,制度运行失效也是常见的一种类型。无论多么好的制度,如果没有真正得到执行,也是空中楼阁、纸上谈兵。在许多情况下,不是没有好的制度,而是这些制度没有得到良好的执行。制度运行失效的原因是复杂的,有时是对制度执行不重视,没有认真去落实;有时是制度本身的规定超出了当时的执行条件,这实际上也是一种制度错位;有时是不同主体对同一制度的理解存在差异,从而影响了一致行动,如此等等。对于制度运行的失效现象,应该根据其具体原因采取相应措施,在不断改进的过程中,推进制度的良好运行和执行。

四 文化壁垒和陷阱

对于工程与文化的关系,可以从两个角度来把握:一方面,工程活动是在特定的文化背景中进行的,文化背景对工程产生着全方位的影响。文化像空气一样渗透于工程活动之中,在工程人造物中和工程活动中都包含了众多文化因素,包括所谓的器物文化和行为文化。另一方面,在不同的文化背景中,会出现特定的工程文化,这是一种接近于企业文化概念的亚文化,例如,古代工程和现代工程、大型工程和小型工程、信息工程和建筑工程等,其工程文化都是存在差异的。①

工程中充满了文化元素,工程受到文化的影响是常见的现象,于是就出现了工程创新中的文化壁垒和陷阱问题。

工程活动是需要由集体成员共同合作、协同、配合才能完成的活动,而工程共同体经常是由不同文化背景的成员所组成的,不同文化背景的成员必然要把自身原先的文化习惯、文化特征"带"到工程共同体和工程创新活动中。如果不能协调好不同成员间的文化差异,创新活动就不能顺利进行,甚至会导致令人痛心的失败。这种文化壁垒和陷阱在合资企业中往往有特别尖锐、突出的表现。例如,广州

---

① 殷瑞钰、汪应洛、李伯聪等:《工程哲学》,高等教育出版社 2007 年版,第 15 页。

标致公司在中法合资之初,法方管理人员采取的是生硬、强制的法式管理模式,从而引发中方员工的强烈不满,导致罢工事件。该事件的重要原因是没有实现员工文化、管理者文化和企业整体文化的融合,没有形成同心协力的群体意识。由于文化冲突没有及时得到解决,甚至导致无法继续合作。①

随着历史的发展,特别是在现代化和全球化的进程中,出现了空前规模和空前深度的跨文化流动和"异质文化"交流现象,这就使得不同文化的协调成为一个空前重要、空前困难的问题。应该强调指出的是,这个文化协调问题不但常常表现为工程共同体内部的文化协调问题,而且常常表现为工程共同体和"外部社会文化环境"的文化协调问题,而这两种文化协调过程都必然是壁垒重重和陷阱重重的过程。

在工程创新过程中,如果说在突破技术壁垒时,文化问题往往还不那么尖锐,那么,在进入市场领域时,文化壁垒和陷阱就常常是令许多人头疼的问题了。不但文化壁垒类型的问题令人头疼,而且由于存在"文化陷阱"而使"英雄泪满巾"的现象也屡见不鲜。例如,我国生产的"蝙蝠"牌家用电器,在国内市场具有很好的业绩,但在进入国际市场时,由于蝙蝠在许多国家被视为邪恶和不洁的同义词而遇到出乎我国经营者意料的市场挫折。这个案例从一定方面看可以将其视为遇到了文化壁垒现象,但从另外一个方面看,它又是一种文化陷阱现象。类似的案例不胜枚举,不再赘言。

工程活动不仅涉及技术、投资、管理等方面的问题,也涉及文化问题。充分重视文化问题,把工程置于特定的文化背景中来思考,为工程创新塑造良好的"软环境",是工程创新顺利进行的必要条件之一。

五 概观"壁垒和陷阱"

本章的研究表明,"壁垒—陷阱"可以作为一种理解创新的理论模型,与"过程—机制"模型和"要素—系统"模型一起构成理解创新的三种视角。工程创新的

---

① 蒋兆平:《经济全球化的文化壁垒》,《河南省情与统计》2002 年第 2 期,第 30—32 页。

壁垒和陷阱是多种多样的,既包括来自要素的壁垒和陷阱,也包括来自集成的壁垒和陷阱,我们必须从"全要素"、"集成"和"全过程"的角度来认识、剖析和应对工程创新中的壁垒和陷阱。

工程创新中的壁垒和陷阱可以粗略地总结为表3－2。

细心的读者可能已经察觉到,上述对工程创新中壁垒与陷阱的概括,主要并非基于某种"理想类型"的分析框架,而是基于经验性概括。有些涉及的是壁垒和陷阱的原因和性质,有些涉及的是表现类型,有的兼而有之;有些壁垒和陷阱可以同时归属于两种以上的范畴,比如有些技术壁垒同时也是信息壁垒,有些制度陷阱同时也是文化陷阱等;许多壁垒或陷阱是交叉的,比如文化壁垒会造成沟通壁垒,等等。出现这种状况的原因在于,工程创新中的壁垒和陷阱是复杂、多态、多象、多变、多因、多果、多元的,我们无法找到一种整齐划一的逻辑序列。

表3－2   工程创新中的壁垒和陷阱

		壁　垒	陷　阱
要素	信息	创造新知识困难;信息搜寻困难;信息封锁;信息不完全;信息不对称	信息缺失;信息失真;信息过量;信息忽略
	技术	技术缺少;技术封锁;学习难度	技术依附;技术缺陷;技术锁定;选择失误
	资本	资本不足;投资人合作困难	投资过度;融资结构不良
	市场	经济条件不足;缺乏市场认同,存在进入管制	市场不确定性;沉没成本
集成	沟通	主体意愿、能力不足;沟通内容的难沟通性;缺乏良好沟通环境	沟通失效;沟通低效;沟通误解
	耦合	各类技术之间、各类工程要素之间不匹配	只追求单一要素领先;"危险共振"
	制度	制度缺失;制度缺位;制度"落后"	制度越位;制度错位;"制度畸变";运行失效
	文化	文化排斥;文化差异;文化隔阂	工程要素的跨文化流动陷阱;文化误解

　　我们必须承认这里阐述的观点和理论不可避免地具有某些局限性，但我们希望这里提出的观点和理论也能够具有一定的启发性。如果能够使本书阐述的理论观点与其他分析工程创新问题的观点和理论互相配合、互相补充，如果创新者和其他有关人员能够在现实方面和理论方面都强化"创新必然遇到壁垒和陷阱"的意识，提高成功识别和应对各种壁垒和陷阱——特别是关键壁垒和致命陷阱——的能力，那就一定能够有助于创新者克服重重壁垒和躲避形形色色的陷阱而夺取创新的成功。

第四章
工程创新的实质与工程智慧

本书绪论的开头部分说,本书在理论方面重点是要论述八个理论观点,其中前四个观点已经在绪论和前面几章中进行了分析和阐述,本章将着重对后面四个观点进行简要分析和阐述。

第一节　工程创新的实质和基本内容:"选择"与"建构"

本书前面章节主要依托"壁垒"和"陷阱"这两个隐喻对工程创新进行了分析和研究,本节将换一个观察和分析角度,或曰换一个研究框架,即"选择与建构"理论框架①来分析和研究工程创新问题。这个研究框架与本书前面的研究框架虽然

---

① 关于"选择"和"建构"这两个范畴的一般性哲学和方法论分析,可参阅李伯聪:《选择与建构》,科学出版社 2008 年版。

在观察角度上有差别,但它们又是互相补充、互相渗透,在精神实质上更是完全一致、灵犀相通的。

　　本节的基本内容有两个:一是工程创新作为一种人类有目的性的活动,它的"全要素"和"全过程"都是创新者所进行的有目的的选择和建构活动,换言之,工程创新的过程是一个连续不断地进行选择和建构的过程。二是工程创新作为一种"嵌入社会"的活动,它的"成果"必然还要接受"社会"(对于许多项目来说,其含义首先就是指"市场")的"再选择",并"嵌入"、"整合"、"建构"到整个社会的结构之中。前者是从创新者角度和创新活动"本身"的水平上研究工程创新的选择和建构问题,而后者是从"社会"的角度(包括"市场"的角度)和"社会演进"的角度、在"社会"的水平上——从创新"嵌入"社会和"创新演化"的角度——研究工程创新的选择和建构问题。以上两个含义的主要区别在于:在前一个含义和层面上,"创新者"是选择和建构活动的主体;而在后一个含义和层面上,"创新者"及"创新成果"(这里的创新成果主要是指第一次投入市场的创新产品)是社会进行选择和建构的对象(成为"被选择者"和"被建构者")。

一　"创新空间"

　　"创新空间"这个概念首先是由樊纲提出来的。[①] 司春林的《企业创新空间与技术管理》一书也把"创新空间"作为全书内容的"画龙点睛"之处。该书对有关创新的许多问题都有精辟分析,然而,令人遗憾的是,书中对创新空间这个概念的具体理论阐述过少。除在"导论"和"第一章"的标题中两次出现"创新空间"外,正文中也只在一个地方对这个概念有一个概略的解释:"创新经营依赖两个概念:一个是创新空间概念,一个是生命周期概念。创新空间概念描述技术、市场与组织的关系。技术是企业发展和竞争优势的支持系统,技术创新需要一定的组织支持,并

---

① 樊纲:《公有制宏观经济理论大纲》,清华大学出版社 2005 年版,第 Ⅳ 页。

最终由市场来检验是否成功。"①

司春林在该书"前言"中解释说：这本书是在以往有关课题报告和论文的基础上形成的,当把这些成果整理成书的时候,才"感到需要提出'创新空间'这个概念"。② 大概正是由于创新空间是该书写作过程最后形成的概念,这才使他未能在正文中对这个概念有较多的分析和阐述。

司春林说："借助'创新空间'不仅使我们可以有广阔的视野,而且可以使我们利用现代经济学、管理学的新进展来思考技术创新问题。"我们完全赞同司春林的这个估计和展望。可是,司春林又说："'创新空间'是一个静态概念。"③对于这个观点,我们就不赞同了。

司春林重视与突出地分析了创新空间这个重要的新概念,表现了理论的"慧眼";可是,他把创新空间仅仅解释为"静态概念"的包括"技术、市场、组织"三个维度的"三维空间",这就严重限制了创新空间这个概念的运用范围和解释能力。

创新空间是一个有强大解释力的概念。应该怎样定义创新空间这个概念才更合理、更合适呢?

参考控制论中关于状态空间的概念和莱布尼兹关于可能世界的概念,我们可以把创新空间定义为工程创新活动于其中的包括了技术维度、经济维度、组织维度、政治维度、伦理维度、环境维度等多重维度在内的"多维可能性空间",它是一个从可能性走向现实性的动态空间,而不仅仅是一个想象性的静态空间。

按照这种对创新空间的认识和理解,工程创新活动就成为一个从可能性转化为现实性——从"可能世界的事件"向"现实世界的事件"转化——的过程。④

---

① 司春林：《企业创新空间与技术管理》,清华大学出版社 2005 年版,第 1 页。
② 同上,"前言",第Ⅲ页。
③ 同上,"前言",第Ⅳ页。
④ 虽然从过程描述和事实描述方面看,"创新空间"这个概念应该解释为既包括可能性空间中的事件又包括现实空间中的事件,或一般地把它解释为一个"广义状态空间"中的事件和运动轨迹,但在本章以下的分析中仍然着重于从"可能性空间"以及可能事件向现实事件的"转化"的角度来解释和使用"创新空间"这个概念。

当人们从可能性空间的观点看世界时,"可能世界"中充满了各种通向未来的可能性,有些可能性事件实现的概率很大,而有些可能性事件实现的概率较小。可是,既常见又诡异的事情却是,在许多时候概率很大的可能性事件并没有变成现实,而某些概率很小的可能性事件却变成了现实。

著名的德国科学家、技术哲学家德韶尔提出了一个关于"第四王国"的理论。他认为技术的核心问题是技术发明,[1]而所有的技术发明的解决方案都存在于那个"第四王国"中,[2]于是,"第四王国"就成为一个技术可能性王国或技术可能性空间。

德韶尔关于"第四王国"即技术可能性王国的思想很深刻,但出于他的天主教徒的立场,他又认为这个王国是具有"预成性特征"的。而我们认为,世界上没有什么前定论的注定的命运,而只有敞开多种可能性的命运。人类在敞开着的可能性世界中不断地把可能性变成现实性,实现自己的价值追求,推进社会的不断发展。在这个无限发展(对于个人来说实际上是无限的)的过程中,单个工程项目的生命是有限的,而终始相续的工程发展是无穷的。

二　创新者在"创新空间"中的选择与建构

工程活动不是单纯的个人活动而是集体性的活动,是以共同体为基本组织形式而进行的活动。组成工程活动共同体的基本成员是工程师、投资者、管理者、工人和其他利益相关者。[3]

从上述对创新空间和工程活动共同体的解释中可以看出:不但创新空间是包括了多重"分矢量空间"的"多维空间",而且"创新者"也是包括了工程师、投资者、管理者、工人及其他利益相关者等"多元主体"。

---

① Dessauer, F. Technology in Its Proper Sphere. In Mitcham, C. and Mackey, R. (eds.). *Philosophy and Technology*. London: The Free Press, 1983, p. 318.

② 王飞:《德韶尔的技术王国思想》,人民出版社 2007 年版,第三章。

③ 李伯聪:《工程共同体中的工人——工程共同体研究之一》,《自然辩证法通讯》2005 年第 2 期;李伯聪等:《工程社会学导论:工程共同体研究》,浙江大学出版社 2010 年版。

在研究创新空间时,不但必须认真研究各个不同的"分矢量空间",而且必须认真研究作为整体的"多维创新空间";同样地,在研究创新主体时,不但必须认真研究发明家、企业家、工程师、工人、其他利益相关者(如用户)等各类不同的"创新者",而且应该注意研究作为一个整体的"创新主体"。

虽然许多研究者常常更关注企业家、资本家(或"投资者")、发明家在创新中的地位和作用,但深刻认识创新者的多元性不仅具有重要的理论意义而且具有重要的现实意义。应该特别注意,在不同的情况和条件下,创新活动的主体——创新者——不但可以是发明家,也可能是其他人。

希普尔教授说:"长时间以来,人们通常假定产品创新主要是由制造商完成的,由于这一假定与谁是创新者这一根本问题相关,所以它不可避免地影响到与创新相关的研究、企业的研究开发管理和政府的创新政策。但是,现在看来,这一假定常常是错误的。"①希普尔通过自己的调查研究发现,不但用户和供应商也可以成为创新者,而且不同类型的创新者在不同领域的分布情况往往也有很大的不同。以下就是他的调查数据的汇总表:②

创新类型	用户开发创新者	制造商开发创新者	供应商开发创新者	其 他
科学仪器	77%	23%	0	0
半导体和印刷电路板工艺	67%	21%	0	12%
牵引式铲车相关的创新	6%	94%	0	0
塑料添加剂	8%	92%	0	0
工业气利用	42%	17%	33%	8%
热塑料利用	43%	14%	36%	7%
线路终端设备	11%	33%	56%	0

---

① [美]希普尔:《创新的源泉:追循创新公司的足迹》,柳卸林等译,知识产权出版社 2005 年版,第 1 页。

② 同上,第 3 页。

希普尔教授研究的重点是三种不同的创新者——用户创新者、制造商创新者和供应商创新者——在不同行业的不同分布情况问题,而我们在此关注的重点却是"创新者"和"普通人"("非创新者")有何不同的问题。

创新者和普通人有什么不同? 为何创新者能成为创新者?

从哲学上看,最根本的原因就是"创新者"和"普通人"对"创新空间"的认知能力、认知路径和认知结果不同;说得更尖锐一些,"创新者"和"普通人"简直就是"生活"在不同的"创新空间"中。

上面谈到了创新空间是一个可能性空间。作为个体的个人不但生活在一个"现实空间"中,而且生活在一个"可能性空间"中。应该特别注意的是,对于作为"可能性空间"的创新空间这个概念,在不同的情况下可以有两种不同的解释,二者密切联系又相互区别。

第一个含义的创新空间是作为体现客观可能性(它不依赖于某个个体)的创新空间,这个含义的创新空间对于所有人都是相同的,我们权且把这个含义的创新空间称为"第一创新空间"或"客观创新空间"。正因为存在着这个"第一创新空间",所有的"普通人"才无一例外地都有了成为"创新者"的可能性。

虽然在现实空间和创新空间中都存在着形形色色的事物和事件,然而,"现实事件"(现实事物)在现实空间中的存在方式和"可能性事件"在创新空间中的存在方式是非常不同的,从而,人们对创新空间中"对象"(事物和事件)的认知和对现实空间中"对象"(事物和事件)的认知也就呈现为两种完全不同的认知能力、认知方式和认知过程。

对于现实空间的现实状况、各种事实、各种事件,个体是可以通过自身的生理感觉器官和生理感知能力来感知和认识的。概略地说,人们是通过自己的"肉眼"来认识现实空间的事实和状况的。

由于作为"可能性空间"的创新空间是一个与现实空间不同的"抽象空间",在这个抽象空间中"存在"的"可能性事件"是现实世界中并不实际存在的状况(事件),人们不可能运用自身的感觉器官来感知和认识它们。换言之,人们不可能运用自身的生理感觉器官与生理感知能力来感知和认识创新空间的状态及各种可能性事件。

人类之所以超越动物界而成为人类，一个最重要的能力就是人类发展了自己的"心灵之眼"，凭借这个"心灵之眼"和"心灵感知能力"，人就可以进一步认知"可能性空间"或"创新空间"中的事件和状况了。

虽然客观的现实物理空间对于所有人都是相同的，可是，由于不同的人有不同的生理感觉认识能力（如有的人是近视眼或白内障，甚至还有盲人或聋子），不同的人"实际认知"到的现实空间的范围和具体景象必然是非常不同的。

可以说，由于不同的人有不同的心灵认知能力，不同的人通过自己的"心灵之眼"也就势所必然地看到了不同的"创新空间"的景象。我们可以把这个因为个体"心灵之眼"能力不同而"景象不同"的"创新空间"称为"第二创新空间"（或曰"主体思维的创新空间"）。对于这个"第二创新空间"含义的"创新空间"，在一定意义上可以说，不同的人生活在不同的创新空间之中。①

正像不同的人有不同的"生理认知能力"一样，不同的人也可能有不同的"心灵认知能力"。在生理上，有的人患有白内障或耳聋症，但也有人具有超常的视觉或听觉；在心灵能力方面，也存在类似的情况，因为"心灵之眼"也可能出现"心灵近视"、"心灵白内障"甚至"心灵盲目"的病态。

"创新者"就是可以用"心灵之眼"在"创新空间"中"看见""普通人"看不见的东西或景象的人。

普通人的第二创新空间内容贫乏、范围狭小、景象模糊，而创新者的第二创新空间则呈现出内容丰富、范围广阔、景象鲜明的特征。

要从普通人转化为创新者，首先就必须培育和发展自身"心灵之眼"的能力，努力拓展和丰富自己的第二创新空间。

———————————

① 库恩提出了关于"范式"的理论，他认为拥有不同范式的人生活在不同的世界中。这里的分析方法和观点与库恩的方法和观点明显有某些"相似"之处。

正像物理空间中存在着贫矿区和富矿区的区别,富矿区中又存在着石油富矿区和煤炭富矿区的不同一样,对于不同的创新者来说,他们的第二创新空间的"富集矿藏"的种类也可能是有很大差别的。

可能性转化为现实性的首要关键环节是决策,而决策的实质就是必须在多种不同的可能性中进行一个"选择"或"抉择"。在创新活动中,由于知识背景、思维方式、社会环境等不同因素的不同的"综合作用",不同的创新者"生活在"不同的创新空间中,他们在各自的创新空间中"看到"了不同的"创新图景"和"创新路径",在这个创新空间中他们各自进行了不同的"创新选择"和"创新建构",于是便提出了不同的创新设想和创新方案并走出了不同的"创新路径"。

如果说提出创新设想和制定创新方案的过程实质上仍然主要是在可能性空间中的活动,那么,实施创新方案的过程就是在现实空间中的活动了。

"选择"和"建构"是工程创新的实质和基本内容。合理的要素选择(包括对技术路径和技术要素的选择、获得资本的路径和方式的选择等)和多维建构(既包括在技术维度上对不同技术成分的集成和其他维度上的有关集成,又包括整体性的对技术、经济、社会等不同要素的集成)是工程创新活动的基本内容和决定成败的关键。创新者必须尽可能扩大选择的可能性空间(包括技术可能性空间、经济可能性空间、社会可能性空间等)的范围,提高选择的能力和水平,同时又要提高集成能力和建构艺术,在选择和建构的统一中努力掌控工程创新的前进路径和未来命运。

三 "社会空间"中的"再选择"和"再建构"

为了分析的方便,可以把创新过程粗略地划分为两个基本阶段:进入市场之"前"的"研究开发(技术开发)阶段"和研究开发之"后"的"市场开发阶段"。

如果从"实验室立场"来看,这两个阶段就是实验室中的"技术开发阶段"和"技术开发之后的阶段";而从"市场或营销立场"来看,这两个阶段就是作为主体的"市场开发阶段"以及成为其前提的"技术开发阶段"。这里的问题是"前"和"后"两个阶段往往不能很好衔接,甚至出现严重脱节。

　　"技术开发阶段"和"市场开发阶段"可以互相渗透、互相影响、互相促进,但它们却是不可混为一谈的两个阶段,它们的性质和特征都有很大不同。

　　根据创新空间的定义,它不但应该包括"技术空间维度"而且还应该包括"社会空间维度"。如果说,技术开发阶段的活动主要是"技术创新空间"的事情,那么,市场开发阶段的活动主要就是"社会创新空间"(本节的分析主要集中于"市场空间")的事情了。

　　在创新过程中,不但必须面对和处理"技术空间"的种种问题,而且必须面对和处理"市场空间"的种种问题。

　　马克思在《资本论》中曾经精辟地分析了商品生产和交换过程中从商品到货币的转化过程。马克思说,在商品交换中,商品变成货币是"商品的惊险的跳跃","这个跳跃如果不成功,摔坏的不是商品,但一定是商品所有者"。① 虽然马克思在《资本论》中的这个分析并不是针对"创新问题"的分析,但这个分析和论断的基本精神对于认识创新活动——特别是从技术开发到市场开发的"跳跃"——也是完全适用的。

　　"惊险的跳跃"不同于"平静的过渡"。当我们说从实验室到市场——从技术开发到市场开发——是一次"惊险跳跃"(突破市场壁垒和躲避市场陷阱)的时候,其中主要包含以下两方面的含义:

　　首先,对于创新者和创新项目来说,这是为"进入市场"而必须进行和接受的"惊险跳跃"和"生死考验"。如果创新者能够通过"惊险跳跃"而"越过市场壁垒与陷阱",他就会得到"生的欢乐",否则就是"死的痛苦"。

　　其次,对于社会、市场、消费者来说,这是一个通过"设置壁垒和陷阱"而对形形色色的"市场进入者"(包括新出现的"技术创新产品")进行"再考验"和"再选择"的过程。这个"再考验"和"再选择"的过程实质上就是一个"选优汰劣"的机制和过程,如果没有这个"再考验"和"再选择"的过程和机制,市场就难免"鱼龙混

---

① 马克思:《资本论》第 1 卷,人民出版社 1975 年版,第 124 页。

杂"、"充斥平庸"甚至"劣品充斥",市场就会丧失生命活力。健康的经济演化过程要求必须对"市场进入者"进行一次"选优汰劣"的"市场选择"。①

虽然创新者都希望自己能够成功,然而,市场的"再考验"和"再选择"机制决定了在这个"惊险跳跃"的过程中,不可能"百分之百成功"。如果"惊险跳跃"失败,那么,"技术开发者"和"市场开发者"就要在这个"惊险的跳跃"中"一起"被"摔坏"了。

"惊险的跳跃"这个比喻不但可以理解为警示人们从技术开发到市场开发的过程中必然既有壁垒又有陷阱,而且它还暗示这个过程中难免要出现成功者少而失败者多的现象。

应该强调指出,虽然人人都承认在创新过程中存在着一个从技术开发到市场开发的"转化"过程,可是,对于究竟应该如何认识这个"转化"的性质和特征,人们的看法和估计就十分不同了。

有人认为这是一次发生"质的飞跃"的"惊险跳跃"和创新必须经历的"生死考验",另外一些人则认为这仅仅是一个"平静过渡"或"数量放大"、"成果推广"的过程。前者可以称之为"惊险跳跃和生死考验"观点,后者可以称之为"平静过渡和成果推广"观点。

应该注意的是,许多人有意无意地把这个过程看成了一个"常规而平静"的"转化过程",而不是一次"惊险的跳跃"和"生死考验"。大概也正是由于许多人在潜意识中已经预先假定这是一个"常规和平静量变"的"转化过程",而不认为这是一个"生死考验"般的"惊险的跳跃"过程,于是,他们就因这个"惊险的跳跃"过程中的失败率太高而感到"奇怪"了。

关于工程创新过程,曾经有过一个"线形模式"。这个模式认为可以把工程创

---

① 正像生物的突变(可以类比为最初出现的全部"创新")不可能全部都是"有益"突变一样,创新也不可能全都是"有益"的创新,换言之,必然还存在一些"有害"的突变和"有害"的创新。无论从理论方面看还是从现实方面看,选择和建构的过程与机制都是分析和解决这个问题的关键环节。需要申明,出于多种原因和理由(包括可以认为在长期的社会选择中那些"有害"的创新会被淘汰),本书不讨论这个关于创新可能"有害"的问题,而权且假定创新在"一般"的"定性"和"定向"上都是"有益"的——至少说基本上是"有益"的。

新划分为"创意"、"发明"、"设计"、"投放市场"、"市场推广"等几个先后相继的阶段。

这个"线形模式"，有其合理的内核，但也有过于简单化的缺点。许多人根据网络和反馈观点对这个线形模式进行了批评，其实，我们还可以从另外一个方面指出这个线形模式的缺陷——其解释中没有注意这个模式进程往往会出现中断的情况。

本书强调了创新过程中的壁垒、陷阱和"惊险跳跃"，而壁垒、陷阱和"惊险跳跃"正意味着这个"线形模式"进程常常会出现"中断"——"中途"的"突然死亡"或"暂时休眠"。

四　关于"技术成果向市场的转化率"问题

技术成果向市场的"跳跃"（即"转化"），有的成功了，有的失败了，这就出现了"转化率"问题。

有许多人"抱怨"我国技术开发成果的市场"转化率低"，①有的甚至给读者造成一个印象：似乎国外的转化率很高，而只有在我国才出现了这个转化率低的现象和问题。

事实的真相究竟如何呢？

请看一些权威学者的分析和论断。

著名学者克里斯坦森写了一本影响很大的书——《创新者的困境》，这本书不但在西方而且在东方的企业界、科技界、学术界都产生了振聋发聩的效应。在《创新者的困境》一书的"后续"著作《困境与出路》中，克里斯坦森尖锐指出："尽管很多才华横溢的人才竭尽全力，开发成功的新产品中的大多数的努力都以失败告终。超过 60% 的新产品开发计划在产品上市之前就已夭折。剩余的

---

① 常能见到有报道说，某企业或某高校的科研成果转化率达到了 80% 甚至 90% ，对于这样的数据，其"准确性"和"可靠性"究竟如何，是很值得怀疑的。

不到40%虽有产品问世，但其中又有40%的产品未能赢利便退出了市场。至此，通过计算你会发现，投入产品开发的资金中有高达3/4最终无法取得商业成功的产品。"①

　　另外一本具有一定权威性的著作也明确指出："所有对产品创新的研究都表明，在将初始的构思变成市场上成功的产品的过程中，失败的比率远大于成功的比率。实践表明，产品失败比率的范围为30%—95%，而目前公认的平均水平为38%。""英国贸易与工业部对14000家购买计算机软件的组织进行了调查。调查结果表明，80%—90%的项目没有达到预期的性能目标，80%的项目超过了预定开发时间或超出了开发预算，约40%的项目以失败告终，只有10%—20%的项目是成功地达到了预期的标准。"②

　　由于这里涉及的是一个对于基本事实和基础数据的估计和判断的问题，以下就再引用一本权威著作的有关论述作为佐证。

　　《工业创新经济学》中说道："通常研究开发管理的经验表明，一般成功率在十项中只有一项，甚至百项中只有一项。但是这里的每件事情都是与进行评估时所处的阶段有关。成功率高的情况经常是已经通过了初步选择或筛选，那些没有吸引力的研究开发项目或提案早在投入大量资金，并且远未达到商业运作阶段之前已经被剔除。""在研究开发阶段的淘汰率要比商业运作阶段大得多。""然而当达到这一阶段之后，项目的失败率仍然不算低。"③

　　通过以上再三的引证，应该可以比较可靠地得出以下结论：技术开发成果在许多国家都普遍出现了市场转化率低的现象，而不是仅仅在中国才出现。

　　应该怎样分析和认识这个现象和事实呢？

---

　　①［美］克里斯坦森、雷纳：《困境与出路：企业如何制定破坏性增长战略》，容冰译，中信出版社2004年版，第74页。
　　②［英］笛德等：《创新管理：技术变革、市场变革和组织变革的整合》，王跃红、李伟立译，清华大学出版社2004年版，第18页。
　　③［英］弗里曼等：《工业创新经济学》，华宏勋等译，北京大学出版社2004年版，第308页。

黑格尔说："凡是现实的都是合理的，凡是合理的都是现实的。"①如果确实如上所说，技术开发成果市场转化率低是一个普遍现象，人们就要问，这个现象是否也是"合理的"呢？

答案应该是肯定的。

从逻辑关系上看，转化率的高低主要取决于转化过程的性质和特征：如果这个过程的性质和特征是"平稳过渡"，那么，转化率就会很高；如果其性质和特征是"惊险跳跃"和"生死考验"，那么，转化率就必然比较低。

上文已经反复说明从技术开发到市场开发是一个"惊险跳跃"和市场进行严峻再选择的过程，"市场转化率低"自然也就成了一种"常态现象"。

在这个转化率问题上，如果转化率为零，那就意味着任何新技术都不能被市场接受，社会就不能进步，其后果自然是灾难性的。

另一个极端，如果在转化率问题上，出现 100% 的转化率，那就意味着实验室中的"一切"新技术（包括不成熟的技术和"压榨社会资源"的"病态技术"等）都无阻碍地进入市场，其后果同样是灾难性的。

正像在物种进化过程中，物种突变（可以类比为"创新"）必须经过自然选择，才能够使生物进化成为一个健康进化的过程一样，在技术—经济进化过程中，技术创新成果也必须经过市场的选优汰劣，才能够保证市场经济的健康演进。

在以往几十年中，人们对创新活动的理论认识不断有新的发展，其中最引人注目的进展之一就是在"技术推动论"之后有人提出了"市场拉动论"，后来又提出了"用户导向论"。

目前，市场拉动论和用户导向论都已成为影响很大的理论，而根据以上认识和分析，我们应该可以进一步得出一个结论：创新活动中的真正要害之处不是市场的"拉动"或用户的"导向"问题，而是市场的"选择"问题，即消费者拥有对创新产

---

① 转引自《马克思恩格斯选集》第 4 卷，人民出版社 1972 年版，第 211 页。

品的"最终选择权"。

从社会心理和消费者的本意来看,消费者和用户实在无意要"拉动"什么,他们也无意成为什么"引领者"或"导向者",他们只是把出现在市场上的创新产品的"市场选择权"紧紧地掌握在自己手中而已。

在创新活动的两个阶段中,如果说在技术开发阶段,研发者是"对技术进行选择"的基本主体,那么,在市场开发阶段,新技术和新产品成为市场选择的对象,而消费者或用户成为基本的选择主体。在这两个阶段中,不但选择的性质、内容和选择主体发生了变化,而且选择的原则和标准也常常会发生重大的变化。

已经有学者尖锐指出:消费者和技术创新者对许多问题的认识和感受常常会有很大的差距,①因此他们在进行选择时也就有了不同的结果并形成了不同的原则和选择标准。例如,技术创新者常常坚定地认为产品功能越多越好,而用户则往往认为"功能越多迷惑也越多"。这种认识上和选择原则上的差别必然要对创新过程和创新结果产生严峻、深刻的影响。

虽然技术创新者的"技术知识"和"技术判断力"远高于消费者,但市场却不是一个单纯进行技术"测试"的地方。这里的"主要规则"和"现实逻辑"是:"用户掌握着自己的钱包。对他们来说,困惑越多,采纳新技术的预期痛苦越强烈,购买欲也就越低。"②正是由于技术创新者和消费者在认识、处境等方面存在鸿沟,并且创新产品的市场选择权掌握在消费者手中,许多高科技产品在实验室取得成功后遭遇了市场上的惨痛失败。

由于选择权掌握在市场(社会)手中,转化是否成功就不能由研发方决定了。一般地说,转化失败时,研发方是没有"权利""抱怨"自己的产品没有被"选中"的——正如考生一般不能单纯抱怨自己没有被选中一样。

---

① 科伯恩在《创新的迷失》一书中对这方面的许多问题有非常精彩的分析,有兴趣的读者可以参阅。
② [美]科伯恩:《创新的迷失:新技术狂想的湮灭与幸存者的希望》,贺丽琴译,北京师范大学出版社 2007 年版,第 18 页。

　　科技成果转化率低的问题是一个重要而复杂的问题，本节无意——实际上也不可能——全面分析这个问题。为避免读者对以上的观点和分析产生误解，本节最后想对"转化率"问题再作一下补充。

　　我们可以把技术创新产品进入市场的过程比喻为考生进考场的过程。虽然客观上不可能每一位考生都被选中，可是，每一位考生都希望能够提高自己"被选中"的概率，每一所学校都希望提高本校考生的"被录取率"，于是，提高"高考录取率"就成为高中的"主旋律"。同样地，提高"技术创新成果转化率"的问题也顺理成章地成为技术创新者和政策制定者的头等重要的研究课题。

　　如果说本节前面的分析是在为"转化率低"的"实际现状"进行理论和机制上的分析和说明，那么，这里的分析就是要为"提高转化率"的"努力"进行理论解释和精心辩护了。

第二节　应对壁垒和陷阱：工程智慧

　　如上所述，工程创新的过程是一个不断进行选择和建构与不断越过壁垒和陷阱的过程。要想进行成功的选择和建构，要想成功地突破壁垒和躲避陷阱，必须具有一定的实力，同时还要有足够的智慧。

　　没有智慧，无异于行尸走肉；没有实力，无异于虚幻幽灵。必须依靠实力与智慧的有机统一才能夺取工程创新的成功，缺乏智慧的"蛮干派"和没有实力的"巧舌派"都难免要坠入失败的深渊或止步于成功的山脚之下。

　　本节不讨论实力方面的问题，而把分析和讨论的重点放在智慧这个主题上。

一　爱因斯坦式的理论智慧与诸葛亮式的实践智慧

　　创新需要智慧。中国古代一向有"人为万物之灵"的说法。人之所以能够成为万物之灵，关键之点就是人有智慧。

人的智慧有两种类型：理论智慧与实践智慧。① 一方面，这两种智慧密切联系，不能截然割裂；另一方面，二者又有根本区别，不能混为一谈。

实践智慧的具体内容和具体表现形式是多种多样的。由于工程实践是最基本、最重要的社会实践方式，并且受本书主题的限制，本节以下对实践智慧的分析和讨论将主要限制在工程智慧的范围之内。

徐长福在《理论思维与工程思维》中曾经从哲学角度研究了理论思维与工程思维的性质和关系。他主张明确地为理论思维与工程思维这两种不同的思维方式划界，反对二者互相僭越。他认为，一方面，应该"用理论思维构造理论"，"理论的实践意义不在于充当生活的蓝图，而在于为包括工程设计在内的人生筹划提供有约束力的原理"；另一方面，应该"用工程思维设计工程"，"工程设计的目的不在于坚持某种特定理论却不惜贻误生活，而在于依循一切有约束力的理论以为人类实践预作切实可靠的筹划"。②

对于理论智慧与实践智慧的性质和基本特征，我们可以从以下五个方面进行对比和分析。

（1）从智慧活动的性质和目标导向方面看，理论智慧是真理导向的思维和智慧，而实践智慧是价值和目标导向的思维和智慧。理论智慧主要表现为发现普遍规律的智慧，而实践智慧主要表现为制定特定计划并实现该计划的智慧，工程智慧更直接表现为造物的智慧。

更具体地说，科学家的理论智慧主要体现为科学发现的智慧，发明家的实践智慧主要体现为技术发明的智慧，设计工程师的实践智慧主要体现为工程设计的智慧，企业家的实践智慧主要体现为以产品占领市场的智慧，军事家的实践智慧主要

---

① "可以把人的智慧划分为两种类型：经验—理论类的智慧和目的—行动类的智慧，这两类智慧也就是理论理性的智慧和造物与生活的智慧。""如果我们把人的智慧分为理论理性的智慧和实践理性的智慧两大类，那么，科学家、哲学家的智慧都是理论理性的智慧，而政治家、军事家和企业家的智慧则属于实践理性的智慧。"参阅李伯聪：《工程哲学引论》，大象出版社 2002 年版，第 407、409 页。

② 徐长福：《理论思维与工程思维》，上海人民出版社 2002 年版，勒口"内容提要"。

体现为打胜仗的智慧，运动员的实践智慧主要体现为拿冠军的智慧，如此等等。在整个人群中，有的人长于理论智慧，有的人长于实践智慧，有的人更在理论智慧和实践智慧两个方面都有卓越表现。①

（2）从智慧成果（思维结果）的特征方面看，理论智慧的结果是共相（共性）的"虚际建构"，而实践智慧的结果则是殊相（个性）的"实际建构"。"理论性的知识作为认识过程中的理性认识活动的产物，它是以反映已有事物的共相为特点的，它是以全称判断、范式（paradigm）或研究纲领等为主要表现形式的；而行动方案或工程活动的计划却是以设计尚未存在的人工事物的殊相为特点的，它是以设计蓝图、行动命令、操作程序等为主要表现形式的。"②其实，制定和实施行动计划需要的是实践智慧，它与形成理论性知识所需要的理论智慧是性质不同的两种智慧，二者是不能混为一谈的。

（3）从"思维对象"和"思维方式"的特征方面看，理论智慧是面向"现实世界"（或"一切可能世界"）的"现实实在对象"而进行的思维活动，而实践智慧则是面向"可能世界"（"未来世界"）中"可能的实在对象"和对"可能性转化为现实性"进行的思维，特别是与实践活动结合在一起的思维。冯·卡门说："科学家发现已经存在的世界，工程师创造从未存在的世界。"③冯·卡门的这个论述精辟地阐明了理论智慧和实践智慧在思维对象和思维方式方面的基本分野。如果把冯·卡门的这个观点使用更具抽象性的哲学范畴（特别是"有"与"无"、"现实"与"可能"）来表述，那么，理论思维和理论智慧的对象是"现实世界"之"实有"，而实践思维和

---

① 克劳塞维茨是西方著名的军事理论家。"1792 年，卡尔·冯·克劳塞维茨加入普鲁士军队，在随后的 30 多年军旅生涯中，他屡战屡败，甚至一度被法军俘虏，军事生涯黯淡无光。但是，1832 年，克劳塞维茨的遗著《战争论》出版，却无论从形式上还是从内容上，都是有史以来有关战争的论述中最赶超的见解。《战争论》一举奠定了西方现代军事战略思想发展的基础，'造就了整整一代杰出的军人'。"参阅侯意夫：《重新认识定位》，中国人民大学出版社 2007 年版，王刚"推荐序 2"。从克劳塞维茨的生平来看，他可以算得上"长于"军事理论智慧而"短于"军事实践智慧的一个典型人物了。与之形成鲜明对比，我国古代的大军事家孙武和孙膑都是既长于军事理论智慧又长于军事实践智慧的代表人物。

② 李伯聪：《工程哲学》，大象出版社 2002 年版，第 402 页。

③ 转引自布希亚瑞利：《工程哲学》，辽宁人民出版社 2008 年版，第 1 页。

实践智慧的对象就是现实世界之"虚有"以及从"今日可能世界"之"虚有"向"未来现实世界"之"实有"的"转化路径"。

（4）从思维主体和智慧主体方面看，理论智慧是无"特定主体依赖性和特定时空依赖性"的思维和智慧，而实践智慧则是具有"特定主体依赖性和特定时空依赖性"的思维和智慧。理论智慧是不依赖于特定主体和特定时空的智慧，理论智慧的灵魂和基本特征是具有对于具体主体和具体时空的超越性。因而，"理论智慧的成果"可以"放之四海而皆准"，这里既不可能有什么依赖于具体主体的"无产阶级物理学"，也不可能有什么依赖于具体空间地点的"德国物理学"①。可是，实践智慧的灵魂和基本特征却是具有"此人此时此地"的个别性（当时当地性），它不可能"放之四海而皆准"。于是，在诸葛亮的"空城计"成功后，如果有别的什么"公孙亮"在另外什么地方照搬"空城计"，他就可能要当俘虏了。总而言之，理论智慧和科学智慧的灵魂是对于特定主体和特定时空的超越性，②而实践智慧和工程智慧的灵魂是具有对于特定主体和当时当地的严格依赖性。

（5）从思维范围和所受限制方面看，理论智慧以寻找自然因果关系、"自然极限"和"自然边界"，发现规律、共相为思维的基本内容和特征，理论智慧是无限性的智慧；而实践智慧则以制定行动目标、行动计划、行动路径，进行多种约束条件下的满意决策为思维的基本内容和特征，实践智慧是有限性的智慧。

如果用舞台和戏剧作比喻，理论智慧是自由思维和挣脱思想枷锁的无限思维的戏剧，而实践智慧则是在各种具体限制下给思维戴上枷锁后所上演的戏剧。理论智慧舞台上的主角是爱因斯坦式的人物，而实践智慧舞台上的主角是诸葛亮式

---

① "日常语言"所说的"德国物理学"的准确含义是"物理学在德国"。

② 任何理论成果和科学结论都具有对于特定实验室、特定科学家、特定实验时间和实验地点的"超越性"（即不存在对于特定实验室、特定科学家、特定实验时间和实验地点的"依赖性"），而每个工程方案都无例外地具有对于特定工程主体、特定工程实施时间和空间的"依赖性"。

的人物。理论智慧是"书本上"、"学院里"的智慧,实践智慧是"战场上"、"市场上"、"政坛上"、"运动场上"的智慧。①

总而言之,理论智慧和实践智慧是两种不同的智慧。二者的分野不但表现在"必然性"和"机遇可能性"之不同、"放之四海而皆准的普遍可重复性"和"因人因时因地而异的不可重复性"的不同,而且表现在"保证成功的确定性"和"对于成败的不确定性"的区别上面。

应该强调指出,尽管"机遇可能性"、"因人因时因地而异的不可重复性"和"对于成败的不确定性"都是实践智慧的内在特征,但古今中外都有许多人不愿意相信这些"不确定性",他们宁愿相信(更准确地说是迷信)在实践智慧领域也可以达到"百分之百"的必然性,于是就出现了种种"似是而非"的观点。

围绕实践智慧的一种常见的错误观点是把实践智慧解释为"全知全能的智慧"或"算命先生的智慧"。基督教早期哲学家曾经企图使人们相信未来的一切事情都是由全知全能的上帝所决定的,对于上帝来说,没有任何东西是不确定的,未来的一切事件都是必然的。在我国历史上也不断有人宣传可以"预决吉凶",可以"料事如神",于是就有了"事有必至"这种"似是而非"的观点。②

与"事有必至"的传统观点相反,我国著名哲学家、逻辑学家金岳霖提出了"理有固然,势无必至"的观点。这个观点不但具有深刻的理论意义,而且具有重要的现实启发意义。

金岳霖在《论道》中说:"共相底关联为理,殊相底生灭为势","个体底变动,理有固然,势无必至"。③ 金岳霖又说:"即令我们知道所有的既往,我们也不能预先推断一件特殊事体究竟会如何发展。殊相的生灭……本来就是一不定的历程。这

---

① 在这里,所谓"书本上"、"学院里"或"战场上"、"市场上",都只是"叙述性"的"中性"词汇,不带任何褒贬的含义或色彩。

② "事有必至,理有固然"之说出自《战国策·齐策四·孟尝君逐于齐而复反章》和苏洵的《辨奸论》。按照这个观点,对于某些"具有特殊智慧的人"来说,未来世界是确定的而不是"不确定"的,"最聪明的人"可以"料事如神"地预见或预言"某一个事件"在未来必然发生。

③ 金岳霖:《论道》,商务印书馆1985年版,第182、185页。

也表示历史与记载底重要。如果我们没有记载，专靠我们对于普遍关系的知识，我们绝对不会知道有孔子那么一个人，也绝对不会知道他在某年某月做了什么事体，此所以说个体底变动势无必至。"

对于"理势"关系，存在着两个根深蒂固的错误认识：一种错误观点是认为"既然势无必至，理也就没有固然"，另一种错误观点是认为"既然理有固然，所以势也有必至"。金岳霖尖锐指出，休谟的错误就是前一种错误。对于后一种错误观点，金岳霖没有指名道姓地落实到一个人身上，而只笼统地批评了那些"对于科学有毫无限制的希望的人"，如果这里一定要补充一个具体的代表性人物，那么，拉普拉斯就是一个典型代表人物了。

金岳霖明确指出："势与理不能混而为一，普通所谓'势有必至'实在就是理有固然而不是势有必至。把普通所举的例拿来试试，分析一下，我们很容易看出所谓势有必至实在就是理有固然。"①

许多人把诸葛亮的神机妙算理解为诸葛亮可以必然性地预见和预决未来的特定事件，这实在是一种大错特错的认识。严格地说，《三国演义》在对诸葛亮这个艺术形象的塑造中，确实也在一定程度上存在着这种错误认识的倾向和色彩。鲁迅在《中国小说史略》中批评《三国演义》"状诸葛之多智而近妖"，这实在是以思想家和文学批评家的睿智而与哲学家取得了"殊途同归"的认识。

在认识理论智慧和实践智慧的关系以及实践智慧的基本性质和特征时，一个核心观念必须认识到：学习和创新之道，理有固然；此人此时此地，势无必至。

理论思维的内容和对象是不依赖于具体主体和具体时空条件的共相，而实践思维的内容和对象是依赖于具体主体和具体时空条件——具有此人此时此地特征——的殊相，因而，在进行理论思维时，其结果是不随具体时间和空间而变化的，无论是 300 年前或 300 年后，也无论是中国人还是外国人，如果他们研究的是同样的一个自然科学问题，他们必定得到同样的结论。总而言之，理论思维和理论智慧

---

① 金岳霖：《论道》，商务印书馆 1985 年版，第 187 页。

是不带有"此人此时此地"特征的思维和智慧。

可是，实践智慧就不同了。由于实践智慧具有当时当地性特征，而"当时当地性"的一个突出表现就是出现了所谓"时机"问题——包括所谓"初始条件敏感性"问题，于是，把握"时机"就成为实践智慧的一个关键内容。

众所熟知，实践智慧的关键常常表现为把握住"时机"。所谓把握时机，从正面看，就是说在时机不成熟时，必须耐心"等待"适当的时机的出现，不能轻举妄动；而在时机到来时，必须"当机立断"，不能有丝毫的犹豫。从反面看，就是说在时机不成熟时轻率鲁莽而行，或者在时机到来时"当断不断"、犹豫不决，都会导致失败的结果。于是，实践智慧不但可以表现为"等待良机出现"的智慧，而且可以表现为避免犯"错失良机"的错误。

从理论和实践上看，时机之所以往往成为关键问题，皆源于"势无必至"。如果真像有些人所宣称的那样是"势有必至"，那么，时机的问题也就从根本上被"消解"了。

二　战争隐喻的启发性与局限性

由于在各种不同类型的实践智慧中"军事实践智慧"常常表现得最具戏剧性，即在战争中实践智慧往往会得到最直接、最典型、最奇妙、最惊人的表现，于是，许多商人、企业家、创新者便情不自禁地要从战争实践中汲取灵感，希望能够从军事智慧和战争理论中寻找指导、借鉴和启发。

我国在 2000 多年前就有人在研究商业和市场问题时使用了战争隐喻。

《管子·轻重甲》："桓公曰：'请问用兵奈何？'管子对曰：'五战而至于兵。'桓公曰：'此若言何谓也？'管子对曰：'请战衡，战准、战流、战权、战势。此所谓五战而至于兵者也。'桓公曰：'善。'"对于这段话的含义，马百非解释说："所谓战衡，战准、战流、战权、战势者，皆属于经济政策之范畴。一国之经济政策苟得其宜，自可不战而屈人之兵。何如璋所谓'权轻重以与列强相应，即今之商战'者，得其义矣。"①

---

① 马百非：《管子轻重篇新诠》下册，中华书局，第 501—502 页。

《史记·货殖列传》云:"待农而食之,虞①而出之,工而成之,商而通之。"又云:"言富者皆称陶朱公(即范蠡)","范蠡既雪会稽之耻,乃喟然叹曰:'计然之策七,越用其五而得意。既已施于国,吾欲用于家。'……乃治产积居,……十九年之中,三致千金"。可见范蠡离越后经商致富时运用了他助勾践平吴的战争经验和军事理论。到了战国时期,白圭提出了更明确而系统的经济理论。《货殖列传》云:"天下言治生祖白圭。"白圭云:"吾治生产,犹伊尹、吕尚之谋,孙、吴用兵,商鞅行法是也。"

在我国延续两千多年的封建社会的历史进程中,历代王朝基本上都实行轻视和抑制商业的经济政策,特别是由于我国在经济发展水平上占据优势地位,如果说国内的经济竞争还能够偶尔露峥嵘,那么,就国际范围的经济形势而言,我国在鸦片战争之前基本没有遇到"商战"问题。在这样的社会环境中,我国关于"商战"的思想和理论也一直停滞在"萌芽阶段",没有大的发展。

鸦片战争是我国历史发展进程的一个大变局。在洋务运动、戊戌变法的新潮激荡中,"商战"之说终于艰难地"浴血"而出了。值得特别注意的是,洋务运动的领袖人物曾国藩已经谈到了"商战",但他却是在否定的意义上评价"商战"的。曾国藩说:"至秦用商鞅,法令如毛,国祚不永。今西洋以商战而字为国,法令更密如牛毛,断无能久之理。"②以曾国藩之深思睿智,走在时代前列,而竟然如此评价"商战",足见在这个问题上要真正取得认识上的突破是何等困难了。

但潮流和形势毕竟强于个人,没有用多长时间,"商战"之论就应时而出了。郑观应在《盛世危言》中更明确提出了"商战"论:"自中外通商以来,彼族动肆横逆,我民日受欺凌,凡有血气孰不欲结发厉戈,求与彼决一战哉!"然"战"有"兵战"和"商战"两种,"习兵战不如习商战"。③ 与之同时,何启、胡礼垣、马建忠等人也明确倡言"商战",到了20世纪,"商战"思想和观念在中国就更加广泛传播和流

---

① 《周礼·地官》有山虞泽虞,相当于现代掌管山水矿产自然资源的官吏。
② 转引自中国经济思想史学会编:《集雨窖文丛》,北京大学出版社2000年版,第433页。
③ 《郑观应集》上册,第586页。

行了。

20世纪，在新科技和新一波经济全球化浪潮的影响下，科技日新月异，经济增长速度史无前例，制度变迁之急剧令人惊讶，国内外市场竞争空前激烈，许多人都深刻感受到"市场如战场"。正是在这种环境和条件下，无论在西方还是在东方，各种以"商战"、"科技之战"、"创新之战"为主题或基本隐喻的论著便数不胜数地出现了。

由于对于"创新之战"的"战略"、"策略"、"战术"、"战法"等问题已经有许多研究和论述，本节也就不再对这些具体问题饶舌。本节以下仅着重分析战争隐喻中的两个具体问题：奇正问题和战争隐喻的局限性问题。

战争和创新的目标都是要取得胜利。怎样求胜呢？战法无非有两大类：用正和用奇。

因为"奇"和"正"是两类不同的思路和战法，于是就出现了关于应该怎样认识和运用奇与正、应该怎样处理奇正关系的问题。

奇正问题首先是在《孙子兵法》中提出来的。《孙子兵法·兵势》曰："凡战者，以正合（合：交锋），以奇胜。故善出奇者，无穷如天地，不竭如江海。""声不过五，五声之变，不可胜听也；色不过五，五色之变，不可胜观也；味不过五，五味之变，不可胜尝也；战势不过奇正，奇正之变，不可胜穷也。奇正相生，如循环之无端，孰能穷之哉！"

《唐太宗与李靖问对》中对于奇正问题进行了更具体的分析和讨论。《武经七书注译》说："奇兵、正兵，它的含义较为广泛，一般可以包括以下两个方面：（1）在军队部署上，担任警备的部队为正，集中机动为奇；担任钳制的为正，担任突击的为奇。（2）在作战上，正面进攻为正，迂回侧击为奇；明攻为正，暗袭为奇；按一般原则作战为正，根据具体情况采取特殊的原则作战为奇。"[①]

诺贝尔经济学奖获得者西蒙在《管理决策新科学》中，把运筹决策方式分为程序化方式和非程序化方式两种类型，从奇正划分观点来看，程序化决策方式为

---

① 《中国军事史》编写组：《武经七书注译》，解放军出版社1986年版，第514—515页。

"正",而非程序化决策方式为"奇"。

用奇和用正的目的都是为了取得胜利和成功。虽然在小说、传奇、电影、历史中,"出奇制胜"的事例常常为人津津乐道,可是,这绝不意味着在实践中"出奇"一定能够"制胜",而"用正"一定会失败。

必须清醒认识到:奇正和胜败之间没有绝对的"对应关系"。《唐太宗与李靖问对·卷上》云:"善用兵者,无不正,无不奇,使敌莫测,故正亦胜,奇亦胜。"这也就等于说:"不善用兵者,正亦败,奇亦败。"如果把以上两个论断结合起来,恰好应了我国的一句古话——"成也萧何,败也萧何"。

在工程创新之战中,也存在着奇正问题。一般地说,使用"常规技术"为正,使用"突破技术"为奇;"渐进主义"战略为正,"突变主义"战略为奇;"循规蹈矩"为正,"打擦边球"为奇;"常规策略"为正,"非常规策略"为奇;进入成熟市场为正,开拓新兴市场为奇;和多数人"保持一致"为正,和多数人"唱反调"为奇;相信"流行理论观点"为正,"独出心裁"为奇;"随大流"为正,"逆流而动"为奇,如此等等。

按照以上分析,创新——特别是重大创新(包括技术创新、制度创新等各种创新在内)——都属于"出奇"的范畴或类型。

习惯于遵循常规的人,创新能力不足,或者简直就是惧怕创新,他们不敢创新,不能创新,于是,当创新的奇兵奇袭而来的时候,他们在技术、商业和市场的"战场"上成了落伍者、失败者。

可是,现实和理论分析又告诉我们:奇兵和奇袭绝对不等于胜利和成功,因为奇兵和奇袭也可能遭遇失败。

本书一开头就强调了创新可能成功也可能失败。"虽然人们逐渐认识到,创新是企业获得竞争优势的有力手段,同时也是巩固企业战略位置的可靠途径,但是我们必须认识到创新与企业的成功没有必然的联系。在产品创新和工艺创新的历史中不乏失败的例子,有些例子中甚至造成了惨痛的结果。"①例如,本书下篇中谈

---

① [英]笛福等:《创新管理》,清华大学出版社 2004 年版,第 1 页。

到的关于"协和式飞机"的"创新"就是一个经常被提及的典型案例。

应该注意："新技术给我们的启示并不简单。管理者应对任何回答新技术复杂挑战的简单答案持一种正确的怀疑态度。"应该认识到"大力投入是必要的,但你也必须保留其他选择","成功者常常是开拓者,但多数开拓者却失败了"。"做个开拓者有巨大的回报,只要你能幸存下来,但增加成功的机会需要耐心。开拓本身就有风险性,但没有必要冒愚蠢的风险。"①

在工程创新活动中,战争隐喻给我们的基本启发就是创新者必须知己知彼,知败知成;察势谋划,妙用奇正;突破壁垒,躲避陷阱。

对于战争隐喻,我们不但应该承认其合理性和启发性,而且必须注意它也有任何隐喻都难免的局限性,特别是要注意避免战争隐喻可能造成的某些严重误解和误导。

在这个问题上,最严重并且最容易出现的是在认识行动目标和处理竞争与合作问题时可能出现的误解和误导。

《创新管理》中说:"军事隐喻可能会产生误导。企业目标与军事目标不同,换句话说,企业的目标是形成一种独特的能力,以使它们能比竞争对手更好地满足消费者的需求——而不是调动充足的资源消灭敌人。过多的关注'敌人'(例如,企业竞争者),可能会导致战略过分强调形成垄断资源,并以牺牲可获利的市场和满足消费者需要的承诺为代价。"②

一般地说,战争双方是"纯对抗"而"无合作"的关系,战争的结果是一定要分出胜负。在博弈论中有所谓"零和博弈":胜方所得为"正"而败方所得为"负",正负相加,双方所得的总和是"零"。如果说在"零和博弈"中还有一方所得为"正",那么在现实社会的军事战争中还存在着双方皆输——甚至同归于尽——的情况,对于这种情况我们把它命名为"双负博弈"。

①［英］笛福等:《创新管理》,清华大学出版社 2004 年版,第 15—16 页。
② 同上,第 80 页。

在市场竞争中,虽然"零和博弈"或"双负博弈"的情况也是存在的甚至可以说是屡见不鲜的,可是,由于市场竞争毕竟不完全等同于军事方面的战争,二者在对立的性质和类型方面都有很多不同,于是,市场竞争的性质常常就不再只是"零和博弈"或"双负博弈",而可能出现"双赢"结果了。

由于市场竞争的基本目标不是"消灭对方",市场竞争常常可能出现"双赢"结果,于是,在创新活动和市场竞争中,在应该如何认识与处理竞争与合作这个问题上往往便不能简单套用战争隐喻了。

由于市场活动中存在竞争关系,同时也由于受传统观念和战争隐喻的影响,许多创新者常常在思想上互为"敌人",认为必须让对方输才能使自己赢,于是,创新活动和商业竞争就成为"胜者为王,败者灭亡"的战争。

目前,由于实践和理论的新发展,传统观念在实践上和理论上都受到了挑战。传统的观念是找准竞争者,寻找"打败"竞争者的方法,而新观念却是要寻求合作者。

在二战之后,日本企业的崛起引起了全世界的瞩目。日本企业在不长时间内在许多领域都"超过"了原先曾经不可一世的西方大企业。日本企业成功的经验何在呢？瑞典学者哈里森通过对日本企业——以佳能、索尼和丰田为代表性案例——的深入调查研究,认为日本企业成功的关键因素是它们进行创新时"不再只限于'掌握技术诀窍(know-how)',而是取决于'寻求合作者(know-who)'"。哈里森说:"公司要保持发展势头并能快速响应市场变化,就应该把重点从内部专业化转移到通过合作关系来学习。"①

如果说这个关于强调并突出"寻求合作者(know-who)"重要性的观点还只是"实践经验的总结",那么,美国学者关于"竞合(co-opetition)"②概念的提出就是在理论领域和观念水平上对传统观念所提出的挑战了。"竞合"这个概念是耶鲁

---

① [瑞典]哈里森:《日本的技术与创新管理》,北京大学出版社2004年版,第7页。
② 这个英文新词也有人——包括该书中译本译者——翻译为"合作竞争"。

大学管理学院教授内勒巴夫和哈佛商学院教授布兰登勃格提出的,他们在其另辟蹊径的著作《竞合》中对竞争和合作关系进行了新的分析和阐述。在该书"中文版序言"中,内勒巴夫和布兰登勃格说:"让我们从认清商业不是战争开始!一个人不必击败其他人才取得成功,当然商业也不是和平。在竞争客户时冲突难以避免。商业既不是战争也不是和平,商业是战争与和平。因此商业的战略需要同时反映出战争的艺术与和平的艺术,而不只是战争的艺术。"①有人评价说:"在'竞合'模式中,大家彼此合作和竞争,以创造出最大的价值,这是近年来最重要的商业观点之一。对于需要进行合作和竞争的企业,网际网络和行动技术使这种模式更具必要性,它让人能够透过信息共享和整合简化程序来运用各种关系。在现今的网络经济中,竞合是找出新市场商业和开发商业策略的强大利器。"

与"竞合"概念相呼应,洛根和斯托克司提出了"合作竞争(collaborate for compete)"这个类似的概念。洛根和斯托克司认为:"通过合作实现知识共创与共享,已经成为当今组织走向成功的关键。但遗憾的是,大多数商界人士并不具备合作的意识,他们只考虑如何竞争。在如今这个以网络相连的世界中,这种普遍心态构成了人们从事商业活动的主要障碍",应该认识到在当前这个"合作时代","合作是缺省环节","只有通过合作,通过知识的共享与共创,一个组织才能够将其所有成员、客户、供应商和商业伙伴共同拥有的全部知识发挥到极致"。②

综上所述,对于战争隐喻,一方面,需要重视其重要的启发性作用,努力从中汲取灵感和智慧;另一方面,又要认识到这个隐喻难免存在一定的局限性,应该努力避免由于这个隐喻而进入某些思想上的误区。

三　"创新扩散"是创新"全过程"的第三阶段

对于创新的含义和创新所指的对象,不同的人常常有不同的理解。

---

① [美]内勒巴夫、布兰登勃格:《合作竞争》,王煜昆、王煜全译,安徽人民出版社2000年版,第1页。

② [美]洛根、斯托克司:《合作竞争:如何在知识经济环境中催生利润》,陈小全译,华夏出版社2005年版,第1、3、6页。

在熊彼特提出创新理论后，许多人都开始重视创新问题。可是，正如许多研究创新理论的学者所指出的那样，虽然熊彼特已经明确指出创新是一个经济学概念，发明不等于创新，但在熊彼特之后的很长时间里，把发明与创新混为一谈仍然是常见的现象。许多人往往过分夸大了发明的地位和作用，而轻视甚至忽视了"发明之后"的"商业化"环节的重要地位和作用。

后来，有些学者针对那种把发明与创新混为一谈的流行观点，更加尖锐地指出发明不等于创新，事实上，许多发明都未能推向市场，"发明之后"的商业化才是最重要的问题和最关键的环节。弗里曼和苏特更明确地把创新定义为"发明"的"第一次商业应用"。① 根据这种认识，那些没有投入商业应用的发明都不属于创新的范畴，这就把创新和发明明确区分开来了。

弗里曼和苏特把创新定义为发明的首次商业应用的观点很快被许多学者——如笛德②、史密斯③等——所接受，我国的许多学者也接受了这个观点。

笛德说："人们经常混淆'创新'和'发明'这两个概念，而实际上后者只是使一个好的创意变成广泛有效的实际应用这个漫长过程的第一步。一位优秀的发明家并不能保证他的发明能够获得商业成功。无论产品或创意有多好，不关注项目管理、市场开发、财务管理以及组织行为模式等要素，企业是不会获得成功的。"④

"发明的一个重要特征就是'新颖性'，但是在这个阶段它们还不能被推向市场，生产一个单件商品与大批量、稳定地生产消费者所需要的日常用品完全是两码事。"⑤

"实际上，19世纪大多数发明项目的发明者的名字都已经被人遗忘；人们将那些将发明拓展于商业应用的企业家的名字和发明联系在一起。"⑥

---

① ［英］弗里曼等：《工业创新经济学》，北京大学出版社 2004 年版，第 7 页。
② ［英］笛德等：《创新管理》，清华大学出版社 2004 年版，第 43 页。
③ ［英］史密斯：《创新》，秦一琼等译，上海财经大学出版社 2008 年版，第 6 页。
④ ［英］笛德等：《创新管理》，清华大学出版社 2004 年版，第 43—44 页。
⑤ ［英］史密斯：《创新》，上海财经大学出版社 2008 年版，第 6 页。
⑥ ［英］笛德等：《创新管理》，清华大学出版社 2004 年版，第 43—44 页。

在纠正了那种把发明与创新混为一谈的错误观念后，有人就把从发明到产品的整个过程划分为三个阶段：①

在以上图框中，创新的"扩散"不属于创新。可是，根据本书的观点，我们认为无论从理论上看还是从现实意义方面看，都必须把"创新的扩散"也看做是创新的一种类型或形式，据此就得出了关于创新"完整过程"的以下图框：

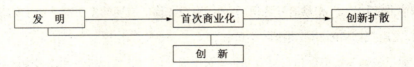

根据这个图框，创新活动的全部过程应该包括三个阶段：发明、"首次商业化"（亦可称为"狭义创新"）和"创新扩散"（亦可称为"扩散型创新"）。这三个环节或阶段各有自身的特殊作用和重要意义，忽视或轻视其中的任何一个环节或阶段都是错误的。

从第一阶段发展到第二阶段，再演进到第三阶段，创新活动的规模和社会影响愈来愈大，而其"重心位置"却愈来愈低。如果说第一阶段是"源头创新"（亦可称为"创新源头"），第二阶段是"上游创新"（亦可称为"创新上游"），那么第三阶段就是"下游创新"（亦可称为"创新下游"）了。

更加重要的是：如果说前两个阶段的活动在本质上还只是微观经济和社会领域的问题，那么，以"扩散速度"和"扩散规模"为表现形式的"创新扩散"就不单纯是微观经济和社会领域的问题，而是属于宏观经济和社会领域的问题了。

在创新理论研究和创新实践中，人们不但必须重视发明问题，而且必须高度重

_____

① ［英］史密斯：《创新》，上海财经大学出版社 2008 年版，第 7 页。

视"首次商业化类型的创新"和"扩散型创新"问题。可是,由于多方面的原因,在理论重点、"思想风气"和"舆论兴奋点"上,某些带有严重片面性的观点一直广泛流行,许多人往往只重视发明或"首次商业化"的重要性而严重忽视或轻视"创新扩散"的重要性——这种片面性观点认识是必须加以修正的。

以往,许多人常常习惯于主要从技术发明、专利审查和狭义创新的角度看问题,于是,在进行理论分析和活动评价时,是否"率先发明"和进行了"发明的第一次商业应用"便成为"第一标准",成为最重要的焦点问题。可是,如果我们从宏观社会经济的角度分析问题,焦点便会转移,"创新扩散"就势不可当地将成为最核心、最重要的问题。正如著名经济史学家内森·罗森伯格所指出的:"技术变迁的社会与经济后果是它们扩散速度的函数,而不是它们第一次应用时间的函数",这里,"需要仔细观察的重要社会环节就是它扩散的过程"。①

在研究创新活动和创新过程时,任何轻视创新扩散的作用和意义的思想和观念都是错误的,而应该把"创新扩散"当作一个具有特殊重要意义的问题来分析和研究。

四　创新扩散与工程实践智慧的第三种形式

如上所述,工程创新过程可以划分为三大阶段,并且这三个阶段都必须运用实践智慧。由于这三个阶段在活动性质、活动环境、活动目标上都有很大不同,必须突破不同类型的壁垒,必须躲避不同性质的陷阱,这就导致了工程智慧的具体内容和具体形式在这三个不同阶段中有不同的表现,从而形成了三种不同类型(或曰三种不同形式)的工程实践智慧——发明的智慧、(狭义的)创新的智慧和创新扩散的智慧。

这三种不同形式的工程实践智慧之间没有高低优劣之分,只有"得当"与"不得当"之分。三种不同形式的智慧应该受到同样的重视,而不能厚此薄彼;应该使

---

① 转引自诺布尔:《生产力:工业自动化的社会史》,中国人民大学出版社2007年版,第255页。

其各得其所、相互贯通，而不能错位甚至僭越、"短腿"甚至"缺位"。

在上述三种不同形式的智慧中，最早得到承认的是"发明需要智慧"，后来许多人也承认了"（狭义）创新需要另外一种形式的智慧"，可是至今仍然有一些人不愿意承认"创新扩散也需要特殊形式的智慧"——这实在是一种不应有的偏见。

发明家是有智慧的——因为他们已经表现出了发明的智慧，但发明家往往会在把自己的发明推向市场时遭遇失败，其失败的原因就在于他们仅仅有发明的智慧而缺乏创新的智慧。与此类似，首次商业化成功者不一定必然在下一步的市场竞争中继续保持胜利，因为，学习者可能依靠高超的创新扩散智慧而打败原先的领先者。

历史是有情而又无情的。因为历史将记载并肯定在创新三阶段中"发明者"、"首次把发明商业化的创新者"和"成功的学习者"这"三类人（或企业）"的历史地位和历史功绩，但历史同时也会不留情面地把那些由于三种不同形式的智慧"错位、僭越、缺失"而坠入失败深渊的教训记载下来。

市场也是有情而又无情的。因为市场会以自己的方式对三种不同形式的智慧给予不同方式的适当"奖励"，同时，市场也会无情地惩罚和淘汰那些在三种不同形式的智慧中犯了"错位、僭越、缺失"错误的个人和企业。

创新扩散需要智慧。扩散创新的智慧主要包括两种形式：一是领先者向追随者"主动进行扩散的智慧"，二是追随者向领先者"主动学习的智慧"。①

创新者由于完成了对发明的"首次商业化"而成为市场上的"领先者"。由于市场经济不是"垄断经济"，"领先者"不能成为"垄断者"，于是在"领先者"之后必然要出现"追赶者"、"学习者"。②"追赶者"、"学习者"逐步增多的过程就成为了创新逐步扩散的过程。

————————

① "领先者扩散"和"追随者学习"的关系是很复杂的，对于发展中国家来说，其中更加具有现实意义的问题显然是作为追随者而主动学习的过程。

② 由于"追随者"和"模仿者"这些称呼可能有意无意地带有某些"贬抑"色彩，本节以下将更倾向于使用"追赶者"或"学习者"这样更带积极色彩的称呼（但在引用其他作者文句时，仍然保留其他作者原来的词语用法）。

创新扩散和扩散创新的智慧都是必须进行深入研究的重大问题。对于"追赶者"和"创新扩散"问题,这里想阐述以下几个观点。

(1)领先者可能一直领先,但追赶者(学习者)也有可能后来居上,甚至很快地后来居上并"淘汰"最初的领先者。

创新者和追赶者在市场竞争中,既有创新者"胜"而追赶者"败"的事例,也有创新者"败"而追赶者"胜"的事例。以下就是 David J. Teece 列举的若干典型事例。[①]

	创新者	跟随者—模仿者
胜	Pilkington(浮法玻璃) G. D. Searle(NatuaSweet) 杜邦(特氟纶)	IBM(个人计算机) 松下(VSH 录象机) 精工(石英表)
败	RC 可乐 EMI(扫描仪) Bowmar(袖珍计算器) 施乐(办公计算机)	柯达(快照) Northrup(F20) DEC(个人计算机) De Havilland (Comet)

对于学习者(追赶者)和领先者的关系,福布斯在《从追随者到领先者》[②]一书中进行了许多精辟分析,书中还对发展中国家至今仍然广泛流行的许多错误观念提出了尖锐批评。由于在国际范围和国际市场上,发展中国家主要是以学习者的身份出现的,所以,这本书就成了一本需要向发展中国家——包括中国在内——的各界人士大力推荐的著作。我们相信,如果能够认真研读《从追随者到领先者》一书,许多流行的错误观念将有可能在一定程度上被化解。

(2)对于经济发展和社会进步来说,善于学习和善于创新同样重要。不但发展中国家必须具有强大的学习能力,而且发达国家也已经认识到强大的学习能力

---

① [美]伯格曼等:《技术与创新的战略管理》,陈劲、王毅译,机械工业出版社 2004 年版,第 136 页。在其他著作中也有对同一问题的类似分析和基本上相同的结论,如笛德等:《创新管理》,清华大学出版社 2004 年版,第 114—115 页。

② [印]福布斯、[英]韦尔德:《从追随者到领先者:管理新兴工业化经济的技术与创新》,沈瑶等译,高等教育出版社 2005 年版。

是必不可缺的。

人的智慧不但表现为能够发现、发明和创新，而且表现为能够学习；与前者相比，学习的意义和重要性是毫不逊色的。人类社会的进步，不但要依靠发明，而且要依靠发明后的创新；不但要依靠创新，而且要依靠创新后的学习和创新的扩散。

在这个普遍重视创新和创新成果日新月异的时代，任何人、任何企业、任何国家都不可能"阻止"别人创新，于是，任何个人、企业、国家都要面对"一旦别人率先创新，自己应该怎么办"的问题。不但发展中国家需要面对这个问题，而且最发达的国家也不能幸免。

当前是一个创新的时代，但所谓"创新时代"的含义绝不是主张每个人、每个企业都要在技术等方面"自给自足"地进行"创新"——往往是无意义的"重复创新"。相反，当前这个"创新时代"的基本特征恰恰在于它同时又是一个需要人人都善于学习和能够使创新迅速扩散的时代。

著名学者罗森伯格在《探索黑箱》一书中曾经语重心长地提出了一个问题："美国能学会更好的模仿吗？"

对于美国也必须善于学习的问题，布鲁克斯在美国国会听证会上有一段精彩发言："成功的模仿，决非人们形容的缺乏创作力的征兆，而是学习独创性的第一步。对个人是这样，对国家而言也同理，美国人可能已经在对原创力和个人创造力近乎迷恋的崇拜中忘记了这一点。也许正是那些仍然顽固地尝试着去重新发明已经存在着的东西的人，才会遭遇创新竞赛的失败。"①

有些人常常片面夸大技术首创者和领先者的地位和作用，同时又片面贬低和忽视技术模仿者和学习者的地位和作用，这种广泛流行的观点已经产生了严重的误导。在工程创新过程中，在"创新之战"中，个人、企业、地区、国家不但必须善于创新，而且必须善于学习。创新能力和创新智慧不足必定导致落后，而学习能力和

---

① ［美］罗森伯格：《探索黑箱：技术、经济学和历史》，王文勇、吕睿译，商务印书馆 2004 年版，第 146 页。

学习智慧的缺乏也必定导致落后和失败。

（3）创新扩散过程中必然遇到本身特有的壁垒和陷阱，需要运用"扩散创新的智慧"来越过这些壁垒与陷阱。"扩散创新的智慧"是与"发明的智慧"和"创新的智慧""并列"的第三种类型的工程智慧。

在本书的分析和论述中，壁垒和陷阱是最基本的隐喻。在创新过程的三个不同阶段中，所出现、所隐藏、所遇到的壁垒和陷阱在性质和特点上是形形色色、类型不同的。一般地说，在创新过程的三个不同阶段中出现了三种不同类型的壁垒和陷阱，创新者要想在三个不同阶段取得成功就必须具有和运用相应的不同类型的实践智慧。

在创新扩散时，其所遇到的"扩散壁垒"在"壁垒高度"和"突破难度"上，有时——从某种意义上说——甚至会不亚于发明和创新。例如，斯蒂芬逊发明火车时必须突破的是"发明壁垒"，把火车首次商业化需要突破的是创新壁垒，而在晚清时期的中国，当最初要在中国建设铁路时，其所需要突破的就是"扩散壁垒"了。谁能说要突破这个"创新扩散壁垒"是一件容易的事情呢？

要成功地进行创新扩散，就必须拥有和善于运用"扩散创新的智慧"。如果没有足够的"扩散创新的智慧"，创新扩散活动就要遭遇失败。"扩散创新的智慧"在表现特征上与"发明的智慧"和"创新的智慧"是颇有不同的，但在同样属于"实践智慧范畴"方面是没有区别的。

在"完整的工程智慧"中，"发明的智慧"、"创新的智慧"和"扩散创新的智慧"这三种不同形式的智慧是缺一不可的，它们只在"智慧的具体形式"和"智慧的具体内容"方面上有区别，而不存在"智慧水平"方面的区别。

就"智慧的具体形式"和"智慧的具体内容"而言，"扩散创新的智慧"主要表现是要善于选择最需要的"创新源"和善于选择适当的"扩散方式"与"扩散路径"等。

应该强调指出，创新扩散的过程（追赶和学习的过程）绝不仅仅是一个单纯模仿的过程。在创新扩散过程中，学习者不但需要根据自身的情况进行适合"自身情况"和"当时当地"情况的新思考、新变通、"新集成"，而且常常需要在学习和消化过程中进行"消化型改进"和积累性创新。学习和创新常常不是可以"截然区分"的，学习过程本身常常就是一个融学习和创新为一体的过程，对于这种类型的学习，一个更确切的名称应该是"消化性学习"或"创造性学习"。在创新扩散的过程中，所扩散的对象和内容不但在数量上有了放大，而且必然通过"积累性改进"使扩散的对象和内容"在水平上"有不断的提高。这种与扩散过程相伴随的积累性改进往往可以取得惊人的效果。

（4）扩散速度和扩散规模问题是宏观经济和社会方面的问题。从国家甚至世界范围看问题，最关键的问题不但在于有了一个"孤独的领先创新者"，而且更在于通过快速扩散和大规模扩散逐步出现"众多的追赶者"。如果没有成功的创新扩散，创新的宏观经济效果和宏观社会目标就不可能达到和实现。

如果一个社会没有能力为创新扩散创造出一种合适的机制，那么，社会中即使有了创新，这些创新就只能是社会中的"创新孤岛"——哪怕是"高耸的孤岛"。从全社会的观点来看，最重要的问题是要在"创新源"出现后能够出现"创新广泛扩散"的"局面"。

没有创新者，学习者就没有学习对象和学习内容；没有学习者，创新者就会成为"孤家寡人"，创新成果就不能充分发挥其社会作用，全社会就不可能真正分享创新的胜利果实。

发明、创新和创新扩散的关系就是"一马当先"和"万马奔腾"的关系。一马当先之后，可能会出现万马奔腾的局面，但也可能出现仅有一骑在沙漠绝尘而"后不见来者"的情况。"一花独放不是春，万紫千红才是春。"必须通过扩散、学习、传播、追赶的过程，万紫千红的春天才能到来。从社会整体的观点看问题，不但必须重视发明，重视作为发明的第一次商业应用的市场创新，而且必须同样重视创新的扩散。

本书之所以把创新扩散问题放在理论篇的最后，是因为这个问题不但涉及了微观经济学和"工程创新过程论"的微观问题，而且也涉及了宏观经济学和"工程创新过程论"的宏观问题。

"发明"和"首次商业化"在本质上都主要是微观问题,而"创新扩散"——特别是扩散速度和扩散规模——问题的本质却是宏观问题。

从本质上看,发明和创新活动都具有公共性,它们并不仅仅是个人行为或个别行为。可是,如果没有随后的扩散过程,任何创新都将一直停留在仅仅是个人的偶然兴趣或偶然爱好的水平和阶段上,发明和创新活动的"公共性"就都将只是一种"潜在"的公共性。必须通过创新扩散的活动和过程,发明和创新的公共性和社会性才能得以实现与最终体现。

人的实践智慧不但表现为发明和创新的智慧,而且表现为学习和扩散创新的智慧。无论从微观尺度看还是从宏观尺度看,社会都是必须通过创新与学习(创新的扩散)的相互转化、相互渗透、相互作用、相互促进才能顺利进步的。如果没有创新,学习就没有对象,社会从整体上看就要长期停滞在落后的水平上;如果没有学习,个别的创新就要成为"孤立"的社会现象,社会也难免在整体上长期停滞在落后的水平上。

回顾历史,鲍莫尔认为:"资本主义的独特之处在于创新而非发明";"尽管很多其他经济类型中也有惊人的大量发明,然而,它们都没有这样一种能够源源不断地生产出创新的机制,更不用说将这种机制固定下来成为一种常规";"在古罗马和中世纪的中国,阻碍创新活动的主要问题并不是缺乏发明,而是缺乏创新过程中其他阶段的系统化,即新工艺和新产品的传播、采用,以及发现它们的新用途"。①

现代社会中,创新和创新的扩散成了常规的社会现象和推动社会前进的重要机制。鲍莫尔说:"创新和快速传播是经济增长两个关键的激励因素。两个都有助于提高生产率和产品质量。如果缺少了它们中的任何一个,经济增长速度必然会变得缓慢。"②

———————————

① [美]鲍莫尔:《资本主义的增长奇迹:自由市场创新机器》,彭敬等译,中信出版社2004年版,第11、305页。

② 同上,第83页。

宏观问题和微观问题是密切联系、相互渗透、相互影响的。不但微观主体和微观活动可以以自己的个体状况和个量状况对总体和总量状况产生一定的影响，而且，宏观状况和宏观环境也必然对微观主体和微观活动产生一定的影响。

领先者和追赶者作为微观主体，其竞争关系在直接意义上是微观主体的相互关系问题，是仅仅属于微观经济学范围的问题。可是，我们也可以而且应该从"全社会"和"市场整体"的立场上考察和分析这个问题，于是，这里就出现了一个新问题——宏观环境对相互竞争的微观主体的选择问题。

应该注意：在创新扩散的舞台上，宏观环境进行选择的内容和标准是要选择出"谁是新技术的最有效的使用者"。因为正像发明者不一定是成功的创新者一样，首次商业化的创新者"在随后的生产最终产品这一方面，它可能并不是最有效的投入使用这项创新的企业"，"这样，选择创新者还是其他企业作为创新技术的使用者，将取决于谁是最有效的使用者"。[1] 正是在这个创新扩散的舞台上，追赶者演出了"后来居上"的"新戏剧"。应该特别注意的是，当"后来居上者"成为"领先者"之后，有可能继续上演"第二出"——乃至"第三出"和"第四出"——"后来居上"的"更新的戏剧"。

社会整体是由无数个不可重复的个体组成的。社会整体具有一定的结构，每个人、每个企业都在社会中有自己的一定的位置（这个位置是可以变化的，是动态的），每个人、每个企业都有自己的不同的社会定位、市场定位。正像在自然界形成了一定的生态结构一样，在创新系统中，不同的创新"个体"也各有自己在创新体系中的地位（定位）。

从创新过程三段论的观点看定位问题，发明者、创新者和学习者就成了三种不同的创新定位。各类创新主体有不同的社会作用和特点，他们都需要在自己的创新活动中运用和发挥实践智慧。

在分析创新活动时，不但必须认识和分析不同的"单个主体"，而且需要认识

---

① ［美］鲍莫尔：《资本主义的增长奇迹》，中信出版社 2004 年版，第 90 页。

和分析整个创新系统和"创新生态"。从整体观点看问题，如果说"发明智慧"和"首次把发明商业化的智慧"由于"只出现第一个火花"而仅仅是"星星之火"，那么，在随后的创新扩散中，众多追赶者所燃烧的"学习之烛"才成为照亮历史和照亮社会的"燎原之火"。

在创新理论和创新实践中，必须鼓励领先，鼓励创新，鼓励成为冠军，要争第一；同时应该同样重视学习，重视创新扩散，重视创新定位。

回到战争隐喻，在现代社会中，"创新之战"已经成为一个长时段的、持久的、"序贯战略"的"创新之战"。在"第一次战役"之后，紧接着就是"第二次战役"，随后就是"第三次战役"、"第四次战役"，如此等等。历史的脚步无停歇，军事战争终有结束的那一天，而"工程创新之战"却永无止境。

总而言之，从"宏观"和"演进"的观点看工程，发明者、（狭义）创新者和学习追赶者各有其自身的重要作用，发明、创新和创新扩散也都各有自身的重要作用，绝不能轻视和贬低"学习性创新"和"创新扩散"的作用和意义。必须从历史的、整体的、演进的观点正确处理好微观问题和宏观问题的关系，处理好"一马当先"和"万马奔腾"的关系、"星星之火"和"燎原之火"的关系。在创新演进过程中，没有前定论的注定的命运而只有敞开多种可能性的命运，人类在敞开着的可能世界中实现价值追求；单个工程项目的生命有限，终始相续的工程发展无穷。

案 例 篇

第五章
关于工程创新案例分析和研究的几个问题

在研究工程创新问题时,不但必须重视对理论问题的分析和研究,而且必须重视对案例的分析和研究。虽然理论研究和案例研究可以互相配合、互相呼应、互相启发,但案例分析和研究自有其独立的、不可替代的重要作用和意义。在许多情况下,人们不但可以通过案例分析和研究深化对有关理论问题的认识,而且还可能通过案例研究而拓展理论视野。精彩的案例分析和研究可以在情感上感染人,使人或兴高采烈,或扼腕叹息;可以在理论上引导人,使人获得教益,引发反思;可以给人以多方面的启发——既可能是"意料之中"的启发,也可能是"意料之外"的启发。

本书分为理论篇和案例篇两大部分。无论从内容上看还是从"比例"上看,案例篇并非理论部分的"附属品"。有些读者可能对理论内容更感兴趣,也有读者可能对案例部分更感兴趣。《文心雕龙·知音》云："慷慨者逆声而击节,酝藉者见密而高蹈。"读者如有会心,各取所需可也。

第一节　案例的选取和写法问题

工程创新案例的对象是真实发生的事件,可是,并不是所有真实的工程事件或项目都适合作为案例进行分析和研究,于是就出现了关于应该如何选取案例的问题,对于作者来说同时还有一个关于案例写法的问题。一般地说,案例在选取和写作时,必须综合考虑"对象本身"的特征和案例研究的目的与要求①,否则,就难以成为有影响力、有启发性的案例。在案例的选取和写法上,以下几个问题是需要特别注意的。

一　案例的典型性、特殊性、启发性、多采性

工程案例的选取必须具有典型性,这几乎可以说是一个案例选取与写作中的"常识性"观点了。可是,如果有人要问究竟什么才是"典型性",那就又不是一个容易回答的问题了。一般地说,所谓"典型性",其具体含义不但"取决于"对象本身的性质和特点,而且往往"依赖于"一定的"理论框架"、"研究背景"、"对话语境"和"读者的需要"。由于"理论框架"、"研究背景"、"对话语境"和"读者需要"的不同,对于究竟什么案例才是典型案例的答案必然也会有所不同。对于本书案例选取和写作来说,一个重要的"理论框架"或者说"理论背景"就是"工程实践智慧"——特别是"壁垒"和"陷阱"——问题。

典型性案例是具有"代表性"的案例,能够使人"窥一斑知全貌"。人们一提起"工程",头脑当中马上会浮现出都江堰工程、金字塔工程、万里长城工程、曼哈顿工程和阿波罗登月工程等,这些耳熟能详的工程无一不具有代表性。简直可以说

---

① 所谓"案例研究的目的与要求",其具体含义中应该既包括"案例写作者"方面的目的和要求又包括"案例读者"方面的目的和需要。

它们就是工程的"代名词",通过这些"典型",人们可以找到一个"理解工程"的"个体化"的"简捷进路"或"途径"。

所谓典型,不但包括现代的典型而且包括古代的典型。我国是世界上历史最悠久的文明古国之一,拥有全世界最为丰富的关于许多古代工程活动的历史文献。在研究中国古代工程案例时,明清以来所积累的数量多达 8000 多部的地方志可以作为重要的资料来源。这些"原始资料"虽然十分宝贵,但其中许多材料过于简略,实验观测少,定量分析不多,抽象概括不够。在这种情况下,究竟如何才能在深入发掘史料的同时又结合其他研究方法(包括考古发掘的方法),选取出确实具有典型性的工程案例就成为一个困难的、有挑战性的任务。

选取古代典型案例不容易,选取现代典型案例也有重重困难。可是,从另外一个方面看,正是由于重重困难的存在,才为"案例研究者"提供了广阔的发挥学术创造性的用武之地。

案例的典型性和案例的启发性是紧密联系在一起的。通过对典型案例的研究与分析,应该能够给读者带来这样或那样的启示,达到举一反三、触类旁通的启迪作用。

工程案例的选取不但必须注意其典型性、启发性,而且必须注意其多采性。所谓典型性,绝不意味着某种没有生命的、"僵化的标本"。工程世界是一个丰富多彩、错综复杂的物质世界,唯一性和当时当地的独特个性是工程活动的灵魂。今日之中国是世界上工程实践最为丰富的国家。我国目前正在进行的工程建设,从长江三峡工程、京沪高速铁路工程到神舟载人航天工程,无论数量、类型还是规模,在世界上都位居前列。但是所有这些工程,没有一个是重复的,每一项工程都有它的特定的对象、目的、内容,有其独特的个性化色彩。正如陈昌曙所指出的那样,"工程项目是强对象化的,有其特殊对象。工程项目不同于科学技术研究项目和生产项目,它常常不是批量化的,而是'唯一对象'或'一次性'的"[1]。工程都是以完成

---

① 陈昌曙:《重视工程、工程技术与工程家》,刘则渊、王续琨主编:《工程·技术·哲学》(2001年技术哲学研究年鉴),大连理工大学出版社 2002 年版,第 29 页。

某个特定的任务为目标的，随着这一特定目标的实现，工程即告一段落或完成。因此，工程案例必须揭示具体案例的各不相同的独特色彩，如恩格斯所说的分析和研究必须是不容混淆的"这一个"，只有这样，案例才能有生命力。

在工程案例的典型性中，必然生动地体现了特殊性和普遍性的统一。通过特殊性揭示普遍性是科学研究的必由之路。从哲学观点看，普遍性寓于特殊性之中，共性寓于个性之中，任何一个具体的特殊的现象，都包含着一定的普遍性，即任何一项工程创新事例中，都包含有一定的共性。因此，通过特殊案例探索和揭示工程创新的内在规律性，既是案例分析和研究的重要功能，又是它的理论使命。从大禹治水到三峡工程，从万户火箭升空到阿波罗登月，人类工程创新永无止境。没有哪一项工程可以完全照搬其他工程的方法，不同的"成功工程"遇到的壁垒和陷阱不同，其突破壁垒和躲避陷阱时所体现出的工程智慧也无不在"闪耀"出各自的"特殊"光辉的同时又"融汇"成了"普遍"的光辉。

要在众多工程中识别出有典型性、特殊性、启发性、多采性的工程不是一件容易的事情，可是案例的写作者在选取案例时，这四个方面的任何一个方面都是不可忽略或"忘记"的。

二　案例写作既要符合历史学的"实录要求"又要表现事件的生动性

工程创新案例的分析和研究，应该贯彻"实事求是"的原则，需要符合历史学的"实录要求"，不能歪曲事实，不能凭空想象，更不能随意捏造，必须把历史的真实性作为一个基本的写作要求。所谓实事求是，所谓"实录要求"，绝不等于要求以"机械照相"的方式进行写作。在写作时，作者可以采用"特写"方式，可以着重从一个或多个方面对案例进行反映、表现和描述，避免像记流水账那样没有重点地平铺直叙。

案例编写中需要处理好"客观描述"和"个人观点"的关系。写案例不是写论文，案例写作必须把"客观描述"当作一个首要的写作要求，而不能粗暴地用"个人观点"来"改造"事件的"本来面目"。在案例的写法上,有人认为案例写作不宜夹述夹议,掺入个人的善恶褒贬,甚至不宜流露个人倾向。我们认为这种观点是有一定道理的,应该承认这可以成为写作案例的一种模式,但它不应——而且也不可能——成为案例写法的"普遍原则",实际上本书中的案例分析都是渗透了作者的深入理论分析和思想观点的。

工程案例研究不是文学作品,一般地说,无需花费太大大力气于修饰与铺陈。案例意在启发读者思考,所以在写法上可以藏而不露。但这不等于案例写作无文学性的要求,好的案例总是文笔流畅生动,内容曲折跌宕,应该避免语言机械呆板,陈述平淡枯燥,味如嚼蜡,甚至晦涩难懂,不知所云,应该努力通过生动的语言表达来激发读者的兴趣、想象与思考。①

写出一个好的工程创新案例往往需要叙述一个生动的故事并且加上精彩的点评。叙述应该引人入胜,它虽与"故事"一样生动有趣但它不是杜撰的而是真实发生的事件。叙述结构要完整,片断的、支离破碎的无法给人以整体感的所谓工程活动不能作为一个案例。事例的描述要具体、明确,不能仅仅是对工程创新大体如何的笼统描述,也不应是对工程所具有的总体特征所作的抽象化的、概括化的说明;描述中要把事例置于一个时空框架之中,也就是说要说明故事发生的时间、地点、人物等,并按一定的结构展示出来;要能反映出故事发生的特定背景。② 总而言之,工程创新案例的写作应该努力既符合"实录要求"又有生动的描述,以促使和帮助读者更形象、更具体、更深入、更全面地了解工程创新的理论问题和实践问题。

三　理论分析的贴切性、深刻性和开拓性

案例分析不是"纯事实"或"纯历史"的"镜像"记录,案例写作和案例研究必须揭示和展示案例中蕴含的各种价值。案例只有经过认真分析、剖析后,才能"成

---

① 余凯成:《管理案例学》,四川人民出版社1987年版,第91页。
② 郑金洲:《认识"案例"》,《上海教育科研》2001年第2期。

为"一个案例。于是，对案例研究就顺理成章地提出了理论分析的贴切性、深刻性和开拓性的要求。案例分析不能停留在事件的如实记录、内心思想感受或事件意义点评的层面上，它需要在选择确定典型真实的案例基础上，逐步理清其本质、机制和内涵。案例研究者为做到分析贴切，常常需要在案例研究过程中努力设身处地、身临其境，努力将自己置于当时当地的情景之中，认真对待案例中的人和事，认真分析各种数据和错综复杂的案情。

案例的描述与分析是不能脱节的。有些作者在案例的描述与分析上出现矛盾，让人不知所云；有时事件反映的是一种观点，分析阐明的却是另一种观点，虽不矛盾，但联系不紧密；也有案例写作者在分析中热衷于抄录一些理论教条，脱离案例描述的事件而空谈理论，这些情况都是应该避免的。①

案例研究特别强调分析、归纳和演绎过程，注重数据、事实与逻辑之间的关系，论证严谨、方法科学是十分重要的。要对所研究的案例有全面深入的了解，而且这种"了解"应该贯穿于案例研究的整个过程。要找出案例的基本目的和主要问题，自始至终紧扣案例事件，力求抓住要害，深入细致地进行分析，把问题点明，道理说清。案例分析不能就事论事，要把案例写作与理论学习结合起来，使案例研究成为沟通理论和实践的桥梁。

有人说，历史是检验工程价值的审判官。无论是历史案例还是现实案例，对其价值的分析和研究都是一种"后评价"。案例研究者应该站在历史的长河中和高度上把分析和综合结合起来，进行系统的整体思考，把过去、现在和未来紧密地结合在一起，要在反思历史、分析现实的基础上，面向未来，对工程创新进行超前的开拓性思考。

第二节　案例研究的作用和意义

在研究工程创新时，我们之所以重视案例分析和研究，是因为案例分析和研究

---

① 李玲玲：《案例写作中存在的问题及改进意见》，《新课程教学案例》2005 年第 2 期。

是"解剖麻雀",有其独立的、不可替代的重要作用和意义。工程创新案例研究的作用和意义主要体现在以下三个方面。

一　挖掘和显示工程创新的原初事实和本来面目

在谈到科学发现过程时,爱因斯坦曾说过:"结论几乎总是以完成的形式出现在读者面前,读者体验不到探索和发现的喜悦,感觉不到思想形成的生动过程,也很难达到清楚地理解全部情况。"①这的确是令人遗憾的,在这方面,工程创新过程又更甚于科学发现过程——因为摩天大楼拔地而起之日就是脚手架无影无踪之时。在工程创新研究中,案例研究实际上就是要把工程在竣工之前造物的生动过程展现在人们面前,深入地去挖掘和再现工程创新的原初事实和本来面目。

在人类文明史上有着许多令人匪夷所思的伟大工程,如埃及的金字塔,至今对其是如何建成的仍然存在着许多猜测,人们很难解答古埃及人在造物时是怎样"想"、怎样"干"的,很难想象他们是如何将 250 万块巨大的石料建造成胡夫金字塔的,也很难解释为什么金字塔的建造和星宿有着如此神秘的联系。在中国,秦始皇陵墓、敦煌莫高窟这样鬼斧神工的工程至今也充满谜团。历史典籍中字斟句酌的叙述,使后人看不出这些工程在创造过程中的曲折、迂回、谬误和失败。案例写作者应该通过对典型的工程创新案例的研究和分析,再现工程家们艰苦漫长的创造过程,通过案例研究而"再现"当年建造这些辉煌工程时的"脚手架"。

伟大的工程不仅在建造的年代是巨大的创新,甚至在整个工程创新史上也是辉煌的创举。研究这样的工程案例,特别是对每个时代最为典型的工程创新案例进行研究,就好比把整个工程创新的历史连成一卷史书展现在世人面前,我们看了这样的史书就可以真真切切地看见这些工程在建造时的背景、环境、条件、优势、劣势,等等。

以桥梁史上著名的钱塘江大桥为例,如果要选取这个工程事件作为案例研究,

---

① 爱因斯坦:《爱因斯坦文集》第 1 卷,许良英等编译,商务印书馆 1977 年版,第 79 页。

那就需要通过"史实挖掘"而还原、再现其建造过程中的"原初事实"和"本来面目"。① 钱塘江的水文地质条件极为复杂,其水势受上游山洪、下游潮汐以及台风等诸多因素的影响。钱塘江底的流沙厚达 41 米,变迁莫测,素有"钱塘江无底"之说。所以,在钱塘江上建桥是很困难的事情。建桥遇到的困难大致有以下四点:一是打桩;二是钱塘江水流湍急,难以施工;三是难以架设钢梁;四是建桥之时正是抗日战争之时,造桥时还要冒着日军空袭的危险。在建桥过程中,茅以升创造性地发明了"射水法"、"浮运法"、"沉箱法",在克服了种种困难之后,钱塘江大桥终于在 1937 年 9 月 26 日顺利建成通车。

二　分析和揭示工程创新的特征和客观规律

工程创新是人类社会活动中的重要组成部分,在我们的生活当中处处可以看见各式各样的工程,从熊彼特创新的概念上来说,任何一项工程都有其创新点。虽然唯一性和当时当地的独特个性是工程活动的灵魂,但是工程创新依然遵循人类社会活动的规律。规律的普遍性蕴含在各个个例之中,任何一个具体的特殊现象都体现出了一般规律。因此,通过研究典型案例,有助于探索和揭示工程创新的特征及其规律性。

案例研究是对工程创新历史宝库的全面发掘,有助于分析和揭示工程创新的"系统性"、"复杂性"、"多主体性"和"社会性"等特征。

每一项工程创新都是一个完整的系统。就工程和外界关系而言,整个人类社会是一个巨大的系统,工程就是一个子系统。工程与整个人类社会之间相互影响、相互作用、密不可分。就工程自身来讲,它是由许多部门分工协调去实施的,也是由多个步骤相互承接来完成的,所以工程创新具有"系统性"的特征。我们完全可以通过案例分析来诠释这一特征。比如我国的"南水北调工程"就是协调南方与北方水资源利用的一座桥梁。从宏观上来讲,南水北调能在相当程度上解决北方

---

① 详见本书第六章第二节。

水资源匮乏的难题,使得整个社会系统更加协调和完善,作为一个子系统,南水北调工程对于整个社会大系统来说具有很大的贡献。从微观上来说,南水北调工程自身内部也是一个系统,作为如此巨大的一项工程,单凭一己之力是无法完成的,这就需要多方合作,从国家、科研机构、企业到个人,都要作出自己的贡献,才能构建一个完整的系统。

每一项工程创新都是复杂的集合体,从工程造价的事前评估到建造,再到最后投入正式使用,无一不涉及集合体的复杂性。例如,以古希腊神话中太阳神命名的美国"阿波罗登月工程",从 1961 年开始实施,先后动员了 120 所大学、2 万家企业、20 万人参加,耗资 240 亿美元,1972 年宣告结束,历时 12 年。该工程包括 17 次飞行,其中以 1969 年 7 月 21 日"阿波罗 11"将宇航员首次送上月球的伟大创举最引人注目。阿波罗飞船和土星—V 运载火箭共有约 700 万个原件和零部件,其拥有精密的组装、可靠的运行、自动的控制和灵敏的通信联络,若没有高、精、尖的技术设备和材料,要完成该工程绝对是无法想象的。阿波罗登月工程十分生动地反映出了工程的复杂性。

此外,工程创新还体现出"多主体性"和"社会性"等特点。没有一项工程是可以单凭一方力量就可以完成的,也不是单单依靠科学或单纯依靠技术或仅仅依靠工程就可以完成的。实际上,每个工程创新都是有多主体参与的,每一个工程创新也都应该放进"科学、技术、工程"三元论的框架中去考虑。工程创新包含着广泛的内容,同时也是一个跨学科的综合性概念。如果单纯从某一个角度去考虑工程创新,那永远都不可能真正了解工程创新。当然,工程都是存在于社会之中的,而且大部分的工程建立的背景也都是为了顺应社会的发展:建造万里长城是为了军事,建造都江堰是为了水利,我们当代建造高速铁路是为了加速国民经济又好又快发展,甚至我们建造每一栋房子也是为了人们居住。所以,每一项工程都存在于社会之中,顺应社会的发展,适应社会的需要,同时其本身也构成社会的一部分。

案例研究是对工程创新经验教训的深刻反思,有助于我们分析和揭示工程创新的客观规律。工程创新是整个人类社会活动的重要组成部分,是创新的主战场,它同样也遵循人类社会活动的规律。这种规律既不像宏观的机械运动，是动力型的；也不同于分子热运动，是统计型的。工程创新的任何一个原理、一条原则或一个结论，都不仅仅是对某一项或几项工程实践所作的说明，而是对大量工程创新案例研究的结晶。

工程创新案例研究揭示，作为历史规律，工程创新是继承基础上的创新。任何一项工程创新都必然包含了大量的继承性因素。无论是一款最新的手机或是一艘待发的载人航天飞船，虽然其功能各异，大小、价值相差悬殊，但都包含着对力学、材料学、机械学、信息学等多学科的集成。从历史上看，中国的故宫、法国的埃菲尔铁塔等，作为人类物质文明的标志性成果，从物质文化、精神文化和制度文化不同方面体现了人类文化成果和文化境界，都是对人类文明的传承。

工程创新案例研究揭示，作为历史规律，工程创新是选择基础上的创新，是选择性和创新性的辩证统一。工程创新的总趋势受社会、历史制约，也受工程活动本身发展的要求所制约，存在着决定发展趋势的内在机制。同时，管理者和工程师的个人才能、素质的差异也会影响工程创新的发展。

工程创新案例研究还揭示，作为历史规律，工程创新是价值负载基础上的创新。工程是"双刃剑"，兼有正、负面的多元价值。工程为社会创造物质财富和精神财富的同时，也会给人类带来负面效应和社会风险。二三十年前，我国学术界反复宣讲自然科学没有阶级性，也没有国界，它是全人类共同创造的精神财富，科学技术是第一生产力。近些年来，许多人又在讲科学是"双刃剑"，有人称颂科学，也有人批判科学。其实工程才是真正的"双刃剑"。

案例分析和研究还有助于我们从价值上评价不断深化的对何谓工程的"终结"、何谓工程的"全过程"的认识。以往人们一般都认为，工程竣工、产品制成或销出之后，工程的价值便可"盖棺定论"，其实，工程的自然和社会生命远远没有完结。在"绪论"中，我们已经指出，我国有许多煤矿工程，过去只考虑有煤时如何多开采，尽快开采，"大干快上"、"有水快流"，而没有考虑资源枯竭时，"工程"如何才能"终结"得好，这就造成了我们现在不得不面临的许多"苦果"。

三　探究和寻求思维方式和战略战术

工程思维方式与工程行为方式是密切联系在一起的,在一定意义上可以说工程思维方式就是工程行为方式的内在规定性。这一说法包含了两层意思:其一,工程创新活动中生动地体现了工程思维方式的性质、特征和意义,研究工程思维方式、研究工程智慧具有重要的理论价值和实践价值;其二,工程创新思维是工程思维的重要内容——甚至可以进一步说是其基本内容,在深入研究工程思维方式——特别是工程创新思维方式——的性质、内涵和意义时,案例研究是一条重要的研究途径,是一种大有可为的研究方法。

案例分析和研究有助于对工程创新思维方式进行理论分析和探索。

对于工程思维方式,《工程哲学》[①]一书中曾有专节进行分析,本书第四章对工程智慧问题的研究实际上也属于研究工程思维问题的范围。工程思维是一个特别困难但又具有特别重要理论意义和实践意义的研究课题,目前的研究仅仅是迈出了第一步。

古往今来,任何一项工程,就其自身来说,无论规模大小、结构繁简、价值高低,都是由缺一不可的各个部分组成的一个完整的整体。从工程与外部因素看,各类工程活动,无论是城市规划、水利设施、建筑工艺、航船制造、港口建设,还是军事工程,无一不是技术因素、管理因素、社会因素、审美因素和伦理因素等多因素的集成。这就决定了工程思维也必然是以整体性为根本特征的整体思维方式。

工程创新的这种整体思维方式是一个历史的范畴。正像现代工程与古代工程不可同日而语一样,现代工程思维与古代工程思维相比也发生了天翻地覆的变化。"思维过程本身是在一定的条件下生长起来的,它本身是一个自然过程。"[②]追溯

---

① 殷瑞钰等:《工程哲学》,高等教育出版社 2007 年版。
②《马克思恩格斯全集》第 32 卷,人民出版社 1975 年版,第 541 页。

历史,通过案例分析和研究工程思维的性质、内容、形式、特点和作用,揭示其变化、发展的历程,可以为我们展示这种整体思维方式从古代直观性整体思维方式演变为近代机械性整体思维方式并进而发展为现代复杂性或系统性整体思维方式的图景。

案例分析和研究有助于对工程创新思维方式——形象思维方式的深入认识。形象思维是相对于抽象思维而言的。钱学森在《自然辩证法通讯》(1957 年第 1 期)发表文章,讲到"工程师处理问题,别人看来不明白是怎么回事。譬如总工程师最后下了决心,大家就这么干。一干对了,究竟怎样对的? 为什么要这样干? 谁也不知道是怎么回事。在当时,我说的是总工程师……但是现在我觉得,这里头最根本的是形象思维,或者叫直感思维"①。

工程师设计飞机,头脑中会有群燕展翅;建筑师设计大厦,大脑中也有各种新型楼房的生动形象。对此,马克思曾有生动的论述:"最蹩脚的建筑师从一开始就比最灵巧的蜜蜂高明的地方,是他在用蜂蜡建筑蜂房以前,已经在自己的头脑中把它建成了。劳动过程结束时得到的结果,在这个过程开始时就已经在劳动者的表象中存在着,即已经观念地存在着。"②建筑师在自己头脑中建造大厦,他们用的材料,不是蜂蜡,不是砖瓦,也不是抽象概念或理论,而是一些具体的形象。这些形象以及借此而创造出来的新形象在他的头脑中"观念地存在着"。这正是形象思维的生动写照。

案例分析和研究有助于深化对工程创新思维方式的认识,这对工程师和工程工作者突破壁垒和躲避陷阱具有启发作用。工程创新案例分析和研究揭示出本来似乎互不相干的多种事物之间深层次的联系。人们看到,工程建设越来越普遍地与社会的、经济的、环境的影响联系在一起,工程建设的成败甚至往往受其直接制约。因此,对于环境演变的历史与趋势,建设思想与管理体制等方面的研究日益重

---

① 钱学森:《关于思维科学》,人民出版社 1986 年版,第 135 页。
②《马克思恩格斯全集》第 23 卷,人民出版社 1975 年版,第 202 页。

要。而这些问题的解决,单纯依靠工程技术的手段是远远不够的,恰恰在这些宏观问题方面,案例分析和研究有着自己独到的优势。这是由于案例是前人已有的实践,这种实践所显示的是综合了自然、社会各种影响因素的内在总体结果。因而历史实践可以为我们提供借鉴。

在案例研究中,不但应该注意研究成功工程的经验,而且必须注意研究失败工程的教训,换言之,在案例选取时,不但必须注意从成功的工程中选取典型案例,而且必须注意从失败的工程中选取典型案例。"前事不忘,后事之师!"工程思维方式的本质和特征,不但生动、集中而典型地体现在成功工程的案例中,而且也生动、集中而典型地体现在失败工程的案例中。在思维活动中,战略性思维和战术性思维都是非常重要的问题,工程活动的成败无不有其战略性思维和战术性思维方面的原因或根据。战略性思维能保障一项工程在大方向上的正确性,而战术则可以保障项目在具体环节上的正确性。案例研究可以为探究和寻求工程活动合理的战略战术提供生动、深刻的启迪。

第六章
国内案例研究

  本章以下是十一篇研究国内案例的文章。顾名思义，案例研究要以"案例"为基本研究对象和分析单位，它在方法论上的基本要求是对某个"对象点"进行"特写式"的研究，而不要求对"面"的问题进行"全面"考察。其特点和长处在此，其难免存在的缺陷和不足往往也在此，作者和读者都应该努力取其长而避其短。本章对于各案例在写法上没有强求"统一"，对于不同案例也没有刻意进行"总体策划"，读者可以径直把它们看做若干"离散"的"特写镜头"。

  在案例分析和研究中，对于同一案例，不同的人常有不同的认识、分析和评价，所谓"或见仁或见智"的情况在案例分析中可以说是一种"常态"现象。本章各节中各位作者都对所研究的案例给出了一定的分析和评论，而各位读者自有会心，各有所见、各有所得、各取所需可也。

第一节　重要历史文物和现代水利枢纽
双重身份的都江堰

都江堰位于四川省都江堰市,岷江上游,是目前世界上唯一存留的以无坝引水为特征的古代水利工程。战国秦昭王时蜀郡守李冰借鉴前人的治水经验,与其子率众人兴建都江堰。他们巧妙地利用岷江出山口的特殊水文和地形特点,科学地解决了江水自动分流、自动排沙、控制灌溉需水量等问题,化水患为水利。都江堰的建成不仅使成都平原成为我国"水旱从人"的著名粮仓,它也是使成都平原被誉为"天府之国"的一项历时千载的惠民工程。

都江堰工程构思巧妙,功能协调,道法自然,是自然造化与人类智慧的完美结晶,具有很高的科技含量和深刻的文化内涵,堪称中国古代水利史上的瑰宝。作为我国最古老的水利工程之一,都江堰工程自建成以来已成功运行2200多年,该工程在农业灌溉、城镇和工业供水、生态和文物保护、防洪、旅游、发电、水产和养殖等各方面发挥着极其重要的作用,为川西平原的发展作出了巨大贡献。

关于都江堰工程至少存在两个值得我们反思的问题:其一,一般水利工程的寿命仅以百年计,而都江堰工程何以运行2000多年而不衰,其中的科学技术原理和工程哲学思想何在? 其二,都江堰的定位与发展问题,都江堰既是历史文物,又是当前担负成都平原供水重任的水利枢纽,在这种双重身份下如何保护都江堰这一"活"文物,又如何根据成都平原社会经济发展的需要,不断发展完善都江堰,使其走上可持续发展的道路? 保护都江堰是否真的不能变动其中的一草一木? 本节拟从这两个问题入手对都江堰工程这一水利史上的奇迹进行解读。

一　都江堰工程:经久不衰的生命何在?

都江堰水利工程历经2000多年而不衰,但与其同期修建的郑国渠却早已湮没无存,灵渠也失去了它以航运为主的功能,甚至在科学技术和生产力水平与古代不可同日而语的现代三门峡工程,也出现了工程短期报废的情况,而都江堰工程却能不断发展,依然发挥着巨大的效益,叹服之余不能不令人深思。本节主要从科学原理、系统理论和社会因素等方面对都江堰工程经久不衰的生命力进行解释,可能不全面,但毕竟会有启示意义。

首先,从科学原理的角度讲,都江堰工程不但占据了优越的地理位置,还科学地运用了水流泥沙运动及河床演变的规律,整个工程的设计完全符合水利科学的原理。

岷江流至紫坪铺出关口后,地势由高山峡谷突变为平原,河床陡然开阔,水势趋缓,为都江堰渠首工程的建设提供了得天独厚的地理条件。此处位于呈扇形伸展的成都平原的顶部,海拔 739 米,是整个都江堰灌区的制高点。良好的地理位置,使都江堰既可扼制住刚出峡谷的岷江水势,使其不能直泻成都平原而引发洪水灾害,又可因地势高而控制整个都江堰灌区,造福川西大地,是设置渠首枢纽的最佳位置。

都江堰主要由鱼嘴、金刚堤、飞沙堰和宝瓶口等组成分流、排沙、引水枢纽,河势如图 6-1 所示。

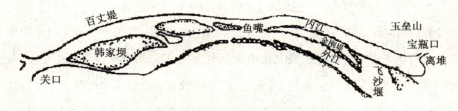

图 6-1   都江堰河势图

都江堰工程运行的科学原理如下:

(1) 鱼嘴分流,都江堰内外江分流的自动调节功能是由鱼嘴以上河段的自然条件形成的。小水时水流坐弯,在关口右岸山嘴挑流的作用下,水流出关口后偏向左岸,并沿左岸弯道向下,到鱼嘴时主流仍然偏左,致使内江分流比大于 50%。在洪水期,关口右岸山嘴的挑流作用减弱,韩家坝河心滩过流,水流趋直,到鱼嘴时主流正对外江,所以外江分流比大于50%。

（2）飞沙堰泄洪排沙。鱼嘴以下的内江河段在平面上为弯曲河道,坡陡流急,平均水面比降1.31‰,将产生强烈的弯道环流。表层水流的流速快,惯性大,主流指向凹岸,在凹岸边主流下潜,推动底部流速较小的水体流向凸岸,形成螺旋流。在弯道环流的作用下进入内江的卵石90%以上从飞沙堰排入外江。

（3）宝瓶口引水。宝瓶口是成都平原引水干渠的咽喉所在,为保障成都平原用水,在小流量时,飞沙堰不过流,进入内江的水流全部进入宝瓶口;在大洪水时,则希望宝瓶口尽量少分流,以利灌区防洪。宝瓶口的平均宽度20.4m,是飞沙堰的前沿宽度的十几分之一。洪水期的内江主流直冲离堆的凹形崖壁,主流反冲后形成的横向射流与宝瓶口的进水方向几乎成直角,极大地挤压了宝瓶口的有效过水面积,控制了宝瓶口的进流量,使进入内江的水流大部分从飞沙堰外泄,再加上人字堤的分洪作用,使得岷江洪水越大,宝瓶口的分流比越小。

都江堰工程所遵循的科学原理是该工程正常运行2000多年的根本保障,如果没有科学原理的支持,即使在现代生产力如此发达的时期,工程也难免于湮没报废,黄河三门峡工程的失败教训就是最典型的实例。三门峡工程于1954年4月开工,1961年6月建成运行。由于当初对黄河水流泥沙问题认识不足,致使整个工程设计不当。修建运行不到两年,就出现了严重的淤沙问题,导致渭河下游过洪能力降低,农田淹没,盐碱化面积增大,严重影响了关中平原的农业生产和人民生活。

其次,从系统的角度看,工程枢纽应该是一个有机的整体,只有各部分协调一致,才能发挥出应有的功效,同样,工程系统和自然系统也需要相互协调,只有这样才能既满足工程本身的需求而不断发展,又不至于因对周围环境造成灾难性破坏而最终使工程无存身之地。

都江堰工程的设计与维护即体现了系统工程的理念,工程的设计不但注重各部分所依赖的科学原理,而且重视各部分之间及工程与环境间的相互联系和协调,从天然地势的利用到鱼嘴分流分沙、飞沙堰泄洪排沙、宝瓶口引水,都是系统运行不可或缺的组成部分。一个有机的实体才会是一个有生命力的实体,工程枢纽也是如此，只有个体完美、整体协调，才能持续发展。

再次，从社会影响因素的角度讲，建设好的水利工程不是一劳永逸的，而需要合理的维护管理，对工程的重视程度和维护管理的科学性，是工程得以持续发展的又一重要因素。

都江堰工程是成都平原的重要水源工程，长期以来都是川西人民的生命线，历代治蜀者和灌区人民都非常重视对都江堰的管理与维护。在长期的治水实践中，总结出了"乘势利导，因时制宜"的治水原则和"三字经"、"六字诀"、"八字格言"等丰富的治水经验，创造出了杩槎、竹笼、羊圈、干砌卵石等传统工程技术，形成了具有都江堰特色的水利管理体制与制度。这些管理与维护措施不但遵循了水利科学的原理，还针对具体情况因时因地制宜，从而保证了都江堰工程在各个历史时期都保持着旺盛的生命力。

同为我国古代著名水利工程，广西新安县灵渠是秦统一六国后，为了向岭南用兵而修建的跨流域交通航道，也是我国历史上第一个大型的跨流域调水工程。建成2000余年来，成为岭南与中原地区的主要交通线路。到1936年和1941年，粤汉铁路和湘桂铁路相继通车，灵渠的航运功能被更为方便快捷的铁路运输所取代，因此逐渐停止。郑国渠也是同一时代修建的大型灌溉渠，对于秦国的强盛并统一中国有不可磨灭的功绩，但因其长期没有发展，逐步湮灭而失去了它的水利功能，成为仅供人们凭吊的历史文物。可见社会的需求与重视和科学完善的管理维护体制是工程持续发展的必要条件。

二　都江堰：发展中的水利工程还是凝固的文物？

都江堰创建于2200多年前，至今不衰，是重要水利工程与珍贵文物的结合体。都江堰是世界文化遗产，也是当前担负成都平原供水的枢纽工程，对都江堰的保护和发展意义重大。鉴于都江堰的双重身份，在工程保护中涉及能否改变工程布局与设施的争论。这很自然就引出了这样一个问题：如何对都江堰进行准确定位，是将其看做发展中的水利工程还是将其看做凝固的文物？对这一问题的正确回答不仅有利于有效保护都江堰文化遗产,对新时期都江堰的可持续发展也大有益处。

我国有两件举世闻名、历史悠久、最具代表性的文物。一是长城,一是都江堰。长城当时是为抵御外敌入侵修建的围墙,是战争与和平的代表;都江堰是人类和自然、洪水作斗争的产物,变水害为水利,为人类的生存和发展作出了贡献,是生存和发展的结晶,都江堰工程属于世界文化遗产,历史悠久,人文景观丰富,特别是以其无坝引水著称于世。不难看出,都江堰不仅是一个水利工程,它还是具有不可替代价值的古代文物,必须对其进行保护。

然而,如不顾及都江堰的特殊性,将都江堰一味地定位为不可改变的历史文物,片面地强调恢复历史景观,拆除外江临时闸和工业引水挡水闸而又无合理的替代措施,这就与水资源开发应满足国民经济可持续发展的趋势相背离了。都江堰是而且首先是一个水利工程,因此,不可避免地需要从水利工程的功能和效益来评价它。

随着社会的发展和经济建设需求的增加,都江堰从其功能、规模、工程建设等各个方面都在不断发展。如对景观改变较大的外江临时闸和工业引水挡水闸,从水利工程的角度看具有巨大的社会和经济效益。1954—1973 年鱼嘴断面年平均流量 477 每秒立方米,宝瓶口年平均流量 237 每秒立方米,占岷江来流的 49.7%;1974 年外江闸运行后,到 1985 年,鱼嘴断面年平均流量 454 每秒立方米,宝瓶口年平均流量 249 每秒立方米,占岷江来流的 54.8%,多引水 5.1%,约 7 亿立方米。

从都江堰现在的作用来看,新中国建立以来都江堰灌溉面积由 1949 年的 280 万亩发展到 1998 年的 1007 万亩,包括成都平原和川中丘陵区成都、德阳、绵阳、遂宁、乐山、眉山和资阳 7 个市的 37 个县(区)、643 个乡镇、8800 个村,幅员面积 21700 平方千米,总人口 1830 万人,耕地 1330 万亩。规划毗河扩灌区 581 万亩,包括资阳市的资阳、乐至、安岳县,遂宁市的市中区,内江市的资中县 5 个县(区)以及成都市金堂县和资阳市简阳的部分灌区。它三穿龙泉山,灌区范围从原来的川西平原发展到最缺水的川中丘陵区。都江堰把岷江的水调到了沱江、涪江流域缺水区,实际上是跨流域、跨行政区划的调水工程。它除了供灌区 1800 多万人的生活用水外,还要满足灌区农业用水、工业用水和环境用水。

因此,都江堰作为历史文化遗产亦有一个跟随时代发展、满足社会需求的不断改进的过程,其真正的历史文化价值也正是体现在水利工程的巨大效益上,否则都江堰只能是一个凝固而无活力的历史文物。

事实上,从辩证法的角度看,世界是不断变化的,因此都江堰也不可能一成不变。都江堰是李冰领衔修建的,是治水前辈智慧的结晶。它工程布局合理,是人与自然、人与水和谐相处的典范;它尊重客观自然规律,充分利用山势布置了几个工程,道法自然。但现在都江堰的三大工程早就不是最初的三大工程了,都江堰从创建至今,经历代的改建、维修和完善,才具有现在的布局,鱼嘴、飞沙堰和宝瓶口三大主体工程也是不断发展变化的。

鱼嘴初建时位于今鱼嘴以上 1650 米的古白沙邮,元代更上移至距今鱼嘴约 2000 米的盐井关和水西关之间,而清乾隆年间又下移至今鱼嘴以下 700 米的虎头岩对面河心,上下变化近 3000 米。1936 年在现位置修建浆砌条石鱼嘴,1974 年重新加固,2002 年维修时采用钢筋混凝土彻底整修。鱼嘴的结构有卵石竹笼、条石坞工、铁龟铁牛、浆砌条石,直至新修的钢筋混凝土工程。

飞沙堰长期与金刚堤上的平水槽共同承担内江的泄洪任务。如元代的石门、清代的湃水河,都是内江河段的旁侧泄洪水道,直至 1962 年封闭平水槽,加宽飞沙堰,沿用至今。飞沙堰的口门宽度和堰顶高度也是经长期实践,反复论证,直至 1964 年重修时才稳固下来的。

宝瓶口是在天然砾岩上开凿而成,形状不规则,为上大下小的梯形。1970 年用混凝土加固。

为了保证灌区的供水,减少因竹笼杩杈冲毁而导致内江引水不足或杩杈拆除不及时而导致内江洪水灾害的发生,1973 年修建了外江临时闸。为了提高灌溉用水的保证率和岁修期间成都的供水安全,1992 年又在飞沙堰尾修建了工业引水挡水闸。两座闸的修建更加充分地发挥了都江堰水利工程的效益。

如上所述,三大工程中变化最大的是鱼嘴。从位置上讲,上下移动了近三公里,左右也移动了近百米,原先并不是现在这个位置;从材料上讲,原来是竹笼、卵石,后来是浆砌条石,现在演变为钢筋混凝土加强,在这中间还有铁龟、铁牛,也是变化的;从形状上讲,尖的、方的、圆的、龟状的、牛头状的,也有很大变化。飞沙堰的作用是排洪、飞沙,但是它的高度、材料、形状、宽度、长度也是变化的。

世界上没有一成不变的东西,都江堰的发展演变是"以万变应不变"。万变是根据需要变材料、变位置、变形状,而不变的是它的原理,是它的功能。都江堰是"活"文物,"活"体现在它的变化中,是它的生命力。都江堰之所以经久不衰,是由于它符合科学规律,道法自然,同时也离不开其以万变应不变,按照具体情况不断更新以适应不同条件的变化。都江堰的岁修等管理维护措施也是在改变都江堰的自然形态,但如果少了这种改变,都江堰恐怕早就湮没消失了。因此在新的社会条件下,要使都江堰持续发展,发挥更大的效益,就必须具有变化中求生存,改造中求发展,尊重自然规律,尊重科学的可持续发展理念。

要保护都江堰这一世界文化遗产,就需要保证其精髓的"不变"性,这一精髓体现在渠首枢纽工程所运用的科学原理上。而要继续发展,发挥更大的效益,使都江堰不致因止步不前而最终湮没消失,则要积极地诉诸各种有益的工程措施("变")。

都江堰不同于长城、故宫、兵马俑一类的世界文化遗产,它有其独特性。都江堰工程是"活文物",与都江堰的伏龙观、二王庙、南桥等"死文物"应该区别对待。对于"死文物",自然应该以"文物条例"和"遗产公约"中的相关条例加以保护,尽量还原其原有特点。但是,都江堰水利枢纽工程,其情形就有所不同。因为它在任何年代、任何时刻都是"正在使用的水利工程",维系着川西、川中灌区数千万人民的生命财产安全和千万亩农田的灌溉。它不是"死文物",所以从来都是由水利技术部门而非文物保护部门进行管理维护。

如果在都江堰保护与发展中生搬硬套各种条例规定,凡新的工程措施一概否定,置具体工程实际于不顾,则"保护"二字大约很难奏效,更不用提发展。如《世界文化遗产公约》中讲到保护:一是不能变更世界文化遗产的现状;二是如果由于某种原因遭到损坏，修复时必须用历史上使用的建筑材料以恢复文物本来的面貌。这两方面的规定，对于"死文物"伏龙观、二王庙、南桥一类的建筑物是必要的、可行的，但对目前正在使用中的都江堰工程设施，大约很难处理吧。倘若鱼嘴被洪水冲毁，修复时是采用历史上的竹笼杩槎、石条、铁件呢，还是采用钢筋混凝土？历史遗留下的都江堰水利工程，适应历史上的岷江自然生态；而时代变迁至今日，自然社会条件发生了翻天覆地的变化，如何还能以远古的方法来解决当前的实际呢?!我们要尊重历史，也要面对现实；要遵守公约，更应该尊重科学，只有这样才能推进都江堰向可持续的为民造福的方向发展。

三　结语

都江堰工程是我国古代水利史上的瑰宝，它历经 2000 多年的沧桑变化，仍然保持着旺盛的生命力，是水利工程建设史上的典范。都江堰的经久不衰可以从三个方面加以解释：首先，都江堰工程的设计因地制宜，道法自然，巧妙地应用了科学原理引水排沙，为工程的持续发展奠定了基础；其次，都江堰工程整体布局合理，局部工程设施间及工程与自然环境间相互协调，形成了有机的整体；再次，社会因素也是影响工程发展的重要原因，都江堰的重要地位使其在各个历史时期都能受到重视，而科学合理的维护管理制度，则使都江堰得以持续发展。

历史遗留给我们一个神话般的都江堰，现代人还要接受和延续这段神话。都江堰不同于一般历史文物，它具有历史文物和现代水利枢纽的双重身份，对都江堰的保护与发展应该充分考虑其特殊性，处理好"变"与"不变"的问题，以万变应不变，这样才能使都江堰适应时代需要，永葆活力，在新时代走上可持续发展的道路。

第二节　钱塘江大桥：我国桥梁工程史上的里程碑

钱塘江大桥是由我国著名桥梁专家茅以升设计和主持施工的第一座现代化的铁路和公路联合两用双层桥。该桥为上下两层钢结构桁梁桥，全长 1453 米，宽9.1

米,是中国铁路桥梁史上的一个里程碑。钱塘江大桥的成功建造打破了外国桥梁专家"中国人无法在钱塘江上造桥"的断言,也结束了中国人无力建造铁路大桥的历史,展现了中华民族屹立于世界民族之林的自信和能力。《中国铁路桥梁史》这样评价钱塘江大桥:"20世纪30年代,在自然条件比较复杂的钱塘江上,以当时尚不发达的施工技术,用不到3年时间,由我国工程师自行设计并监造,建成了一座基础深达47.8米的双层公铁两用桥,这是旧中国铁路桥梁建设史上的一项重大成就,也是中国铁路桥梁史上的一个里程碑。"

钱塘江大桥的建设经历了重重磨难,1933年开始筹备修建,1935年4月正式开工,1937年9月和11月大桥铁路和公路分别通车,后仅三个月被迫炸毁,并在以后的十多年中多次被炸,直到抗战胜利后,1946年9月才开始彻底修建,并最终全部修复通车。

钱塘江大桥的建设时期正处于全面抗战前夕,战争形势变化莫测,在当时要想由中国人自己设计和主持施工在钱塘江上建造这样一座大型的现代化桥梁,其难度显而易见。首先,在此之前,我国几乎所有这类桥梁都是由外国人一手包办的,国内在这类桥梁建设方面的专家和技术人才相对比较缺乏,即使是主持人茅以升也只是在1920年担任过修建南京下关惠民桥的工程顾问,1928年参加过济南黄河桥的修理工程,修建大型的现代化桥梁的经验也不够丰富;其次,在钱塘江上建造这样一座大型的现代化桥梁,其所需要的资金是非常庞大的,当时正处于国家多事之秋,国内战争形势紧张,资金的筹集也非常困难;再次,钱塘江是一条著名的险恶大江,多年来杭州民间有"钱塘江无底"的传说,民间更有谚语用"钱塘江造桥"来形容一件不可能成功的事。

然而,茅以升以高超的领导艺术和卓越的工程管理思想通过网罗人才、优选施工队伍、积极筹集资金、科学选择施工方法、因地制宜、周密部署、严格要求、开展技术创新,用智慧和心血攻克了一个又一个壁垒,战胜了一个又一个陷阱,终于成功地完成了钱塘江大桥的建造。

一　肩负使命，网罗人才

钱塘江的水、风、土都不寻常，在这种险恶的大江上造桥，当然也非同一般，这是一项非常巨大的工程，需要投入巨大的人力，必将是凝聚众人智慧的结晶，但人力资源的缺乏正是钱塘江大桥建造的首要困难。因为在此之前，中国所有这类桥梁都是由外国人一手包办，从设计到施工甚至是修复，都由外国人主持。由国人首次主持设计和施工这样巨大的工程，如何优化配置管理人员和技术人员至关重要。茅以升毕业于美国康奈尔大学土木工程系，是加利基理工大学第一位工学博士，时任天津北洋大学教授，有多年桥梁工程理论教育经验，尽管此前也参加了一些桥梁的修理工程，担任了桥梁建设的工程顾问，但是大桥都由外国人主持施工，实际主持大型桥梁建设的经验相对还是比较缺乏。国内桥梁建设的技术工人也比较紧缺。

在这种前提下，茅以升走马上任钱塘江大桥工程处处长，开门第一件事就是组织建桥"班底"。他遵循"用人唯贤"的方针，知人善任，煞费苦心，多方物色，逐一请到杭州来。其中最要紧的是要物色一位非常得力的主要助手。好在茅以升平素就非常注意本专业的人才，通过相关学术社团和学校的活动，同他们有相当的交谊。茅以升首先想到他在美国康奈尔大学桥梁专业的同班同学罗英。罗英留学回国后，一直在铁路上工作，修过几座桥，担任过山海关桥梁厂的厂长，是一位富有经验的桥梁工程师。当时工程机关的首长一般都是兼任总工程师的，但茅以升为了建桥大业，出于对罗英的尊重，并为能取得他更为密切的合作，特请罗英担任总工程师。罗英自此成了他最得力的左右手。茅以升的这一决策是钱塘江大桥建成的一个重要保证。罗英从事桥梁工程，他和主管关键工程的四位资深工程师及四位工区主任与茅以升同心同德，密切配合，形成了坚强的领导层。凡属重大问题，无不共同商讨或负责向茅以升请示。茅以升和罗英这一领导集体历经风波，甘苦与共，生死相依，有力地推进了建桥工程的顺利进行。

茅以升还与罗英合力物色了副总工程师怀德，工程师梅旸春、李学海、李文骥、卜如默等,并先后吸收了 29 位刚从大学工科毕业的青年,指导他们深入第一线实地工作。茅以升还对培育人才极为热情,极有远见。他于 1935 年、1936 年暑假分别致函国内设有工科的各大学,选派三年级学生来实习两个月,桥工处供应食宿,每年招收 80 人,作为工务人员等参与大桥建设。他在百忙之中挤出时间亲自讲课,传授有关建桥的基础知识,并指派骨干辅导,把工地视同培育人才的大学校。这样一来,对于桥工处来说,得到了一批懂桥梁建造技术的技术人员,解决了人力资源紧缺问题;对于实习生而言,他们能够将学校里所学到的造桥的理论知识与现实的造桥实践相结合,加强对于造桥技术的掌握和使用,是一个两全其美的办法。事实上,昔日桥梁工务处的很多工务人员、实习生后来都担任了桥梁工程师或总工程师职务。全国解放后,在多次新桥梁建设的巨大工程中,可以说大部分的领导人都是受到茅以升钱塘江"桥梁学校"陶冶而成长的。如任工程师的梅旸春后来任南京长江大桥总工程师,汪菊潜后来任武汉长江大桥总工程师,赵燧章后来任郑州黄河大桥总工程师,工务人员赵守恒后来任云南南盘江公路长虹石拱桥(世界跨度最长的石拱桥)总工程师,还有任南京长江大桥副总工程师的刘曾达、任铁道部大桥总工程师的王序森、任江西南昌赣江大桥总工程师的戴尔滨等,他们都曾直接或间接地受到茅以升的熏陶、培养和教育。

二　精心设计,既好又省

建造钱塘江大桥,茅以升的第一步工作从建桥方案的设计开始。他以工程设计坚固、适用、经济、美观为前提,经多方考察和反复研究,拟定了大桥设计原则:第一,钱江水浅,而沙滩变化无常,为顾及航行关系,桥墩以相等为宜;第二,钱塘江桥为铁路公路联合桥,应顾及各种运输的需要,而且桥长一公里,必须同时考虑运输的畅通,以节约时间;第三,钱塘江桥关系国防,应顾及军事上的防御;第四,设计务求简洁,以最大限度节约资金为目标。

茅以升组织设计了六种方案:

(1) 40 米之上托桁梁:共 29 孔,计长 1160 米,梁高 4.7 米,其优点在于布置上之经济。上为铁路，下为行人，两旁翅臂为公路，所有桁梁隙地均充分利用，而桥墩尺寸亦大为缩小。

（2）51米下承桁梁：共23孔，计长1173米，桥身系双层建筑，梁高8.3米，下为铁路，上为公路及人行道。此种式样于铁路及公路之交通最为便利。

（3）54.7米下承桁梁：共21孔，计长1148米，梁高9米，中为铁路，旁为公路及人行道，用翅臂梁支持，与铁路同层并列。

（4）61.3米之下承桁梁：共19孔，计长1165米，梁高9.3米，其布置与（2）相同。

（5）73.3米之下承桁梁：共16孔，计长1173米，梁高11.7米，其布置与（2）相同。

（6）103.3米之下承桁梁：共11孔，计长1137米，因径间甚长，两梁相距较阔，故采用铁路公路单层平列式，桁梁构造亦改为弯弦藉减重量。

这六种设计方案各有利弊，其中有很多种方案尚属首创（如方案1），茅以升精密筹划，从技术的可行性和经济的有利性综合考虑，最终决定选择方案5作为最佳方案，把钱塘江大桥的位置设在已有千年历史的名胜六和塔畔。这里风景优美，气势雄伟，且正当钱塘江流为山脉所阻而转折处的下游，其地江面较狭，而江流为北岸所束，河身稳定，不致改道。其唯一缺点是离市区较远，行人要绕道，但对铁路和公路的联络都较为便利。这是铁路公路双用桥，上层为双线公路，两边有人行道，中间通汽车；下层为单线铁路。大桥的正孔16孔，每孔跨度相等，桥梁用的是合金钢，既保证了强度，重量也轻。此外南岸引桥有一孔钢拱桥，北岸引桥有三孔钢拱桥。桥墩形式多种多样，"长桥卧波"，显示了雄壮美。

此前，曾养甫聘请国家铁道部顾问、美国桥梁专家华德尔作了一套钱塘江大桥的工程设计。华德尔的设计采用"单层联合桥型式，铁路之旁为公路，公路之旁为人行道，三种路面同层并列"。茅以升提出来的方案与华德尔的设计方案相比较，从技术的角度来看，在运输能力和桥身稳定的要求上茅以升的设计都略胜一筹；从经济的角度来看，根据华德尔的设计，钱塘江桥经费共需当时银元758万元，而根据茅以升的设计只需要 510 万元。因此,根据原先拟定的大桥设计原则,茅以升的设计方案明显优于华德尔的设计,钱塘江大桥的建设也就采用了以茅以升为首的桥工处的设计。

三　艰难筹款,风波迭起

钱塘江大桥的建设时期正值资本主义世界经济危机的后期,当时物价非常便宜,同时进口材料的外汇比率也非常有利。尽管如此,按照桥工处的设计方案,钱塘江大桥全部经费仍然需要大约 510 万银元。510 万银元,这在当时看来简直就是一个天文数字,特别是对于一个浙江省来说,更是大得惊人。因此,经费如何筹措就成了一只大拦路虎。

当时在国外,通常采取向银行贷款的方式来进行。具体来说就是先编制一个筹款计划,预定大桥建成后对过桥的火车和汽车征收"过桥费",以此作为担保向银行借款,在一定的时间内偿还本息,而后过大桥不再征收费用。然而这种在国外行之有效的方法在国内却困难重重,银行家认为这种办法在政治上缺乏保障、利息较小,更怕货币贬值,对这种贷款方式非常冷漠。

如何筹措这笔巨额资金呢? 茅以升与曾养甫商量,决定以"造福桑梓"作为宣传口号,游说财阀借款。他们先后从浙江兴业银行等五家银行筹款共计 200 万元;剩下的 300 多万元也是经多方奔走才筹到,其中 100 万元由当时的全国经济委员会补助,无需偿还,200 多万元由当时的导淮委员会把他们分得的中英庚款董事会借款转借建桥,将来从"过桥费"中拨还。在向银行筹款的过程中,茅以升等人一开始都是宣称"根据美国桥梁专家华德尔的设计,略作修改",利用铁道部顾问的招牌来筹款,直到经费有了着落之后才宣传"完全是我们国人自行设计的"。

钱江大桥建桥计划的成功引起了南京铁道部的大为不满,生恐将来沪杭甬铁路过钱塘江大桥时会遭受浙江省的挟制,认为所有铁路应该由中央统一经营,不能因钱塘江桥而受制于浙江,因此提出铁道部对钱塘江大桥工款负担 70%,改作铁道部与浙江省合作。这样部、省双方表面上是合作了,但内部矛盾却有增无减,部方始终想把省方挤走。他们首先在建桥借款上突然袭击，由于浙江省和五家银行的借款合同已经把钱塘江桥的全部财产作为抵押，铁道部的借款没有了抵押品，筹款计划遭受重创。茅以升提出解决的办法，"对浙省银团的借款合同加以修改，把'全桥抵押'改为按部、省经费担负的'比例抵押'"①。时间紧迫，茅以升怀着一线希望，尽力设法，尽快分头与五家银行接洽，日夜赶办修改合同的事，奇迹般地在两天之内与五家银行以及浙江省建设厅、财政厅修改好合同，铁道部最终只好答应把钱江大桥工程借款包括在其借款之内。至此，这场风波才算平息了。

建桥经费来之不易，经费的使用就更应是"好钢用在刀刃上"。钱塘江大桥的建造，其中工程费为4333000元，占总费用支出的90.3%；筹办费用为122691元，占总费用的2.6%；总务费用为268150元，占总费用支出的5.6%；等等。资金的集中流向为工程总费用，而在工程总费用当中，正桥和引桥工程部分占了91.9%，其中正桥工程所费最大。在材料的选择上，钢梁选用国外进口合金钢，每吨320元，钢筋每吨108元，水泥采用国产水泥，每桶2.8元，充分考虑到了建桥的经济性和大桥质量的可靠性。

四　运筹帷幄，缩短工期

钱塘江桥工程艰巨，工期极短，原定计划两年半内完工，后又缩短为一年半，在这极短的时间内完成这项巨大的工程，即使在技术高度发达、物资非常充足的今天，也有相当的难度。但是由于当时国际形势变化莫测，中日之间的局势已经日益紧张，大桥关系重大，愈早完工愈好，因此，如何从施工方法上进行改进，通过统筹安排，尽力缩短工期显得尤为重要。茅以升运筹帷幄，采用了优选统筹的科学管理方法和全新的桥梁施工方法，终于以高质量、快速度完成了大桥的建造。

1. 招标优选

钱江桥工程处担负建桥全部重任，全处从处长、总工程师直到监工员和行政财

---

① 茅以升：《钱塘江建桥回忆》，《茅以升选集》，第487页。

会人员,先后总计仅64人,处以下仅设4个工区,各配备技术人员2~3人,全处技术人员连同工区的不过30来人,机构非常精简。桥工处没有自己的专业施工队伍,又缺乏现代化的施工机械设备,如何克服这个壁垒,解决这个大难题?茅以升采取的办法是招商承办,公开招标。将设计全图、工程规范及标单程式等文件在国内各大报登载广告,招请有资格的厂商来杭州投标。

1934年4月15日登报后,各地共有34家单位来领取标单图件。8月22日开标,收到标单17份,其中本国9家,外商8家。先由部省双方的监视委员将标单逐一拆封,当众宣读,然后将各标报价列表公布。经部省分别审查,会同批准,将正桥钢梁交由英国的道门郎公司承办;正桥桥墩交康益洋行承办;北岸引桥交本国东亚建筑公司承办;南岸引桥交本国新亨营造厂承办。

钢梁选用英国道门郎钢厂的铬钢合金钢,强度高而重量轻,既节料又经用。钢梁交给外国人办,是因为国内尚不能生产,且当时进口每吨只要320元,非常便宜。正桥桥墩交外商承包则主要是由于桥墩系水中工程,需要机械设备特别多,当时国内包商在这方面能力薄弱,难与外国人争衡。这样一来,施工队伍和机械设备问题就迎刃而解了。队伍是现成的,设备也是现成的,既简化了诸如管理等许多环节,加快了建桥速度,又大量节省了开支,不必专为这一桥工而置办一套施工所需的机械设备,可谓一举多得。

2. 上下并进

上下并进法的使用主要是为了争抢时间,具体操作思想是:对能同时动工的工程,属于平面铺开的,都立即同时动手;对上下有关联的工程,通常总是先做下面,后做上面的(比如一座桥,总是先做下面的基础,后做上面的桥墩,最后才架设桥墩上面的钢梁)。茅以升打破传统,提出上下并进、一气呵成的新办法,要求基础和桥墩同时动工,桥墩与钢梁同时动工。即在做基础的同时筑桥墩,筑桥墩时造钢梁,基础完成时桥墩也筑好了,两个邻近桥墩筑好时,整个钢梁就可架上去了。①

①茅以升:《钱塘江建桥回忆》,《茅以升选集》,第490页。

木桩、沉箱和钢梁，不分上下，都是同时动工，这就是上下并进。木桩打完运沉箱，沉箱下落时筑墩身，墩身完毕后架钢梁，这就是一气呵成。

只有优化的施工方法还不能保证工程的顺利进展，在工程进展的同时，本着上下并进、一气呵成的原则，桥工处还采取了许多新措施，改善与承包商之间的关系。包括与各承包商约定，决不因材料不到或工具缺乏而延误工作。为此一些特殊的机械设备，在这里就成了关键问题。承包商的打算是不愿投资于建桥的特殊设备，以免积压资本。因为钱塘江大桥完工后，不一定再有类似的大桥工程可包，这些设备必定闲置。而为了赶工，承包商就非要使用特殊设备不可，比如沉箱和钢梁的浮运就必须借助于特别设计制造的机械设备，而且有的设备一套还不够，如沉箱下沉的气闸，一座桥墩一个，七座桥墩同时开工，就要七个。为了保证这些工具的到位，桥工处提出在适当时候给予承包商补贴，解决了这个问题。另外就是人力的问题。桥工处要求各承包商尽量夜里多加班，并且星期日和一切例假都不停工，设立提前完工奖金，来保证承包商的利益；而桥工处也日夜不停工作，特别是负责人员不易轮班，格外辛苦，主要负责人还需要额外加班，为大桥的建造付出了莫大的辛勤劳动。

3. 水陆兼顾

水陆兼顾法的实施主要是为了保证施工质量。所谓"水陆兼顾法"即是除对水上一切工程全盘校核外，对于水下基础工程，由工程师进入沉箱工作室，对基础木桩逐一检查。① 为了保证施工的质量，茅以升和罗英也经常随着沉箱下到水里去工作，以便于现场观察施工作业，现场指挥。

茅以升第一次下沉箱就是为了检查正桥南面桥墩底下 160 根木桩的位置。他心中总有一个疙瘩：打木桩时全靠测量定位，桩打下后水面上一点痕迹也没有。如果沉箱入土，下到桩头，一检查，一排木桩不见了，这便如何得了？这是很有可能的。一是沉箱下沉时，只要歪了一点，到达桩头时位置就不正了；而打桩时，如果桩

---

① 茅以升：《彼此的抵达》，百花文艺出版社 1998 年版，第 135 页。

脚遇到什么东西挡路,只要稍微偏了一点,桩头就不在其位了。这沉箱和 160 根桩头,如何能恰巧"奇双会"呢? 按照桥墩设计,每根桩都有它的承受力,少了一根桩,这负荷就转嫁到别的桩上,从而增加对石层的压力,而石层又不是很好的,茅以升经常为此事担心。他下了沉箱,边看边数,果然 160 根,根根俱在,这才完全解除了疙瘩。这九个桥墩的桩头位置图根据茅以升的要求,现在仍保存在大桥技术档案里。

质量是工程的生命。茅以升对每一个设计或施工的每一个部位、每个环节、每道工序都布置了应有设计图纸和监察检查要求,各工区浇筑混凝土时,甚至派人守在搅拌机旁,以便掌握其水泥比、配合比、粗细集料的细度模量。全桥用料派人检查试验。如与承包商康益公司所签合同中规定,混凝土所用的沙,必须从上游闻家堰以上河滩采运,否则细度模量过细,不准使用。一次桥工处练习工务员检查出该公司所用的沙不合要求,当即停止其浇筑混凝土的工作,挖来合格的沙,才准复工。钱塘江大桥就是靠这样认真的工作,才确保质量,得以完成。

五 因地制宜,技术创新

在建造钱塘江大桥的过程中,桥工处遇到了许多困难,有自然的,有人为的。茅以升为建桥日夜奔走,精神紧张,时而愁闷,时而开颜,经常废寝忘食。正当茅以升迭遭各种困难,满腹心事坐立不安时,他的母亲却十分豁达地说:"唐僧取经,八十一难,唐臣造桥,也要八十一难,只要有孙悟空,有他那如意金箍棒,你还不是一样能渡过难关吗? 何必着急!"茅以升顿开茅塞:孙悟空就是全体建桥队伍,如意金箍棒就是科学里的一条法则:利用自然力来克服自然界的障碍。比如利用钱塘江的水来克服钱塘江的流沙。作为杰出的桥梁工程师,茅以升不仅善于团结技术人员,而且总是与广大建桥员工同甘共苦,不但高度发挥了自己的聪明才智,而且充分调动和激发建桥队伍的智慧,在技术人员和工人提供的不少技术改革的创造性意见和办法的帮助下,采用了许多新的技术方法,克服了重重困难。

建桥的最大困难是基础工程,最严重的问题是流沙,所谓流沙就是颗粒极细的沙子，遇水冲刷，就会漂流移动。江水在桥址处一般仅5米，最深时不过9米多，但是在江底被水流冲刷时，可下陷9米多。在一个桥墩围堰旁边，24小时内，可冲刷到7.6米的深度，甚至江中木桩旁边的细沙，水一冲就被刷深了。这样，一般的桥墩结构在钱塘江是不能适用的，因为桥墩阻遏水流，就会加剧水流对江底的冲刷，以致愈刷愈深，最后招致建筑物倾塌。对于钱塘江而言，流沙底下的软石层又是一个重大问题。此软石层很特殊，因石块浸水过久，软化成土块，故承载力不大。虽设法把桥梁等建筑物的重量减至最低限度，仍需有特殊工程，方能安全保险。

为攻克桥基难关，茅以升在建桥设计中计划建15个桥墩，有6个建在石层较高的地方，全用钢筋混凝土筑成；有9个因下面石层很深，就先打30米长的木桩，木桩上面再做钢筋混凝土的桥墩。为减轻石层的负荷，15个桥墩都是空心的，下面有墩座，上面有承托钢梁的墩帽。

因此，建桥最为艰巨的基础工程，其关键就在于解决如何打桩、如何建桥墩，然后再如何架设钢梁等问题。

1. "射水法"打桩

正桥桥墩是以木桩为基础的，因为钢桩谈不到，混凝土桩要建这样长有困难，而木桩确是最轻最便宜的最佳建材，系美国进口，每墩用桩160根，每桩长度大约30米，每根最大载重35吨。钱塘江底泥沙有41米深，而桩长是30米，桩脚到石层时，桩头就在江底下面11米之多，如何将这长桩打进江底，而且在桩头上还留有11米的泥沙覆盖层？同时江面上茫茫一片，江水滔滔，没有其他建筑物，打桩位置如何确定？当时包工康益特别制造了两只打桩机船，每只能起重140吨。第一只在上海造好，不料驶进杭州湾时即在大风中触礁沉没了。等到第二只机船开工后，不料打得很慢，因为沙层太硬，打轻了打不下去，打重了，桩就会断。当初几乎束手无策，一昼夜只能打一根桩，全桥九个桥墩有1440根桩，照此速度，光打桩就得花四年。

后来，茅以升领导桥工处研究出了"射水法"并改进了技术，一昼夜能打30根。所谓"射水法"就是通过使用特别强有力的射水机等工具和设备，射水冲沙、

埋桩捶打的一种打桩方法。"射水法"打桩的具体程序是这样的：首先用射水机将
43米长的水管以每平方英寸250磅的水压由射水管口射入江底,将泥沙冲成一
孔,待水管冲至相当深度时拔起;然后将吊起的木桩校正位置从速插入江底,等到
木桩不能再下的时候,将预先挂起的汽锤置于桩顶,开动汽锤机击打至桩顶恰没于
水面;接着将准备好的送桩置于木桩顶部,开动汽锤机再次击打木桩和送桩,直至
木桩抵达硬层。

　　茅以升同时还总结了"射水法"实施时需要注意的问题：(1)用射水管冲水,
要深浅合度,太浅了桩不易打下;太深了,将泥沙全部冲垮,木桩不稳。(2)桩锤打
下的高度要适宜,初打时高度宜小,以后逐渐增加,五六尺最为适宜。(3)进行的
时候要小心木桩或送桩倾斜,随时设法纠正,若无法纠正,应拔出重打。(4)进行
的时候要对落锤高度、捶击次数及每锤打入深度作详细记录,还要仔细观察木桩是
否均匀下降,以便于计算木桩的载重力量。[①]

　　2."沉箱法"建桥墩

　　钱塘江大桥工程最艰巨的是正桥桥墩。按照原先的设计,是以钢板围堰法建
造的。但是很快发现钢板订购费时,打入江底不容易,拔起来更困难。如果一个桥
墩要用一套钢板,则费用更为昂贵,且钢板阻挡水流,增加冲刷,堰内打桩也很困
难。凡此种种,表明钢板围堰法远不如沉箱法适用。

　　沉箱又有开口沉箱与气压沉箱,钢板沉箱与混凝土沉箱之分。从省工省时省
费用几方面分析比较,茅以升集合群策群力,选择了最佳的方案——混凝土气压沉
箱。这种用钢筋混凝土制成的箱子是一个庞然大物,长17.7米,宽11.3米,高6.1
米,重约600吨。"沉箱"是沉入水中,覆盖在江底上的一个箱子,分为上下两半,
下部为中空的工作室,放入高压空气排水,工人在里面挖江底流沙;上部为"围
堰",四面隔水,以便中间筑桥墩。沉箱箱下挖沙,箱上筑墩,同时进行,等到沉箱
沉到石层时,桥墩也将近完成了。这时沉箱下达石层,工作室内填满混凝土,便成

---

　　① 茅以升：《钱塘江桥》,浙江档案馆馆藏资料(全宗号 L109 - 001 - 00011),第16页。

桥墩的底座。这种方法有一个其他桥墩建筑方法所无法比拟的优势，那就是在施工期间，工程师可以亲自进入沉箱工作室，察看桥墩的基础状况，以便及时了解江底情形，采取措施，保证安全。

"沉箱法"建桥墩虽然是一个妙计，但真正操作起来却困难重重。重达600吨的庞然大物如何才能从岸上运到江中的木桩上去呢？最初的办法是在江边挖一船坞，关上闸门，将坞中的水抽干，在里面做好沉箱后开门放水，待沉箱浮起时拖出去。不料钱塘江边也是流沙，往下挖，流沙即和水涌入，越挖越多，即使船坞挖成，里面的水也休想抽干，这便是开工后的第一个挫折。后来改用"吊车法"，将沉箱排成一线，两旁筑轨道一条，临江的一头用木桩排架，将轨道伸出到江中深水处，形成一座临时码头，再制造"钢架吊车"在轨道上行驶，把沉箱整个吊起来，搬运到排架尽头，然后放入水中，以便于浮运就位。

开始浮运时，由于缺乏经验，又遭遇很多挫折。特别是有一次，一个沉箱从码头"出笼"后，才到桥址，由于控制不当，漂到了下游闸口，于是设法将之拉回；谁料正将它沉到江底，突然涨潮，铁链挣断，沉箱又浮起，一直漂到上游的之江大学边，待潮退又陷入沙土中；费尽心思再拖回来，正当装上设备开始下沉时，忽然又狂风暴雨接踵而至，沉箱竟然拖带铁锚往下游走，后来找了24只汽轮才把沉箱拖回桥址。由于潮水和暴风雨的原因，在四个月内，沉箱如脱缰野马，乱窜了四处之多。后来又改进技术，并使用十吨重的混凝土大锚代替铁锚，沉箱才不再乱跑。

沉箱的浮运问题解决了，然而沉箱下面的流水，因沉箱渐近江底而增加速度，加剧对江底的冲刷，所以沉箱就不能放平而容易倾斜。后来茅以升用树枝编成"柴蓆"，预先在江底铺上厚厚的一层，以防止冲刷，沉箱才能就位。沉箱通过泥沙层，就要和160根木桩的桩头相遇，有三个桥墩的沉箱，因江底冲刷过甚，需要比设计多下三米，但是木桩已经预先打好了，桩头顶住沉箱盖，这又是一个难题。后来不得已只能花费大量时间和人力，在沉箱内把这160根桩头逐一锯掉。原本在沉箱内挖土是人工挖，由于工作环境恶劣，工作效率非常低，后来茅以升想出使用

"喷泥法",经过多次失败终于成功,比原来的效率能提高八倍。

3. "浮运法"架钢梁

钢梁的整体制造是在英国完成的,关键的问题是如何拼装,如何架上去。由于在施工的时候采取的是上下并进、一气呵成的办法,传统的"伸臂法"(从岸边装好的一孔把钢梁拼好伸出桥墩,逐步伸到迎面来的钢梁)不能适用。因为要等桥墩先建好才能装梁,不能同时并进,而且桥墩完工要有一定的次序,钢梁才能从两岸逐步伸入江心,但在赶工时,各墩争先完成,这种次序就被打乱了。

钱塘江桥的钢梁用的是"浮运法"。所谓"浮运法"就是指利用潮水的涨落,将拼接好的整孔钢梁用浮船运送到两个桥墩之间,然后再降落就位。这样只要邻近的两个桥墩一完成,就可以立即架运钢梁,不管桥墩在什么位置。①

"浮运法"遵循了上下并进、一气呵成的施工原则。在"浮运法"的实施过程中,仍然存在一些问题需要解决。首先,需要尽快将钢梁一孔拼装好,储存起来,一遇有两个邻近桥墩完工,就马上浮运一孔。这就需要一套既灵活而又高强度的机械设备以保证能将装配好的整孔钢梁抬起搬动,从装配场地搬到储放地,浮运时再搬到江边码头上船。搬运杆件组成的大型钢孔结构,最大的问题在于防止杆件的扭曲,为此特别建造了一种"钢梁托车",可将钢梁托起,在轨道上搬运。其次,浮运时要趁每月的大潮,因为涨潮时不但能使船顶起钢梁,脱离支架,而且潮水顶托江流,也增加船行的平稳度。钢梁运到两墩之间,候潮一退,即可安然落在墩上。所有这一切动作都需要安排得非常准确,需要钢梁和桥墩两方工作队伍的充分合作协调,才不致错过这个潮水涨落的最大的机会。因此每月的潮汛便控制了施工程序,必须尽一切可能来保持这个程序,程序不误,工期才能得到保证。

从建造钱塘江大桥的实践来看,"浮运法"运钢梁需要注意以下几个方面的内容:首先,由于设备尺寸的限制,能够利用的潮水涨落的水位上下不过一米左右,因此江水的深浅必须时时刻刻实施监测;其次,潮水涨落的时间要推算准确,依此

---

① 茅以升:《钱塘江大桥概述》,浙江档案馆馆藏资料(全宗号 L109 - 001 - 00010),第18页。

来配备人手和工具，以免错过机会；再次，桥墩上承托钢梁的支座和钢梁两端坐落在桥墩的地板，都有预留孔眼，以便钢梁落到桥墩时，可用螺栓扣紧，这上下孔眼全凭事前测量准确，才能一拍即合，可让螺栓通过；最后，浮运工作危险性非常大，如江面不是风平浪静，则有颤动、碰撞、侧倒、漂流、搁浅等事故的发生。

4. "套箱法"修桥墩

"套箱法"主要是战后修复桥墩时所使用的方法。由于桥墩的修复属于水下工程，而且又要维持大桥上的通车，因而想出了这种新的方法。

"套箱法"的办法是：从桥墩两旁的钢梁上吊下一个大套筒，将桥墩四面围住，下面落到墩底沉箱顶板，或卡在斜坡上，由深度决定，上面高出水面，在套筒围绕桥墩所形成的夹层里，将水抽干，让工人下去修理墩壁。这个大套筒分为两节，下面是八角形钢筋混凝土的套箱，上面是有支撑的木板围堰。套箱悬挂在桥墩两旁的钢梁上，就像一个吊在空中的开顶沉井，放松悬挂套箱的钢索，让它降落到江底，然后在箱内挖土，使它下沉，直到下面的沉箱顶板，同时在套箱上面接长木围堰，形成套箱的引伸部分，这样，整个大套筒就共重约 800 吨。然后用水下混凝土，封闭套箱的底脚，等混凝土凝结，抽干箱内的水，这套筒就成为挡水围墙，在围墙内就可进行修理工作，修理完毕，拆去套箱上的木围堰，就全部竣工了。①

六　防患未然，预设桥洞

钱塘江大桥的建造，需要充分考虑各方面的因素，特别是对当时的国情即抗日战争形势的发展，必须有准确的预测。当时，日寇进一步入侵中国境内，战火逐渐蔓延到了浙江。在生死存亡的紧要关头，为了民族的利益，为了抵抗日本侵略者，为了不把新建成的钱塘江大桥拱手让给敌人白白使用，桥工处一致认为终有一天国家政府会决定炸桥御敌。为了保证钱塘江桥不会落入敌人手中，成为日本侵略中国的通路，同时也需要考虑到战后修桥的便利，对于如何炸毁也需要做充分的研

---

① 茅以升：《钱塘江建桥回忆》，《茅以升选集》，第 517 页。

究。在炸桥的同时还得考虑到以后修桥的便利,这在建桥史上是绝无仅有的。

首先,仅炸桥梁而不同时炸桥墩,敌人还是很容易设法通车。于是,在作大桥设计的时候,在靠南岸的第二个桥墩里,特别准备了一个放炸药的长方形空洞,以便在适当时候连这个桥墩一并炸去,做彻底破坏。其次,炸桥梁,炸药应该埋放何处?按照估计,炸这一座桥墩和五孔桥梁,需要一百几十根引线接到放炸药的各处,而完成这项工作,至少需要 12 小时,若等到敌人兵临城下,肯定来不及,但又不可能在 12 小时之前就准确知道必须炸桥。因此桥工处决定,先把炸药放进要炸的桥墩的空洞内以及五孔钢梁应炸的杆件上,然后将一百几十根引线从每个放炸药的地方通通接到南岸的一所房子内,为炸桥做准备。等到要炸桥时,再把每根引线接通雷管,最后听到一声令下,将爆炸器的雷管通电点火,大桥的五孔和桥墩就立刻同时被炸了,预计将所有引线接通雷管,至多只要两个小时的时间,这样才能保证不致贻误军机。①

七 同仇敌忾,战起桥成

1937 年 7 月 7 日卢沟桥事变,日本帝国主义对我国发起全面侵略战争,全国人民奋起反抗。桥工未完,抗战已起,这真急坏了所有人。铁道部和浙江省政府都严令加速赶工,桥工处全体职工在既痛恨日本军阀而又愤恨政府无能的情绪下,也都要贡献自己最大的力量,尽快将桥建成。工地上几家包商,除康益外,都是本国公司,而康益的职工也几乎全是本国人,大家心同此理,都愿意和桥工处同仁一道,加倍努力工作,表示爱国热忱。于是桥工处和各包商商量重新订立施工计划,争取一个月后通车,一切施工程序,以此为目标,即使多费工料,也在所不惜。

侵略凶焰很快就延及上海,"八·一三"战火燃起,杭州也大为震动。当上海抗战开始时,江中正桥桥墩还有一座未完工,墩上两孔钢梁无法安装。然而燎原战火,已迫在眉睫。8 月 14 日,三架日机轰炸钱塘江大桥,整个大桥工地,已经笼罩

---

① 茅以升:《钱塘江大桥概述》,浙江档案馆馆藏资料(全宗号 L109 - 001 - 00010),第 25 页。

在战时气氛当中。所有建桥员工都同仇敌忾，表示一定要让大桥早日通车，为抗战作贡献。

此后，日本飞机常来骚扰，有时是侦察，更多的是轰炸江中的大桥工程。但是，最后结果只是炸坏了岸上的一些工房，大桥本身始终未被炸中。这其中，我国军事部门的布置起了很大的作用。首先，我国军事部门沿着大桥过江轴线在北岸山上架设了高射炮，阻止日本飞机顺着轴线轰炸大桥，而飞机一旦换了路线，要想在飞行路线和大桥轴线的交叉点上正好投中就相当困难。其次，在大桥公路路面筑好后，本可通车，但军事部门禁止通行，还在桥面上堆积了很多障碍物，表示尚未完工的样子，迷惑敌人，火车过桥也限制在夜间，同时熄灭灯火，以防敌人侦察。

就这样，在桥工处全体同仁的努力和国家军事部门的保障下，1937 年 9 月 26 日，钱塘江大桥终于完工并顺利通车，"钱塘江造桥"果然成功。造桥时间两年半！终于建成了这座"江无底"的大桥。钱塘江大桥是幸运的，因为大敌当前，是上海抗战将士为建桥赢得了宝贵时间，他们屹立敌前，坚决抵抗，不让侵略凶焰立刻蔓延到大桥工地。而其他像武汉长江大桥、南昌赣江大桥及长沙湘江桥等，虽然也在钱江建桥期间作出了勘探和设计，其中武汉长江大桥甚至都准备举行开工典礼了，但因抗战爆发全部不能上马。

八　众志成城，突破难关

钱塘江大桥的设计与施工是个十分复杂而艰难的过程。正如茅以升所言，"所经工程上、设备上及人事上之种种困难，无从罄述"。这里既有社会因素，如资金的筹集，技术管理人员的缺乏，材料的紧张，设备的落后等；也有自然界的壁垒，技术上难以克服的因素，如钱江地质、水文情况的恶劣，江底流沙被冲刷的现象严重，石层见水软化等，引起基础设计施工的一再变更；还有意料之外的陷阱，如一时事故，打桩机船沉没，60 多人因翻船遇难；等等。特别是日本帝国主义对我国发动全面侵略战争，则是建桥接近尾声遇到的最大难关。

茅以升有一首短短的七言诗道出了建桥成功的关键："钱塘江上大桥横，众志成城奇迹生。突破难关八十一,惊涛投险学唐僧。"他还言简意赅地总结了学唐僧突破难关的秘诀:"一切困难之解决,不外使用科学原理,加以人事设备。"而利用科学原理,则"以利用大地自然力,为第一要义。所筹工具及设备,皆因地因时,控制辅导此伟大之自然力,供我驱使而已"。

茅以升以非常的毅力,潜心研究,创新施工方法,改革施工设备,培训工人,大大提高了效率,有如下记载:

工作种类	原先的进度	创新方法后
水中打桩(30 米)	22 小时内 14 人打 1 根	24 小时内 14 人打 30 根
浇灌混凝土	每 28 小时内 106 人打 21 英方	13 小时内 64 人打 35 英方
转运沉箱(吊车速度)	3 小时 47 分内 30 人推行 29 呎 6 吋	3 小时内 34 人推行 187 呎
降落沉箱(螺旋机速度)	5 小时内 16 人降落 6 吋	5 小时半 18 人降落 6 呎 6 吋
浮运沉箱(自出陇至就位)	72 小时 16 人	3 小时 16 人
气压挖土	8 小时内 20 人平均 2.5 英方	8 小时内 20 人平均 3.6 英方
打钢板桩	8 小时内 15 工共打下 7 吋	11 小时内 15 工共打下 435 吋
镶配钢梁	20 人 24 天	20 人 16 天
铆　钉	11 小时内 6 人铆 9 钉	5 小时内 18 人铆 610 钉
沉奠井箱	20 小时 14 人 2 吋	6 小时 12 人 18 吋

以施工方法而论,600 吨沉箱平轨陆运,30 米木桩打埋江底,7 座桥墩同时用气压法挖土,不但在国内是首创,即使在国际上也极少有工程能与此相比。茅以升及其团队历经艰苦卓绝的拼搏,群策群力,终于成功完成了钱塘江大桥的建造。

钱塘江大桥是一部近代史书,记叙着中华民族历经沧桑磨难,始终坚强不屈的历程;是一部学术专著,吸引了无数中外专家学者侧目关注;是一曲催人奋进的歌谣,激励着每一个中华儿女热爱祖国,强我中华!

第三节　我国的万吨水压机及其总设计师

20 世纪 60 年代初，上海和东北的两台万吨级自由锻造水压机的相继投产，不但增强了中国生产大锻件的能力，而且带动了机械工业及相关行业的发展。这两台水压机作为中国工业建设和科技发展的标志性成果，被广为称颂。其中，以上海江南造船厂为主研制的 120MN 水压机（即 12000 吨水压机）是一台全焊结构的大型水压机。沈鸿作为这台水压机的总设计师，为之倾注了大量的心力和智慧，他在立项、设计制造、项目管理、人才培养、技术总结和技术推广等多个方面，发挥了关键的作用，体现了一位工程大师的卓越才能。沈鸿及其团队探索出的切实可行的技术路线，为项目的实施提供了可靠的技术保证。然而，决定一个工程项目成败的并非仅限于技术因素。抚今追昔，本节结合整理的史料，回顾沈鸿领导研制万吨水压机的艰难历程，初步分析政治气氛、经济状况、工业基础和国际环境等多种社会因素对该项目产生的影响，探讨其创新背后的社会文化因素。

一　研制万吨水压机的起因与决策

研制大型水压机既是中国工业化建设的需要，也是 20 世纪 50 年代中国多种社会因素影响的结果之一。

包括大型水压机在内的重型机械是一个国家建立独立的工业体系和强大的装备制造业所必须的装备。1949 年后中国大力推进工业化建设，重工业和国防工业急需大型水压机等压力加工设备。1953 年，苏联也曾建议中国必须发展水压机等大型锻压设备，然而直到 20 世纪 50 年代后期，中国尚未制造过大型水压机。20世纪 50 年代初期，沈阳重型机器厂等修复了几台日本遗留和赔偿的能力不超过25MN 的水压机。

"一五"时期，中国能够依靠进口来解决对大型水压机和大型铸锻件的需求。当时，工业界以苏联援建的 156 个重点项目为中心，通过学习和移植苏联的技术和

经验,技术水平有很大的提高。至 20 世纪 50 年代末,全国所有大型钢铁、机械和
军工等企业仅拥有为数不多的 30MN 以下的中小型锻造水压机,能力最大的是第
一重型机器厂(富拉尔基)从捷克引进的一台 60MN 自由锻造水压机。苏联援华
期间,重型机械制造业快速发展,锻压设备的自制率达到 35% 。太原重机厂、沈阳
重机厂、富拉尔基重机厂等最早建立起来的一批专业的重机制造厂,制造出一些中
小型水压机,初步掌握了水压机的制造技术。

但是,在 20 世纪 50 年代末期,重型机器产品的制造主要依赖苏联的技术资料
和对相关产品的测绘,总体技术水平仍处于仿造阶段,技术能力与工业化国家的差
距依然明显。主要表现为:(1) 设备方面,大型专业机器装备,如大型铸造和锻造
设备、大型机床、大型起重和运输设备等依旧稀缺;(2) 研发方面,技术工作以引进
和吸收苏联的技术为重心,制造大型水压机所需的关键技术环节尚在研发和摸索
之中;(3) 在人才方面,相关的教育和科研体系处于初建阶段,短时间内难以形成
高水平且成熟、稳定的技术队伍。大型水压机依然稀缺,大锻件仍需从苏联和东欧
国家进口。

为了改变机械制造的落后面貌,国家制定了一系列发展规划,主要思路是通过
消化吸收苏联的先进技术,以突破技术瓶颈。1956 年,国务院组织制订《一九五六
至一九六七年科学技术发展远景规划纲要(修正草案)》(即"十二年规划"),其
中,大型机械是"今后十二年内的科学研究重点"[①];规划还明确了在重型机械制
造方面的一些技术路线。下文摘引了部分与研制大型水压机相关的内容:

第二十二项:掌握现有的并研究新的、更完善的工业、运输业各部门的机器器
械,特别是大型机器器械的制造。……各类专业机械设计制造的研究,包括……金
属成型(包括铸造、锻压、冲压)设备……的设计制造的科学研究。……为了保证

---

① "十二年规划"提出了中国科学技术发展在 13 个方面的 57 项重要科学技术任务,以及今后
12 年内的科学研究重点。其中,第八项重点为"新型动力机械和大型"。"十二年规划"对当时中国
科学和技术的发展有指导性作用。

冶金工业,化学工业与材料成型及加工的机器设备,特别是冶金轧制设备、大型水压机、重化工设备及大型与精密切削机床等的发展,必需进行有关各专业机械的设计和制造工艺的有实验基础的理论研究。……

第二十三项:掌握并研究高效率、高精密度和高材料利用率的材料加工过程。研究重点是:……(三)用焊接结合较小锻件与铸件来代替大型铸件或锻件,这样可以不用重大锻压铸造设备,使大机件减少制造上的困难,减少内部缺陷,而且降低重量。为此,必须研究半液态金属受压力后的结晶与流动规律,金相组织与强度变化、轧辊与模子抗热应力的方法,焊接应力、变形、焊缝组织等问题。

在苏联的帮助下,中国派团考察苏联大型水压机的制造及生产情况,筹划引进和自行制造的方案。1957 年前后,一机部已将制造万吨水压机提到议事日程,并做了两手准备:一方面考虑请苏联帮助订购①,同时,也尝试在国内制造②。由此可见,在 1958 年之前,有关部门已经重视大型水压机的作用,并有制造大型水压机的设想和筹划,只是未正式立项。

"大跃进"加速了万吨水压机立项的进程。1957 年 11 月毛泽东在莫斯科社会主义国家共产党和工人党代表会议发表讲话之后,"超英赶美"成为工农业各部门制定发展规划的重要奋斗目标。1958 年 1 月 11 日至 22 日,毛泽东在南宁会议上严厉批评 1956 年 11 月八届二中全会上提出的"反冒进"。南宁会议通过《工作方

---

① 军工部门首先提出制造万吨水压机。1957 年一机部部长黄敬召第一重机厂副总工程师冯子佩赴京商讨建造万吨水压机一事。黄敬就两种方案询问冯的意见,一种是将一重原设计中的 6000 吨水压机改为 10000 吨,再一种是在原设计外再补加万吨水压机。冯认为第一种方案受到原有厂房和起重机的限制,不可能实现,而第二种方案则"没有问题"。1958 年 5 月根据一重的设备规模和技术条件,中央批准一机部在一重增装一台万吨级自由锻造水压机,由刘鼎负责组织领导这项任务。参阅冯子佩:《自力更生的凯歌——忆刘鼎副部长组织领导制造万吨水压机》,李滔、易辉主编:《刘鼎》,人民出版社 2002 年版,第 272—273 页。

② 1958—1959 年,经过中苏双方的反复谈判,于 1959 年 2 月签订苏联援助中国"二五"计划的 78 个项目。因为苏联的设备供应能力有限,苏联代中国向捷克订购了一台 1.2 万吨的水压机。该水压机在捷克制成后,装备在德阳重型机器厂(第二重型机器厂)。与苏联谈判的中方负责人向一机部建议在订购国外水压机的同时,国内也着手制造。

法 60 条（草案）》，提出"把党的工作重点放到技术革命上去"。会后，"左"倾思想驱使很多地区和部门提出急于求成的"大跃进"计划。3 月 8 日至 26 日，毛泽东在成都召开的中共中央政治局扩大会议上继续批判"反冒进"。在这种政治气氛下，5 月 5 日至 23 日，中国共产党第八次全国代表大会第二次会议在北京举行。时任煤炭工业部副部长的沈鸿作为代表参加了此次会议。大会正式通过了中共中央根据毛泽东的倡议而提出的"鼓足干劲、力争上游、多快好省地建设社会主义"的总路线和赶超英国的决策。会议号召争取在 15 年，或者在更短的时间内，在主要工业产品产量方面赶上和超过英国。这次会议被认为是正式发动了"大跃进"。毛泽东在这次会上发表讲话，特别强调要破除迷信，解放思想，发扬"敢想敢说敢做"的创造精神。我们从毛泽东 5 月 22 日之前的讲话提纲中摘出与本文主题相关的部分要点，如下：

> 从古以来，发明家都是年轻人，卑贱者，被压迫者，文化缺少者，学问不行。
>
> 名家是最无学问的，落后的，很少创造的。
>
> 敢想、敢讲、敢做。
>
> 劳动人民中蕴藏了丰富的积极性。
>
> 工业没有什么了不得，迷信不对的。
>
> 十五年赶上美国，可能的。
>
> 名人学问多保守落后了。
>
> 我们的口号高明些，干部、技术、共产主义可能提前到来。
>
> 现在迷信还多得很……科学是高不可攀的，工业是很难的。
>
> 拿苏联吓人。
>
> 制试〈式〉教练要学，其余都可自学。华罗庚、齐奥尔科夫斯基①，这两人都是

---

① "华罗庚，中国数学家，当时任中国科学院数学研究所所长。齐奥尔科夫斯基，苏联科学家，最早提出火箭飞行理论和航天理论。这两人都是没有上过大学，自学成才的。"参阅中共中央文献研究室编：《建国以来毛泽东文稿》第 7 册，中央文献出版社 1992 年版，第 211 页。

没有上过大学，自学成才的。

举这么多例子①，目的就是说明青年人是要战胜老年人，学问少的人可以打倒学问多的人，不要为大学问家所吓倒。要敢想，敢说，敢做；不要不敢想，不敢说，不敢做。

这个材料（一机部的材料②）可以证明，许多科学发明家是出身比较穷苦的人，像瓦特是工人，还有许多是农民，是小知识分子。搞出这些科学发明家的小传，对我们有很大的帮助，可以帮助工人、农民、小知识分子、新老干部破除迷信，打掉自卑感。农林水部门、卫生部门、政法部门、文教部门都可以搞这样的材料。

这个讲话提纲反映出毛泽东在"一五"计划胜利完成和"反右"之后的心态。

据沈鸿回忆，"在这种情况下，5月22日，我写了一封信给毛主席，建议我们国家制造一台万吨水压机"。信中的相关内容摘录如下：

拥护您的倡议，编一本技术科学创造和发明者小传，对鼓舞我们学习科学技术，一定会起很大作用。

我少年时就从《世界十大成功人物传》及《科学名人传》两书中得到启发。爱迪生只读几个月书，我比他已经多读了四年，为什么不能学技术呢？法拉第是个印刷厂学徒，成为电的理论科学家，我这个布店学徒，为什么不能成为一个工程师呢？

对技术科学，现在确实存在着不少迷信。……

机械工业，一说到大型、精密、复杂这三个名词，就可以把很多人吓住，而没有想，人家哪儿来的，为什么我们不行。

再讲一个水压机事，这事大概您很关心。国民党在1947年从日本拆来了四台1000吨、2500吨水压机，为了大型、复杂、平衡、合理等等的迷信，迄今只有一台装

---

① 毛泽东在讲话中列举了古今的许多事例。
② 一机部的材料，是指第一机械工业部编印《400个科学技术创造发明家的小传资料（初稿）》。

起来了。而自己许多大锻件还要依靠进口。

15 年赶上美国,万吨级的水压机我国应有若干台,分布在主要工业区。机器的来路有二:一条是进口,还有一条是自己造。上海应有一台,我曾和上海有关同志谈过,如果上海愿造,我也可以参加。这事,我自 1954 年参观苏联乌拉尔重机厂回来后①,就经常在思索,我看我们可以做得成,费一年或一年半的时间,做一台万吨级的水压机,做得不好也能用十年,这对于我们自锻大件很有帮助。您看如何?

毛泽东对沈鸿的信很感兴趣,当天就把信批给了邓小平②:小平同志:此件请即刻付印,发给各同志阅。

这样,这封信作为八大二次会议的文件印发给了全体代表。毛泽东还就此事拿着这封信,去问上海市第一书记(柯庆施):上海能不能干,愿不愿干? 得到肯定回答之后,立即交中央经济小组决定。1958 年 8 月 17 日至 30 日,中共中央在北戴河举行政治局扩大会议,正式提出生产 1070 万吨钢的奋斗目标,上海万吨水压机的项目也得到正式批准,并决定派沈鸿到上海主持这项工作。对于这项工程的决策,沈鸿后来也说:"毛主席、党中央批准了我的建议,并责成我来主持上海这一台的制造工作③。"1958 年秋,沈鸿赴上海着手组织设计班子,林宗棠④任副总设计师、制造安装大队长,徐希文任技术组长;选定以江南造船厂为主进行设计制造,组

---

① 1954 年时任国家计划委员会机械计划局副局长的沈鸿在苏联办理"156 项工程"的设备分交工作时,参观了苏联最大的重机厂——斯维尔德洛夫斯克的乌拉尔重机厂。亲眼看到了德国造的万吨水压机,并观看了一个锻造的全过程。沈鸿深有感慨:"我搞了这么多年的工业,从来没有看到过这么大的设备,将来我们中国要自己制造一台万吨水压机。"参阅袁宝华:《赴苏联谈判的日日夜夜》,《当代中国史研究》1996 年第 1 期,第 20—21 页;林宗棠:《历史曾经证明》,中国青年出版社 1989 年版,第 29—30、36 页。

② 邓小平时任中共中央总书记、国务院副总理。

③ 中央把制造万吨水压机的任务交给上海。参阅林宗棠:《历史曾经证明》,中国青年出版社 1989 年版,第 29 页。

④ 林宗棠,担任上海万吨水压机的副总设计师之后,还历任上海重型机器厂总设计师、总工程师,北京正负电子对撞机全套技术装备研制负责人和国家科委高能物理工程指挥部总工程师,国务院重大技术装备领导小组副组长兼办公室主任,国务院机电产品出口办公室主任,国家经委副主任,航空航天工业部部长,对中国重大技术装备的发展有突出贡献。

织全国协作。

　　回顾上海研制万吨水压机的决策过程，沈鸿致信毛泽东一事直接促成了这一重大工程项目的上马，沈鸿在其中发挥了非同寻常的作用。其实，这并非是沈鸿和毛泽东的第一次交往。早在1939年，沈鸿曾就延安边区工厂生产中政治活动过多的情况给毛泽东写信，①要求改变这种状况。毛泽东采纳了这个建议，并表扬"反映情况及时"。在延安，沈鸿的技术才能和勤奋钻研是出了名的，毛泽东那时就对他的自学成才表示肯定。② 在八大二次会议上，毛泽东再次称赞自学成才的人，沈鸿深受鼓舞，这可能是促使他又一次给毛泽东写信的一个重要原因。

　　这次特殊的立项还反映在沈鸿特别的身份上。1958年沈鸿的正式职务是煤炭工业部副部长，1959年8月沈鸿调任农业机械部副部长。在领导研制万吨水压机的四年多时间内，沈鸿并未在主管全国机械工业生产的国家第一机械工业部任职。③ 另外，如果从技术方面来衡量，东北的情况要好于上海，因为东北拥有一些制造大型水压机所需的重型加工设备，技术力量也比较强。而在沈鸿领导的设计组中，只有沈鸿在苏联亲眼见过万吨水压机，一些设计人员此前甚至还没有见过水压机。因此，从当时国家决策的情形来看，毛泽东的直接支持无疑是这台水压机得以立项的最重要的因素。正是藉此机遇，沈鸿在苏联访问时就萌生的建造万吨水压机的愿望得以付诸实施。

二　影响水压机研制的若干社会因素

　　上海万吨水压机的研制，有其深刻的时代背景。作为一个工程项目，其实施受

---

　　① 沈鸿时任陕甘宁边区机器厂（实为兵工厂）的化学总工程师。
　　② 1942年沈鸿被评为陕甘宁边区军工局特等劳模，被授予毛泽东亲笔题写的"无限忠诚"的奖状，毛后来接见了沈鸿。据沈鸿回忆："毛泽东问我是从哪里学到制造机器的。我说：'我没有上过专科学校，我原是布店学徒，因为喜欢，先做锁，后胡乱做一些机器，说不上好，能用就是了。'毛泽东听罢大笑起来：'啊呀，你同我一样，我也没有进过军校，人家来打我嘛，逼得我只好从打仗中学打仗。'"参阅沈鸿：《第一次见到毛泽东》，引自中共中央文献研究室《缅怀毛泽东》编辑组：《缅怀毛泽东》（下），中央文献出版社1993年版，第229页。
　　③ 直至1961年12月沈鸿才调任一机部副部长，专管"九大设备"的研制工作。

到政治、经济、文化等多方面社会因素的影响。

1.　政治与经济的保障

设计、制造和投产不是单纯的、孤立的技术问题,万吨水压机的成功有赖于政治和经济的保障。因此,万吨水压机的有无,在当时"不仅是一个经济问题,一个技术问题,而且是一个维护我国独立自主的政治问题"。

这台水压机因符合当时国家的工业发展和政治的需要,始终得到党和国家领导人的鼓励和支持。毛泽东不仅一开始就表示赞赏和肯定,而且在 1962 年水压机研制成功后,毛泽东审阅了项目的总结报告,给予很高的评价:"热情地赞扬中国工人阶级的这一创造,对我们反复实践反复设计的工作方法特别加以肯定。"在一次工作汇报会上,毛泽东说,他看了有关设计的文章,"有些设计经过一次,二次甚至几百次的失败,我们不要怕失败,有些事情就是不经过失败不会成功的"。

1959 年,国家主席刘少奇视察万吨水压机工地时鼓励沈鸿:"不要怕不成,一台不成,再来一台,一定会成功的。"

周恩来曾在办公室约见水压机项目的部分人员,听取汇报。他非常关心工程的进展,说:"万吨水压机造得怎样了? 你们的资料我都看过了。还有什么困难解决不了的,就来找我么。"

在研制过程中,陈云更加关注水压机能否做成,希望沈鸿等认真把水压机做好。据沈鸿回忆:"当时正处于'大跃进'的高潮,因此到处是一片鼓励声。但这项工程毕竟是破天荒的,因此,陈云同志到上海视察时把我找去,不是简单附和,而是关切地问我到底有没有把握。……他还用开玩笑的口吻对我说:'你可不要忘记,你是卖布的出身啊!'我懂得这话的意思,他是提醒我要谨慎,不要被鼓励冲昏头脑。以后,万吨水压机试制成功了。我觉得,这同他对我的认真而不是敷衍的、具体而不是空洞的关心与支持是分不开的。"

朱德对万吨水压机也一直关注,曾三次去上海了解研制情况。1960 年 6 月和 8 月朱德视察上海重型机器厂,观看卧式水压机和万吨水压机试制现场。1962 年

6月,水压机制造完成,投入试生产。朱德很高兴地去上海,对中国制成万吨水压机的意义给予很高的评价:"这台机器制造成功,代表了我国的工业发展已达到一个新的水平。过去,外国人不相信我们能造这样大的机器;现在,事实说明了我们中国人民是有能力的,不仅能造万吨水压机,而且造得好,造得快。"

仅1962年,除朱德外,陈云、邓小平、聂荣臻、李富春、薄一波等多位中央领导先后视察上海重型机器厂,参观万吨水压机车间。

上海市的党政领导为建造这台水压机,给与了很多支持。副总设计师林宗棠对此回忆道:"上海市的党政领导同志一再向我们表示:你们需要什么,就提出来,要工厂有工厂,要人有人,要材料有材料。"

在建造过程中,又适逢上海闵行工业区的建设,这就为水压机所在的上海重型机器厂新厂区的建设提供了有利的外部条件。

解决项目所需经费是成功研制万吨水压机必不可少的条件。沈鸿对技术和经济之间的联系深有体会,他曾说:"设计是技术问题,但更是一个经济问题","技术和经济相结合才有意义"。1958年8月28日,中央批准研制万吨水压机不久,国家就很重视万吨水压机的研制。在《中共中央关于一九五九年计划和第二个五年计划问题的决定》中,将拥有万吨水压机等设备作为"完成社会主义工业化,在工业上做到独立自主的"重要指标。本来,在当时的运行机制下,毛泽东批准的任务,其经费的落实并不困难;但是,由于受到"大跃进"和中苏关系破裂等因素的影响,国家经济形势非常紧张。1960年8月,周恩来提出对国民经济实行"调整、巩固、充实、提高"的方针。于是,包括与"两弹一星"有关的项目在内,很多基建项目都面临下马,上海重机厂的水压机车间也在下马之列。此时,整个研制的工作量完成近70%,已花费的研制经费有1400万元,如果项目下马,这台水压机的研制工作就可能前功尽弃。1960年10月,沈鸿大病初愈,①闻说水压机有下马之议,十分焦急。他一面写信稳定队伍;一面找领导反映情况。沈鸿先找主管工业的薄一波副总理,后又和林宗棠找国家经

---

① 沈鸿3月患急性肝炎,遂到庐山疗养,这期间曾到过北京。9月回上海视察万吨水压机研制情况。

委的孙志远①。孙建议沈、林直接给周恩来写信说明情况。沈、林马上给周恩来写信汇报水压机的进展情况,反对项目下马,还将设计图纸一并报送,请求拨款保证工程继续。周恩来收信后,立即派一名负责同志到现场勘查,知道情况属实后,很快批款800万元,挽救了这台几近夭折的水压机。

2. 自力更生与技术引进

"大跃进"时期,中苏关系迅速趋冷。从1958年下半年开始,苏联逐渐减少对华技术援助。在"破除迷信"和"自力更生"的气氛中,苏联专家原有的权威形象受到了更多的质疑和挑战。身为总设计师,沈鸿的过人之处在于他能够巧妙地运用"洋为中用"的策略处理好自力更生与学习外国技术之间的关系。

1960年,设计组拟选用电渣焊工艺和全焊结构作为制造水压机的技术方案,可是苏联专家对此方案的可行性表示怀疑。沈鸿对苏联专家并未盲从,他确信设计组经过严格试验选定的技术路线是可以成功的,遂否定了该专家的意见:"我们的立场是国际主义,好来好走,有益的就接受,无益的就不听,不受专家权威的束缚。"

沈鸿并非要"盲目拒绝"外国的产品和知识。事实上,他非常清楚中国在技术上与国外先进水平之间的差距,也重视对国外先进技术的学习和借鉴。有几个典型的事例可以说明沈鸿的这个特点。在水压机研制之初,沈鸿和设计人员到全国各地了解国外制造的水压机的设计特点和使用状况,并做认真的记录、分析和总结;沈鸿十分重视技术情报工作,他和技术人员搜集了大量关于水压机的图书资料。他回忆说:"人家说,你这个小个子怎么做出水压机?我说我也不知道怎么做成的,就是很简单地读了几本书。我记得苏联大百科全书里有一篇是讲水压机的②,我是读完了。还有一本德文本、俄文翻译的③,我也是读了。基本上是这两

---

① 孙志远(1911—1966),1956年10月任国家经委副主任、党组副书记,后兼物资管理总局局长。1961年1月任国防工业委员会党组第二书记,国防工业办公室副主任,第三机械工业部部长兼党组书记。

② 是指《苏联机械制造百科全书》第八卷第十一章《水压机》部分。参阅[苏]机械制造百科全书编辑委员会:《机械制造百科全书》第八卷,机械工业出版社1956年版。

③ [西德]密勒著的《水压机与高压水设备》(俄文译本)等。参阅李永新、张忠文:《沈鸿——从布店学徒到技术专家》,科学普及出版社1989年版,第37页。

本书,水压机就做出来了,要是没有书的话,我是怎么也做不出来的。"

　　大型铸锻件是决定制造万吨水压机成败的关键技术环节之一,电渣焊接技术在解决此问题中起到了决定性的作用,而对这项技术的掌握和运用经历了引进、消化、吸收和再创新的过程。电渣焊接是当时比较先进的焊接技术,苏联于20世纪40年代末研制成功,50年代初才投入工业生产。在国内,虽然一机部从1956年已经开始尝试引进电渣焊接技术,清华大学等单位也在试验研究和产品试制方面取得进展①,但是,万吨水压机许多部件尺寸大、焊缝厚、焊接结构复杂,技术难度很大。江南造船厂通过反复试验,改进了焊接设备和焊接材料,解决了各个环节的设备与工艺问题。由于掌握了这项技术,较好地解决了当时所需大型铸锻件的制造问题,设计人员决定采用一种其他国家制造大型水压机未曾有的全焊结构,即水压机的立柱、横梁和工作缸等关键部件都采用电渣焊接的工艺制造。这条技术路线解决了在设备能力不高的条件下制造大型水压机所需的零部件的关键问题,由此也赋予了上海万吨水压机鲜明的技术特色。

　　正因如此,20世纪80年代末薄一波曾撰文说:"它既是自力更生、艰苦奋斗的产物,又是学习借鉴国外先进技术的典例。"

　　3. 工程项目管理与产品的性能和质量

　　"大跃进"期间许多工业项目盲目突进,粗制滥造,忽视产品质量,最终导致失败。与此不同的是,沈鸿深感万吨水压机的研制事关重大,因此特别强调质量和实效。

　　水压机可锻钢锭重量是衡量水压机性能的重要指标。当时的普遍情绪是"能大尽量大,能好尽量好",而沈鸿冷静地作了需求分析,认为:"我是主张重点打优质钢,如电机轴、轧辊之类,而大则有限制,不能照书本所说的大到300吨,或如某些专家所说200吨以上,我的意见是150吨钢锭已足够大了。这样对铸钢车间、锻压车间的炉子、吊车等投资和建设进度都是有好处的。所以我的意见以150吨为

---

　　① 主要是清华大学机械系潘际銮等领导的大型轧钢机机架和2500吨水压机的电渣焊研究。

限……从全国来看,上海没有把这个水压机建成既好又大的必要。"

　　水压机的研制也并不像沈鸿最初设想的那么顺利。沈鸿在写给毛泽东的信中觉得"费一年或一年半的时间"可以做成,研制工作展开后,诸多的困难却始料未及。然而沈鸿并没有为追求进度而放松对产品质量的要求,他所说的"科学试验仗"就是为了验证技术方案的可行性,以确保水压机的质量。为此,江南造船厂先后做了一台十分之一的1200吨模拟试验水压机和一台百分之一的120吨模拟试验水压机,把问题在模拟样机上解决了以后,再动手做万吨水压机。① 1960年底,虽然只完成了1200吨样机的研制和试验,但是沈鸿对比了国外制造万吨水压机的进度,觉得并不算慢。他认为:"上海希望年底把这台大机器安装起来,我现在推断,这是很难办到的。……而要安装完成,草率将事,必致影响质量……得到一台有名无实的大水压机,倒不及给与最低限度的充分时间,多三、五个月,而得到一台比较能够合用的大水压机更为合算。……从一个总设计师的地位来讲,终不希望国家支出二台机器的费用,得到一台机器的实效。"

　　沈鸿的这种求真务实的作风在"大跃进"期间是难能可贵的。上海水压机建成后,沈鸿仍多次实事求是地指出了水压机在设计制造和使用中的一些问题。例如,因片面强调降低厂房高度,导致横梁上应力分布不均;项目的配套没有解决好,虽然很快就增加了模锻和制造无缝钢管的能力,但是直到1969年建成铸造车间后,才基本解决了生产所需大钢锭的供应问题;此外,设备设计能力长期未得到有效发挥,利用率较低。这些问题成为沈鸿等人后来组织实施其他工程项目的宝贵经验。

　　4. 创新思维的社会文化背景

　　一般说来,创新思维有各种不同的来源,但是都产生于一定的社会文化背景

---

　　① 陈云曾问沈鸿制造水压机是否有把握。沈鸿详细介绍了试制的方案:先造一个试验用的破坏性的120吨模型,再造一个1200吨的(当时正在造);没问题了,再造1.2万吨的;出了问题,就停下来总结改进;改不好,就收摊子。陈云同志听后放心地笑了,说:"你这个做法不错,连打退堂鼓都想到了。"参阅沈鸿:《哲人其萎,风范犹存——回忆同陈云同志相处的几件往事》,引自《沈鸿爱晚集》,机械工业出版社1998年版,第17页。

中。上海万吨水压机所体现出的集成创新也有其社会文化的根源。

　　上海当时缺少生产大型机器与大型零部件的工厂和加工设备，用常规的技术手段制造大型水压机不可行，要制造万吨水压机必须要在技术上有所创新。在水压机的设计、制造、安装的过程中，电渣焊接的全焊结构等方法是最为人称道的技术创新，同时他们也采用了所谓"蚂蚁啃骨头"的加工方法——多台移动式小机床加工大件的机械加工方法。

　　以万吨水压机立柱的制造为例。四根立柱每根长 18 米，净重 80 吨，设计人员认为将小件用电渣焊拼合成大件是个好办法。起初大家有两种思路，一种是"组筷式"，另一种是"竹节式"。前一种想法，来自沈鸿在吃饭时受到筷子的启发，把一根立柱视为是一把"筷子"的组合。这个源于日常生活的想法虽然巧妙，但是焊接操作难度较大，不得不放弃。采用后一种想法是刘鼎①向沈鸿建议的。刘鼎知道哈尔滨坦克厂使用类似的拼焊法制造炮塔，这种方法是二战时德国人采用的，在工艺上较前一种容易实现，但未曾用于制造水压机。在坦克厂技术人员的帮助下，江南造船厂用此拼焊法成功制造了大立柱等水压机的大件。

　　用多台移动式小机床加工大件，这种技术方案与制造水压机时简陋的生产条件有关，也与当时对"土办法"的肯定和认同有关。"大跃进"期间，在工业生产中摸索出来的一些"窍门"，如"以铸代锻"、"土设备加工"、"蚂蚁啃骨头"等，这些所谓的"土"法得到普及和推广。在今天看来，这些代用技术并不是技术发展的主流，甚至由于被滥用而加剧了当时工业生产的混乱状况；然而，这些技术手段，作为

---

　　① 刘鼎（1903—1986），中国机械工程专家、军工技术专家。时任第一机械工业部副部长，组织研制安装在第一重型机器厂的另一台 126MN 水压机。该水压机以沈阳重机厂和第一重机厂为主设计制造，组织全国大协作。在调研期间，刘鼎与设计人员考察了沈阳重机厂、第一重机厂、兵器工业部第 127 厂（齐齐哈尔）、724 厂（沈阳）、哈尔滨三大动力厂等工厂现有的大型设备。而且，刘鼎等还赴苏联了解万吨水压机的情况，并和苏联专家讨论东北万吨水压机的设计制造问题。根据沈阳重机厂和第一重机厂较好的设备条件和较强的技术能力，该水压机采用三缸、四柱、铸钢件组合梁结构。在上海水压机研制期间，刘鼎曾去上海了解沈鸿领导研制的万吨水压机的情况，提出了拼焊工艺（"竹节式"）的方案。两台水压机研制的负责人被并称为"南沈北刘"。参阅李滔、易辉主编：《刘鼎》，人民出版社 2002 年版，第 111、274—275、299 页。

适用技术而非先进技术,却能够适用于当时设备不足的生产条件,可以有效地解决中国大型设备制造所面临的部分技术困难。

5. 创新团队、人才培养与技术工人

创新团队是保证水压机研制成功的核心因素。沈鸿在领导研制万吨水压机的过程中,总结出的"七事一贯制"、"四个到现场"和"向打铁人学习"①的工作方法,很好地解决了团队管理的问题。沈鸿非常重视培养人才,锻炼队伍。包括沈鸿本人在内,创新团队中的很多技术人员,如林宗棠、徐希文等在水压机项目中都获益良多,均成为优秀的技术专家和管理专家,分别在后来的"九大设备"②、5万吨模锻水压机、北京正负电子对撞机等多项国家重大工程项目中发挥关键作用。

沈鸿是学徒和技师出身,深知能工巧匠的作用。他鼓励技术工人大胆尝试,在水压机高难度的制造、安装等工序中,唐应斌、魏茂利、袁章根等一批非常优秀的技术工人脱颖而出,③在许多关键技术环节上,技术工人依靠经验知识和劳动量,在很大程度上弥补了设备技术性能方面的不足,为技术路线的实施提供了基本的保证。

现代工程项目不可能由一个人包打天下,管理人员、技术人员和技术工人的作用各有不同。如何发挥创新团队几方面人员的作用,尤其是发挥技术工人的作用,是工程项目管理中非常现实的问题。20世纪60年代,中国在这方面的尝试主要

①"七事一贯制",把整个设计过程分为"研究、试验、设计、制造、安装、使用、维修"七个环节,要求技术人员在设计过程中全面了解各个环节,不能只是孤立地考虑一个环节的问题。"四个到现场",即"试验到现场,制造到现场,安装到现场,使用到现场",要求工程技术人员重视实际问题,并在实践中解决问题,提高水平。"向打铁人学习",是指工程技术人员应在工程实践中发现问题,并善于吸收和总结技术工人解决问题的方法。
②"九大设备"是指20世纪六七十年代为发展航空、航天、原子能、电子等行业对新材料的需求,研制的具有国际先进水平的九套大型设备,包括3万吨模锻水压机、1.25万吨有色金属卧式挤压水压机、2800mm冷轧铝板轧机、700mm20辊极薄带钢轧机、2300mm冷轧合金薄板轧机、2mm~80mm钢管冷轧机系列和80mm~200mm钢管冷轧机系列。沈鸿是"九大设备"的主要负责人。
③周恩来1965年在接见全国机械产品设计工作会议的代表时,肯定了工人在制造万吨水压机中所起的作用:"沈鸿,你那台水压机一个人能拿出来吗?还不是要找其他技术人员和工人一起搞。不要只算专职设计人员,要包括熟练工人。"参阅沈鸿:《回顾周总理生前对我国机械工业发展的关怀》,引自《沈鸿论机械科技》,机械工业出版社1986年版,第271页。

是推行以"两参一改三结合"为核心内容的"鞍钢宪法"①，即实行民主管理，干部参加劳动、工人参加管理，改革不合理的规章制度，工人群众、领导干部和技术人员三结合。事实上，沈鸿摸索出的一整套比较有效的管理方法所依据的正是"三结合"的原则。

"鞍钢宪法"的精神实质就是后来在西方发展起来的后福特制。然而，由于当时片面强调"政治挂帅"，"文化大革命"时又突出强调"贯彻阶级路线、群众路线的三结合"，以致在许多工厂实际的执行中，"鞍钢宪法"并未得到很好的贯彻。

三 对成功经验的总结和解释

万吨水压机的研制是"大跃进"时期在工业建设和技术发展中少有的成功事例。40 余年来，对其成功经验的认识大致可以分作两类：一是政治层面的，二是技术与管理层面的。

20 世纪六七十年代的解释，一般要突出万吨水压机的成功是"两论"、"三面红旗"、自力更生和群众路线的胜利。沈鸿的总结也很有代表性：

上海万吨水压机的制造成功，也是靠毛主席的两论起家。(1963 年)

这是总路线、大跃进的产物。也是自力更生、奋发图强的结果。也是敢想敢说敢做和严格、严密、严肃的科学态度的具体表现。在世界通常情况下，制造这样大的机器所必须的大锻件、大铸件、大机床、大厂房、大专家，在当时的江南造船厂还是"五大"皆空。为什么"五大"皆空能造出这台大机器呢？是因为依靠了毛泽东思想，应用了《实践论》，应用了《矛盾论》，发挥了集体智慧。(1964 年)

---

① 苏联曾搞出了所谓的"马钢宪法"，即指以马格尼托哥尔斯克冶金联合工厂经验为代表的苏联一长制的管理方法。1960 年 3 月，毛泽东在《鞍山市委关于工业战线上的技术革新和技术革命运动开展情况的报告》上批示，"《鞍钢宪法》在远东、在中国出现了"，并提出要以苏联经济为鉴戒。1961 年制定的"工业七十条"，正式确认这项管理制度，并建立党委领导下的职工代表大会制度，使之作为克服官僚主义的良好形式。

林宗棠也多次强调"两论"对建造水压机所起的指导性作用。①

"文化大革命"以后,一方面强调自力更生、奋发图强的意义;另一方面,也认真总结技术与管理方面的成功经验,如"七事一贯制","四个到现场",注重实验研究、模型和样机的作用,"周咨博访"与大力协作,注重质量控制和成本控制,注意设计队伍的稳定和人才的培养,等等。

在今天看来,"文化大革命"前的一部分政治层面的解释或许有附会之意,不过我们从不同时期的字面上的变化,可以看到人们观念转变与时代变迁的轨迹。时至今日,沈鸿领导研制万吨水压机一事仍然受到重视,只是关注的重点与过去有所不同。经过半个多世纪大规模的工业建设和科学技术发展,中国的综合国力已大幅提升;发展的国际环境也不同于以往。在新的形势下,如何增强创新能力?如何提高工程项目的管理水平?如何让技术的发展和工程项目的实施相互促进,并能够满足国家和社会的需求?思考这些问题,或许能够从历史中找到有益的启示。上海万吨水压机的研制为我们提供了这样一个难得的实例!沈鸿等在当时探索的适合中国装备制造技术发展的经验和方法,所体现出的创新精神以及重视人才、重视实践、重视技术工人等成功经验,都值得认真分析和总结。

四　结语

领导研制万吨水压机是沈鸿一生中最杰出的成就之一。这台水压机既是沈鸿展现其技术天赋和工程组织才华的舞台,也是中国工业建设的一个典型代表。沈鸿是一个颇具传奇色彩的机械工程专家。他虽然只上过四年小学,但他一生勤奋好学,对机械工程等多门学科深入钻研,并善于解决实际问题。他是技工出身,在抗战中携机器赴延安,在那里他成为技术多面手和边区工业生产的领导者与组织

---

① 林宗棠:《一万二千吨水压机的制造成功是毛泽东思想的胜利——在实际工作中学习和运用〈矛盾论〉〈实践论〉的体会》,《哲学研究》1965 年第 1 期。林宗棠:《〈实践论〉是做好科学技术工作的指针——参加一万二千吨水压机设计制造工作的体会》,《哲学研究》1965 年第 5 期。

者之一。在领导研制万吨水压机的过程中，他倡导独创精神，也提倡吸取世界先进经验。在长期的工程实践和不断的学习中，沈鸿积累了丰富的经验和渊博的知识，不论是面对具体的技术问题，还是工程的组织管理问题，他常有深入的研究和独到的见解，是兼长技术分析和项目管理的工程大师。因此，他深受毛泽东和周恩来等党和国家领导人的信任和器重，这一点绝非出于偶然。

"大跃进"时期，很多冒进的工程项目都失败了，为什么沈鸿领导研制的万吨水压机能够成功？这是值得我们认真思考的问题。脱离一定的历史语境去看问题，我们的认识和判断很可能会出现偏差。在万吨水压机的研制过程中，每一次技术路线的选择、技术的进步和创新，既是技术人员和技术工人智慧的结晶，也是在复杂的社会背景中多种因素综合作用的结果。这台万吨水压机因之具有鲜明的时代特征。沈鸿及其创新团队能够在特定的社会文化环境中善于创新，他们宝贵的经验留给后人诸多有益的启示。

第四节　中文印刷业跨入"光与电"的时代
——王选和激光照排系统

第四代激光照排系统是由王选主持的我国的一项伟大发明，被誉为"汉字印刷术的第二次发明"。该发明针对汉字字数多、存储量大的特点和难点，发明了高分辨率字形的高倍率信息压缩技术和高速复原方法，率先设计出相应的专用芯片，在世界上首次使用控制信息（参数）描述笔画特性的方法，并取得了一项欧洲专利和八项中国发明专利。这些成果的产业化和应用，废除了我国沿用上百年的铅字印刷，彻底改变了印刷行业的命运，推动了我国报业和印刷出版业的技术革命，使中文印刷业告别了"铅与火"，大步跨进"光与电"的时代。

激光照排系统的研制，从方案的提出到确定，到原理样机的研制，再到各型商品机的研制，经历了种种困难。1975年激光照排系统开始研制，我国正处于"闭关锁国"、技术落后的状态，又逢"文化大革命"时期，国家发展深受"四人帮"的严重干扰,在这种情况下,跳过流行的第二代和第三代照排机,直接瞄准研制当时世界上最先进的第四代激光照排系统,困难不言而喻。首先,大部分人不相信我国自己能成功研制激光照排系统,使得激光照排系统方案的采纳几经周折;其次,由于计算机人才的缺乏,好不容易建立起来的班组却因为当时的出国热而出现人员动荡,合作单位不齐心合力;再次,几经奋斗克服了技术难题,却面临着国外商品的强势威胁。特别是有人认为王选在"玩数字游戏"、"奏畅想曲",激光照排系统根本不可能成功。

面对接踵而至的种种壁垒和陷阱,王选用他非凡的毅力、执著的创新精神,经过呕心沥血的奋斗,攻克了一个又一个难关,不断推出各型照排机,使我国从落后的铅字排版一步跨进了最先进的激光排版技术领域,使印刷行业的效率提高了几十倍,并且使强劲的外国厂商在中国大陆节节败退,失去了立足之地,让我国的激光照排系统在市场上创造了一个神话。

一 艰难起步,顽强拼搏

1. 知己知彼

1974 年 8 月,国家计委将汉字信息处理技术的研究方案命名为"748 工程",并列为国家重点科研项目,由电子工业部计算机局局长郭平欣主持。"748 工程"包括精密汉字照排系统、汉字情报检索系统、汉字通讯系统和汉字终端设备三个子项目。王选对"748 工程"的精密汉字照排系统有浓厚的兴趣,这是专门用于书刊和报纸编辑排版工作的专用系统。他认为,印刷行业一旦通过电脑实现了"无纸编辑和照相排版",我国的报纸及书刊的排印速度将大幅度提高。它对推动我国进入信息时代、加速中华民族的文明发展进程,将起到难以估量的作用。经过深入调查研究,王选得出结论:要研制精密照排系统先要研制照排机。当时照排技术已经发展到第四代。

第一代:手动式照排机。1946 年在美国问世,原理是打字机加照相机,该照排机效率低,一旦按错,改版非常麻烦。

第二代：光机式照排机。原理是把文字刻在圆盘或圆筒上，把要排的文字转到一定的位置，打开照相机的快门，曝光在底片上，美国于 1951 年制成并称为 Photon200。二代机用机械方式选字，对机械精密程度要求极高，依照我国当时的机械工业水平，很难达到要求。

第三代：阴极射线管照排机。它把字模的数字化点阵存储在计算机内，按照要求把点阵扫瞄到超高分辨率荧光屏上，依靠荧光发光，在底片上成像。德国赫尔（Hell）公司 1965 年发明了三代机。三代机所用的阴极射线管比黑白电视机分辨率高 20 倍，生产难度大，对底片灵敏度要求高，国产底片很难过关。

第四代：激光照排机。字模以数字化点阵的形式存储在计算机中，输出时用受控制的激光束在底片上直接扫瞄打点。英国蒙纳（Monotype）公司于 1976 年研制成功。

西方的照排技术从第一代机发展到第四代机，经过 30 年之久，并且使用的是拼音文字，数量不过 100 多个字符；而汉字量却数以万计，难度之大不言而喻。另外，汉字照排技术在国内也面临着激烈的竞争。当时是 1975 年，先于王选所在的北大，国内已有五家单位在研制精密照排系统，并且实力雄厚。王选对五家研制单位所采用的技术途径进行了全面的科学分析。[①]

第一家是由上海印刷技术研究所、华东计算所（即电子工业部 32 所）、上海硅酸盐研究所等十几个单位组成的攻关班底，是全国实力最雄厚、规模最大的一家。王选认为他们采用的全息存储器的技术难度大，以后在信息存储上会碰到难以逾越的障碍。

第二家是上海中华印刷厂和复旦大学，它们共同研制了圆筒式二代机。

第三家由北京新华印刷厂，清华大学计算机系、精密仪器系和科学院长春精密光学机械研究所组成，联合研制平板式二代机。王选认为，用高难度的机械装置对付外文的几十个字母还可行，若用来对付成千上万的汉字，困难非常大。

---

① 郭洪波、刘堂江：《中华之光——王选传》，广西科学技术出版社 1990 年版，第 63—64 页。

第四家是中国科学院自动化研究所,该所于 1972 年开始研制全电子式第三代西文照排机,字形存储采用飞点扫描的方式。三代机的机械动作虽然比二代机少,输出的速度也快得多,但它对底片的要求极高,国产底片很难过关。另外,飞点扫描的方式也很难解决高精度汉字字形的存储问题。

第五家是云南大学与云南出版局,共同研制了三代机。它采用字模存储管方案,汉字字模板插在阴极射线管内。这种装置的技术难度很大,没有发展前途。①

2. 历史难题

方案的创造性、先进性和可行性是竞争能否获胜的关键,国内研制照排机的五家单位在这三个方面存在严重缺陷。当第二代西文照排机已经在大量推广,第四代西文照排机正在一些技术先进的国家加紧研制的形势下,王选认为我国即使费了九牛二虎之力研制出二代机和三代机,也没有多大价值,差距仍会继续扩大。于是,王选目光迅速掠过第一代、第二代和第三代照排机,直接瞄准了国外正在研制的、世界最先进的第四代机——激光照排机。当时世界上最早开始研制激光照排机的英国蒙纳公司也刚刚进入试制阶段,尚未形成商品。

要瞄准目标并不困难,但具体实现并非轻而易举。如果王选能成功研制汉字激光照排系统,实现汉字书报编辑排版自动化,就等于他继毕昇之后,在中国完成了另一次神奇的汉字印刷术革命,使中华民族在印刷术上一步越过外国人 40 年才走完的现代化历程。如果把祖先在印刷术上停滞不前的漫长岁月也计算在内的话,这一步至少跨跃了 500 年。一般人不相信王选能迈出这样巨大的步伐。除了他的妻子陈堃銶相信王选能实现他神话般的梦想外,周围人都抱以担忧的、怀疑的或嘲笑的目光。陈堃銶不但是王选生活上的亲密伴侣,更是他事业上的得力助手,1975 年北京大学照排项目一开始,她就负责软件。王选不理会周围人的态度,他坚信中国人可以依靠自己的力量,让历经数千年不衰,生命力如此顽强的汉字,在

① 郭洪波、刘堂江:《中华之光——王选传》,广西科学技术出版社 1990 年版,第 64—65 页。

电子计算机里闪电般地自由出入，随心所欲地编排版面。为了中华民族的未来，他以久病虚弱的血肉之躯，踏上了艰险的历程。

横在王选面前的第一道难关就是汉字字模的存贮量问题，这也是横亘在中外科学家面前的最大技术难关。汉字的常用字在 3000 字以上，印刷用的字体、字号多，每种字体起码需要 7000 多字，每个汉字从特大号到七号，共有 16 种字号。考虑不同字体和不同字号在内，印刷用的仅汉字字头数就高达 100 万字以上。汉字点阵对应的总存储量将达 200 亿位。① 当时国产计算机没有现在的大容量内存、磁盘甚至服务器。王选有条件使用的国产 DJS130 计算机的磁芯存储器的最大容量只有 64KB；没有磁盘，只有一个 512KB 的磁鼓和一条磁带，相当于美国 20 世纪 50 年代末的水平。② 如此大的数字，即使不考虑工艺水平的限制，成功制成超容量巨型磁盘，其缓慢的存取速度和高昂的价格也足以使它丧失一切实用价值。如此简陋的条件，如果王选不能另辟蹊径，解决汉字字模的存贮问题，研制汉字精密照排系统的豪言壮语就将成为一句空话。

面对这一难题，王选找来报纸琢磨汉字字形的特点和规律。渐渐地他发现，汉字的基本笔画很有规律，如横、竖、折等，是由基本直线和起笔、收笔及转折等笔锋组成的，而有些笔画如撇、捺、点等，虽然不规则，却都有一定的曲线变化。王选灵感一闪，这些规律完全可以用数学的轮廓加参数的方法描述出来，对于规则笔画，可以用一些类参数精确表示，对于不规则笔画，可以用轮廓表示。王选通过统计，发现汉字中规则笔画的比例占了近一半，压缩空间很大，从理论上讲，完全可以研究出一套高倍率的汉字字形信息压缩方案。经过努力，1975 年 6 月底，王选写出了"全电子式自动照排系统"的建议手稿。王选的方案受到北大无线电系、校图书馆和印刷厂部的热情支持。

3. 孤军奋战

王选的初步方案很快在北大通过，"全电子式自动照排系统"被正式列为北大

---

① 郭洪波、刘堂江：《中华之光——王选传》，广西科学技术出版社 1990 年版，第 69 页。
② 丛中笑：《王选》，贵州人民出版社 2004 年版，第 23 页。

科研项目。学校决定从无线电系、数学系、物理系、中文系、电子仪器厂及印刷厂等单位调派人力,组建研究班子。但是 1975 年,北大还没有形成良好的科研协作气氛,王选所寄予厚望的几个系大都反应冷淡,只有率先派出两位教师(其中一名是陈堃銶)和两位年轻人的数学系令王选欣慰。另外,印刷厂派出一位师傅,中文系在第二年才派人参加了这项工程,总体情况很让王选失望。从 1975 年夏天到1976 年底,科研班子始终没能组建起来。已调来的人对计算机也不熟悉,真正懂计算机的只有王选和陈堃銶两个人,直到 1977 年 4 月,始终缺乏计算机方面的教师。由于北大各系推辞,不愿出头,因此于 1976 年 3 月底,由当时北大教育革命部部长张龙翔担任组长,他从上任之日起直到后来任副校长和校长期间,始终全力支持这一项目。

　　尽管人手缺少,王选夫妇并没有放弃,为了使原来的设想变成现实,使方案具体化,两人对汉字的字形结构进行了更加深入的分析研究。在接下来的几个月里,王选趴在桌子上用放大镜分析字形规律,进行极其繁杂的统计和比较,精确地计算不同笔画的曲率变化,再分类合并,进一步提高汉字信息的压缩倍数。夫妇俩经过几个月呕心沥血的奋战,终于研制出一套用轮廓加参数的描述方法,可以使汉字字形信息以高达 1∶500 的比例压缩的方案。同时,王选还发明了一种巧妙的复原办法,他用数学方法推导出一套递推公式,使被压缩的汉字信息高速复原成字形,而且适合通过硬件实现,为日后设计关键的激光照排控制器铺平了道路。除此之外,更独特的是王选想出用参数信息控制字形变化时敏感部分的质量的方法,从而实现了字形变倍和变形时的高度保真,为汉字精密照排系统的研制扫除了最大的障碍。这项发明在 1975 年是世界首创,比西方早了 10 年,大约 10 年后,类似的技术才在西方流行。1975 年 9 月,王选的高倍率字形信息压缩技术、字形的高速还原技术进一步成熟,并通过软件在计算机中模拟出“人”字的第一撇,取得了汉字信息处理技术的重大突破。这些技术后来获得我国第一项欧洲专利和多项中国专利,成为汉字激光照排系统的核心和基石。

4．方案落选

为了论证我国精密照排的技术方案，北京出版办公室于 1975 年 10 月 31 日—11 月 3 日在北纬旅馆召开了方案介绍和论证会，让各个参加的单位分别介绍自己的方案。王选参加了会议，在会上介绍了他所代表的北大的字形信息压缩的方案。在所有的照排系统方案中，北大方案新颖奇特，独放异彩，但是结果却给了王选一个重重的打击。由于出版界人士长期接触的都是二代机的机械原理方案，再加上当时也有日本人和美籍华人做过信息压缩技术，效果都不好，尽管北大用计算机展示了模拟实验的结果，但仍有很多人认为北大的数学方案只是一种幻想，不可能成为现实，有些人干脆认为这是一种脱离实际的数学游戏。"北大在玩数学游戏"的说法在这次论争会上产生。主持会议的北京出版局和新华印刷厂的工作人员对北大的方案也画了一个大问号。

会议最后上报方案时，最先进的北大方案被淘汰，大会主持者上报落后的二代机方案作为国家重点科研项目——"748 工程"的正式方案。1976 年 6 月，一份印刷精美的北京市文件正式下达，明确规定了"748 工程"采用二代机方案，并要求北京大学承担二代机的排版软件开发。王选当时的心情是沉重的，作为一名科技工作者，他深知技术决策的错误必将带来人力物力方面的浪费，也将延误我国在照排领域赶超世界先进水平的步伐。

5．东山再起

汉字精密照排系统是一项工程庞大的高科技项目，没有可观的经费和实力雄厚的协作工厂，项目不可能获得成功。王选的方案未能列入正式科研项目，上述两个必要的条件已不可能得到。但王选夫妇毫不气馁，他们每天依然废寝忘食地完善着自己的方案。到了 1976 年初，王选的高倍率汉字信息压缩技术、高速还原技术及不失真的文字变倍技术已经相当成熟，在技术上有三个重大突破：

（1）对横、竖、折等规则笔划的笔锋特征，已研制出一种更加科学的参数描述法。对点、撇、捺等不规则的笔锋，则用一串折线逼近轮廓的方法，已能达到十分精确的描述效果。

（2）找到了一种非常理想的快速复原算法，能把压缩了的信息高速还原成点阵。这种计算方法的优点是只用加减法，不用乘除法，步骤少，速度快，适宜用硬件来实现。

（3）研究出一种文字变倍的可靠方法。它能保证汉字在变大或缩小时都没有积累误差。不论宋体、仿宋体还是黑体字，在变化过程中，能保证所有的笔画都能保持均匀美观。①

通过反复的试验验证，王选和陈堃銶的高倍率汉字信息压缩技术、高速还原技术和不失真的文字变倍技术等核心技术已相当成熟。研制汉字精密照排系统的重大技术难题已被王选突破，这也使得王选的方案经过一段时间后，最终被采纳。

"748工程"的发起单位有五个，四机部（电子工业部）、一机部（机械工业部）、科学院、国家出版局和新华社。新华社既是发起单位，又是第一用户，他们不赞成采用二代机方案，觉得速度慢，灵活性差，机械故障多，很难满足报纸的要求。通过多次接触和了解，新华社王豹臣等人和当时主管"748工程"的四机部计算机工业管理局局长郭平欣倾向于采用北大方案。1976年6月11日，四机部"748工程"办公室张淞芝、郭平欣、王豹臣，国家出版局副局长沈良等去北大参观，看后很满意，很快设法说服十五所退出这一项目，由北大负责抓总。然而，任务的下达很曲折，由于北京市盖了三个大印的文件已明确指出"748"任务下达给新华印刷厂，并采用二代机方案，再要下达任务就很困难；而当时正值"四人帮"反对"条条专政"，四机部无法给北大直接下达任务，必须通过北京市。通过郭平欣的努力，1976年9月8日，经四机部副部长的同意，郭平欣签名发出一封信，这封信是张淞芝的笔迹，写在普通的信纸上，就算给北大正式下达了研制任务。由于种种原因，二代机方案未能放弃，从1975年到1982年，北京存在两个"748"，一个是郭平欣局长领导的"748"，一个是北京市的"748"。

---

① 郭洪波、刘堂江：《中华之光——王选传》，广西科学技术出版社1990年版，第75页。

二　技术创新,渡过难关

1. 刁钻的难题

汉字精密照排系统是一项十分复杂、庞大的高科技系列工程,继汉字字模的存贮问题之后,还有大大小小数不清的科技难题。王选的方案得到领导的支持后,他的第二个大目标是解决高精度的输出装置。

当时,他唯一能借鉴的是三代机的阴极管射线输出装置。但因制造高分辨率的显像管和扫描电路的技术比较复杂,输出装置对底片灵敏度的要求也非常高,而国产高分辨率 CRT 尚未过关,幅面很小,高灵敏度底片无人研制;另外为保证 CRT 高质量输出,需研制一整套复杂的校正电路,这些都是德国 Hell 首创的技术,后来传到了美国,整个团队对这些毫无经验,最后被王选否定。[1]

1976 年 4 月,王选了解到邮电部杭州通信设备厂制成报纸传真机,并已在《人民日报》投入使用,报社每天用这种高精度的传真机把《人民日报》清样在北京通过传真机传送到外省市制成底片,再制版、印报,分辨率可达 24 线/毫米,基本达到了出版的要求。王选通过请教北大物理系光学专家张合义得到答案,可以将报纸传真机的录影灯光源改成激光光源,并且把分辨率从原来的 24 线/毫米提高到 29 线/毫米,而王选给系统定的 742 线/英寸的输出分辨率,即相当于 29 线/毫米,但是激光输出的控制器有很大的技术困难。

当输出分辨率为 742 线/英寸时,把一般报纸的汉字压缩信息还原成的点阵,信息量将近 20MB。当时没有国产磁盘,直到 1987 年底才有 5MB 的保加利亚磁盘可供使用。国产磁鼓的容量仅有 500KB,内存都是磁心的,一块板为 8KB,最多插 8 块板,64KB,这也是当时国产 DJS130 机的最大内存容量,相对于一般 20MB 的信息量是杯水车薪。最令王选头疼的是阴极射线管三代机可以在瞬时改变光点的直径和扫描步长,因此可以走走停停,逐字扫描;而杭州通信设备厂研制的传真机却

---

① 王选:《王选谈信息产业》,北京大学出版社 1999 年版,第 36 页。

不能,一旦扫描开始就要连续不断高速提供点阵信息给扫描头,这种扫描方式称为逐线扫描。激光不能改变光点直径、逐线扫描和不能走走停停这三个特点,使控制器提供字形点阵变得十分困难。如何用一台500KB的磁鼓、两个32KB的交替访问的磁心存储器,使控制器在每页报纸扫描开始后,能够连续不断地高速提供多达20MB的一版版面点阵,而且两页之间还不许有长的停顿,成为几个月里的技术难题。①

为了解决这个难题,王选又研究出逐段生成的办法,一次只生成一小段文字,这样,用较小的存贮器就能控制不停顿的激光扫描输出设备。但是用杭州通信设备厂滚筒式传真机改装成的照排机,滚筒的转速不能太快,每秒钟仅能输出15个字,输出速度和50年代的第二代机相同。经过多日的反复思考,王选想到同时提供四路激光扫描来提高速度。由于他对光学和机械制造不在行,通过请教张含义,成功地把照排机改成四路平行扫描,使输出速度提高了四倍,从原来的每秒钟15个字提高到每秒钟60个字,完全达到了实用标准。

2. 艰难的岁月

1976年,王选在激光照排总体方案设计上取得突破性进展,但项目的整体推进情况却几乎处于停顿状态。他的方案虽然获得校领导的支持,并成立了以张龙翔为组长的会战组,但正值"四人帮"专权的日子,人们的认识不统一,有些系积极性不高,迟迟派不出参加人员,当初决定的会战班子并没有真正组建起来。王选所在的无线电系的党总支甚至专门通过会议决定无线电系不参加激光照排项目。没有组成健全得力的班子,会战组中真正懂硬件的只有王选一个人,懂软件的只有陈堃銶和一名助手,人手奇缺。更糟糕的是,系统的唯一"用户"——新华社,由于"反右倾翻案风",于1976年下半年停止了对精密照排系统项目的研究使用。没有用户,科研经费被削减,王选陷入进退维谷的境地。但他没有退缩,咬着牙继续向前挺进。

---

① 王选:《王选谈信息产业》,北京大学出版社1999年版,第54页。

3. 意外的转折

1977年，粉碎"四人帮"后的第一年，情况有了彻底转变。1977年初，新华社与北大的合作关系中止半年之后，重新派人来到北大，了解到激光照排工作后，他们上报中央并请求经费支持。同时，组长张龙翔拿到了校党委"不必重议，抓紧进行"的积极批示，使"748工程"科研班底组建困难有了改变。同年5月，新华社、电子工业部和北京大学三家负责人在新华社召开了联席会议。会议成立了"748工程"领导小组，从而使该项目在组织上得到了有力的保证。这次会议后，北大相关各系和单位对"748工程"的重视程度大大增加，纷纷派人员参加，王选和陈堃銶孤军奋战的局面从此结束。

4. 各方的协助

汉字精密照排系统是一项工程庞大的高科技项目，单靠北大和新华社远远不够，还需要各方面实力雄厚的单位的协作。1976年春，王选开始构思汉字校改终端的总体方案。1977年夏天，通过了解得知，无锡电表厂是汉字终端的最佳选择，但是无锡电表厂是从事情报检索子项目研究的南方"748"项目成员，要为北方"748"项目服务，把新华社作为汉字终端的第一用户，并非易事。通过郭平欣等领导出面与江苏省电子局和有关单位多方协调，终于在同年10月底将无锡电表厂确定为汉字终端的生产厂家。选择生产照排控制器的总承厂的过程也很曲折。由于潍坊电讯仪表厂的积极性最高，王选坚持由其承担控制器的生产。但是该厂实力并非最雄厚，最后是通过实地考察，科研班组的人员才同意王选的选择。为了使潍坊的技术力量增强，后来他们还派了一批技术人员调入潍坊。在激光照排机方面则与杭州邮电通讯设备厂达成协议，同时，与吉林省的长春光机所和四平电子研究所合作研制转镜式激光照排机。与这些厂家确立的协作关系，也为日后的系列化商品的生产打下了良好的基础。

三　抵抗冲击，勇敢较量

确定好了各协作单位，激光照排系统进入研制阶段。然而，整个研制过程又碰到了来自国内外各方面的困难。

1. 外商威胁

王选和同事们满腔热情地投入到原理性样机的研制工作中,王选除了负责总体设计外,还负责照排控制机的设计。当时没有实行对外开放,零部件全部采用国产,集成电路也是小规模的,因此照排控制器体积庞大,研制工程量很大。由于国产集成电路质量差,每次关机、开机都会损坏一些芯片,严重影响进度,最后只好不关机,由研制人员通宵值班。软件系统方面继续由陈堃銶负责设计。软件开发的条件也很差:100 系列上只有 Basic,没有 PASCAL,更没有 C 语言,开发系统软件和应用软件不得不用汇编语言;没有软盘,程序输入、输出都用纸带;没有显示器,用控制台面板操作来调试程序,难度相当大。① 王选和同事们盼望着能使用先进的进口计算机和元器件来提高工作效率。可是,1978 年 12 月党的十一届三中全会召开后,改革开放的大门刚刚打开,王选和同事们没有盼来先进的设备,却迎来了实力强劲的外商——英国蒙纳公司的威胁。

英国蒙纳公司 1976 年发明了第四代激光照排机,并很快成为商品。直到1985 年,可以说世界市场上唯一的一种第四代照排机商品就出自该公司。蒙纳系统预定于 1979 年夏天在上海、北京两地展示,并准备大举进入中国市场。它采用平面转镜方式,可以走走停停,一行字可以扫完几线后停下,再启动时继续扫该字下面几行,这种在一个字中间走走停停却仍能保持字的精度的技术无疑是一大发明,而当时正在研制的照排机做不到这一点。但是蒙纳系统的控制器总体设计很差,不但压缩率低影响输出速度,终端功能也很差,离真正使用的要求还有很大距离。正在研制的原理性样机的主要问题是硬件设备差,系统可靠性低,即使完成,离成为商品的要求也相差甚远,但优势在于设计思想先进。面对蒙纳的威胁,王选一方面加紧原理性样机的研制,确保 1979 年秋天蒙纳展览前输出一张报版样张,另一方面着手基于大规模集成电路的真正实用的 II 型机的研制。

---

① 丛中笑:《王选的世界》,上海科学技术出版社 2002 年版,第 120 页。

经过北大和协作单位的共同努力，1979 年 7 月 27 日输出了一张八开报版样张，对此成果，新闻界为慎重起见，只在《光明日报》上发表了一则长篇报道。当时不相信中国人自己的科研力量的人有不少，引进风刮得很猛。而 1979 年夏报版样张的输出和 1979 年秋汉字终端的成功演示，用落后的国产元件，做出功能比外国产品更好的样机系统，增加了各方面不少信心。

1979 年输出报版样张主要是调试硬件系统的正确性，而排一本书则很大程度上是调试软件，排版软件是否正确只有通过版面输出才能最后验证。软件系统的调试也是历尽艰辛。由于国外当时也没有大样输出机，国内的激光大样机直到 1984 年才配上，用照排机出底片来调软件在时间和代价上均是无法承受的。更难的还是硬件不可靠，硬盘、纸带输入、宽行打印和照排控制机是故障率最高的，经常得不出结果。在这种艰苦条件下，经过千辛万苦终于在 1980 年 9 月 15 日完成了第一本样书《五豪之剑》的排版，完成软件系统正确性的调试。

2. 人员动荡

1979 年 7 月原理性样机排出一版报纸样张后，王选决定见好就收，不致力于系统的使用和生产，而只是对付鉴定会。1981 年 7 月，激光排版原理性样机在教育部和国家电子计算机工业总局的主持下，通过了部级鉴定。鉴定会肯定原理性样机，后来称为华光 I 型机，在汉字信息压缩技术方面居于世界领先地位；激光照排机的输出精度和排版软件的某些功能达到国际先进水平。而在北大之前起步的五家研制单位，四家停止研制工作，一家改变了研制方向。虽然核心技术登记了欧洲专利，华光 I 型系统在不少方面都优于当代最先进的英国蒙纳公司的系统，但是它只不过是一台原理性样机，它采用的是小规模集成电路，是落后的磁芯存贮器。这些国产部件仅能达到 70 年代初的水平，可靠性也存在着不少问题。1979 年 9 月起，王选把主要精力放在 II 型机的设计上，而 II 型机的启动过程更是风波迭起。

1975—1977 年北大"748 工程"班子组建时，遇到各系领导的阻力，困难重重，但最后班子组建成功了。但没想到 1978 年底开始北大内部风云突变，一批中年教师获准出国做访问学者，业务上可以学习国外最新知识，经济上又能得到改善。由于"四人帮"期间对教师只管使用,不注意培养,计算机领域的教师长期从事繁重的工程工作或者缺乏新意的教学,改革开放后教师很想读书,充电,提高水平。1978 年北大开始恢复职称评定,此后直到 1985 年,高校和科研单位评职称往往重视论文,再加上从事激光照排项目又是繁重的软硬件工程任务,对从事应用项目的科研人员很不利。当时北大计算机和电子领域的教师,谈起工程项目都有点"谈虎色变",认为很难稳定队伍,吃力不讨好。这些原因使"748 工程"成了多少有点"不得人心"的项目。面对出国风潮,张龙翔 1979年专门在全室大会上动员老师暂时不要出国,齐心合力搞好"748 工程",终于留下了一批中年教师。①

就在王选顽强地抵抗出国"冲击波"的干扰,在逆境中奋力拼搏的时候,又一个沉重的打击降临到王选头上。他工作上最得力的助手、生活上最亲密的伴侣陈堃銶突然患了癌症。幸运的是她的癌细胞没有扩散,经过一次大手术,休息一年后,她又重新回到了研究室。

此外,1981 年原理样机鉴定会以后,样机的研制经费已用得差不多。总承担单位潍坊计算机厂的个别领导认为已经投入了四年不见效,对新一代系统什么时候能投产和在市场上盈利缺乏信心,因此对二代机的研制不大支持。王选得到消息后,通过相关方面联系,找到在山东的电子部副部长李瑞,李瑞则找山东省电子局和潍坊市电子局的领导,希望他们改变态度,继续全力支持"748 工程"。同时,潍坊计算机厂的个别同志坚决抵制个别领导的错误。通过上下一致努力,才扭转了局面。

3. 技术难题

好不容易人员算是稳定下来后,Ⅱ 型机照排控制器 TC83 的调试又存在很多问题,主要表现在:TC83 两台微处理器平行工作,靠信号量彼此协调,但微程序在处理横竖折等规则笔画时有一处编码疏漏,即微程序本身没有错,但人工翻成的二

---

① 王选:《王选谈信息产业》,北京大学出版社 1999 年版,第 87 页。

进制码有错,引起了随机故障;大样机输出一个版面时总有大批宋体字出现填充时不封闭而字后面拖出一条尾巴的现象。这一现象只在输出大样时才有,精密照排时不出现,但这一故障是随机的,而且无法再现,又没有逻辑分析仪,很难查出原因。这一故障引起了用户的不满,早在 1984 年底就已经发现,但折磨了王选很长时间,直到 1986 年 3 月查出根源后才得到解决。

4. 暗中较量

1975—1985 年是激光照排项目最困难的 10 年,当时一般舆论不相信北大能研制成功,原理性样机鉴定后,又不相信北大产品能与外国商品竞争。1984 年Ⅱ型机虽然已在新华社安装及进行系统测试,但各部分均存在不少毛病,尤其是照排机的可靠性问题更为突出。1984 年夏,一些人看到外国产品将要带来冲击和即将出现的第二次引进高潮,对"748 工程"信心不足。后来参加协作的个别单位对"748 工程"失去信心,提出希望撤走协作人员,有的协作单位则提出要改变技术途径。1984 年在人民日报社召开的讨论《人民日报》是否要引进专家的座谈会上,绝大多数人赞成引进。有的人说:"北大设计的系统即使搞出来也是落后的。"在这种情况下,一些有钱的报社和印刷厂都把目光投向了外国产品,先后有六家大报社购买了五种不同牌子的美、英、日生产的照排系统,几十家出版社、印刷厂购买了蒙纳系统和若干台日本第三代照排机。

然而,面对第二次引进高潮的压力,王选充满信心。他相信 1985 年新华社的系统能投入运行。另外,Ⅳ型机的总体构思已经在王选脑中形成,并且他坚信,Ⅳ型机技术上的明显优势和积累下来的软件成果,以及辛辛苦苦制作的大量精密字模,将在下一轮竞争中发挥巨大威力。1985 年初,新华社开始试用Ⅱ型机。开始时十分狼狈,半夜系统出故障,文件丢失找不到,操作系统、排版软件和终端软件都有故障,照排控制器 TC83 大样输出时宋体字随机不闭合、拖尾巴的毛病,引起校对人员抱怨,照排机上下片经常卡住而不得不关机,摸黑处理,终端软件错误引起变字。后来经北大相关人员分析原因,发现是由缓冲区过小引起的。随后,在新华社召开各单位参加的协调会,落实一些具体问题的解决方案。但由于新华社试用过程仍问题不断,还发生照排机马达烧坏的事故,协调会第二次召开。会议中,新华社方面并没有指责,而是分析问题,讨论解决的方法,这给各方研制人员极大的鼓励。经过北大和各个协作单位的共同努力,Ⅱ型机系统终于比较正常地运行,并于1985年5月6日—8日通过了国家级鉴定。

四　告别铅排,为国争光

1. 运筹帷幄

1986年,中国新闻界首次评选年度中国十大科技成就,华光Ⅱ型计算机汉字激光照排项目当选。王选清楚它绝对担当不起改造印刷行业的重任,因为其照排控制器TC83、终端、主机硬盘和软件都未达到高度可靠。特别是TC83,设计于1979年,没能采用80年代中期国外最新硬件技术,因此存在致命伤——在字形压缩信息复原方面,仍旧采用逐段生成和逐段缓冲,而无法采用整版点阵缓冲,从而带来了无法补救的缺憾:碰到一些复杂表格的版面,当小字很多时会出现点阵迟到;无法做到文字与图片、照片的合一输出,也无法输出带有底纹的版面,而英国蒙纳系统是可以做到的。[1] 另外,当时科技图书的出版难问题相当严重,由于这些书刊涉及形形色色复杂的数理化公式和符号,要铸造专用签字字模耗时又费力,而王选他们安置的排版软件在排科技书籍方面的功能还不够强大。

早在1984年王选就强烈感受到了该问题,于是他开始了新的照排控制器的总体设计,并于1985年11月推出华光Ⅲ型系统。与华光Ⅱ型系统相比,Ⅲ型系统不仅体积小,外观小巧漂亮,而且在技术指标和功能方面都有了明显的提高。价格也大幅度下降,朝小型化、实用化和商品化方向迈进了一大步。当年12月,该系统与科技版软件通过了部级鉴定。华光Ⅲ型推出后不到两年的时间,就在我国新闻出版及印刷系统售出40余套华光Ⅲ型计算机——激光汉字编辑排版系统,用户反映很好。Ⅲ型系统所配备的科技排版软件在科技界和出版界赢得一片赞誉声。这是

---

[1] 丛中笑:《王选》,贵州人民出版社2004年版,第79页。

我国第一个实用科技排版系统，它能够方便而规范排印各种复杂的公式、符号和表格，一面世就好评如潮，连获大奖——全国首届发明协会发明奖、北京地区电子和信息应用系统一等奖、全国计算机应用展览会一等奖、第14届日内瓦国际发明展览会金奖……中国的汉字激光照排系统一下子蜚声中外。

2. 告别铅排

为了使科研成果成功商品化，1984年9月，王选开始投入Ⅳ型机的总体设计，因为华光Ⅲ型机还是一种过渡机型，可靠性和成熟度不够。在为Ⅳ型机选择轻印刷的输出设备时，杭州通信设备厂生产的激光打印机输出清晰度不够，连续走纸而不是单张纸输出，使用不方便，另外可靠性较差，维护量较大，这些缺点使它无法担此重任，王选想求助于佳能激光打印机。但连接佳能激光打印机就意味着杭州通信设备厂的激光打印机将无人问津，这是不可避免的。最后通过王选的说服，设备厂的同志接受了王选的选择。另外，Ⅳ型机采用PC机为主，大样机已采用佳能LBPCX，所以照排机将成为唯一的不够可靠的设备。连接进口照排机显然对整个系统大有好处，但在关系上有很多困难。对内，必然打击多年来从事照排机研制的同事和协作单位。但是，如果不进口照排机，整个系统会受影响。由于1987年经委要求系统输出到香港中华商务，只能用国外照排机，在这种情况下，于1988年初引进了美国照排机并接通，系统连接进口照排机也促进了国内厂商改进照排机的质量。1988年，华光Ⅳ型投入批量生产，由于采用了两块专用的超大规模集成芯片，性能比Ⅲ型优越得多，外观也更加美观秀丽，很快在市场上取得垄断地位。

1989年，华光Ⅳ型电子出版系统在一年之内连获六项奖励。同年底，来华研制和销售照排系统的英国蒙纳公司、美国王安、HTS\IPX公司和日本写研、森泽、二毛公司等全部退出中国市场。① 国产系统在与国外产品激烈的竞争中大获全胜。到1993年，国内99%的报社和90%以上的黑白书刊出版社和印刷厂采用了

---

① 丛中笑：《王选的世界》，上海科学技术出版社2002年版，第180页。

国产激光照排系统。延续了上百年的中国传统出版印刷业得到彻底改造,告别了"铅与火",大步跨进"光与电"时代,实现了被公认为是毕昇发明活字印刷术后中国印刷技术的第二次革命。

华光型计算机——激光汉字照排系统是我国自主创新的典型代表,是持续创新的典范,是集体智慧和力量的结晶。它的成功,证明了我国自主创新的实力。同时,王选对自主创新的执着和信心,鼓励着一批又一批有志者为把我国建设成创新型国家而奋斗。

第五节　续写辉煌
——北京正负电子对撞机重大改造工程

大型工程项目包括立项、设计、建造、管理等活动过程,而改造则是对原工程项目进行重新评估、设计和改进,并在此基础上进行建造的一种活动。北京正负电子对撞机(Beijing Electron Positron Collider,简称 BEPC)是我国的大科学装置之一,也是我国唯一的正在进行重大改造的大科学工程。总结其改造过程中积累的经验,分析并发现其中存在的问题,进而提出相应的政策建议,不仅可作为大科学工程改造过程的典型案例,也可以为其他工程的改造提供指导和借鉴。

一　BEPCII 简介

1984 年 10 月 7 日,中国第一台高能加速器——北京正负电子对撞机建设工程在北京西郊八宝山东麓破土动工。邓小平、杨尚昆、万里、方毅等中央领导同志与中外科学家一起,为北京正负电子对撞机工程奠基。卢嘉锡主持了奠基典礼。六年后的 1990 年 7 月,国家计委在北京正负电子对撞机、谱仪和同步辐射装置经过近一年的运行和实验,证明整个机器性能稳定的情况下,组织了对这一重大科学工程的国家验收。至此,作为中国科学技术史上最大的科研工程建设项目,北京正负电子对撞机宣告正式结项。

北京正负电子对撞机和北京谱仪的成功建成并最终达到国际先进性能指标，令中国的科学家扬眉吐气，无比喜悦，也得到了世界高能物理学界的高度评价，产生了巨大的作用与影响，成为我国科技领域又一个显赫的里程碑。王淦昌说："这个工程的研制成功"标志着我国高能物理和精密机械、电子技术又进入了一个新的阶段，是一个里程碑。有人说这是继原子弹、氢弹、导弹、人造卫星等之后我国取得的又一伟大成就，依我看说得一点也不过分。"

1991 年 5 月 24 日，中南海怀仁堂隆重举行北京正负电子对撞机工程表彰大会。宋平、温家宝等党和国家领导人出席会议，为工程有功单位和人员颁发了由国务院总理李鹏签字的荣誉证书。

北京正负电子对撞机建成后陆续取得了一批在国际高能物理学界有影响的科研成果，先后获得来自国家和各个部门的一系列奖励——国家科技进步特等奖、中国科学院自然科学一等奖等，可谓成就辉煌。

北京正负电子对撞机自 20 世纪 80 年代末成功建成以来，取得了大量重要的物理成果，在国际 τ—粲物理领域占领了一席之地。可是，随着时间的推移，一个新问题——如何让北京正负电子对撞机续写辉煌的问题——便被提出来了。一方面，根据国际高能物理实验的最新发展，表明该能区有丰富的物理研究内容，有可能取得具有重大科学意义的成果，所以迫切需要在更高亮度的条件下进行精确研究；而另一方面，近年来，高能加速器及探测器的设计思想和技术也有了很大发展，例如双环交叉对撞技术成功地使加速器亮度提高了上百倍。因此，基于我国在 τ—粲物理研究领域的优势地位，国内外高能物理界对 BEPC 大幅度提高亮度，在该领域深入开展研究，做出一流工作都寄予了很高的期望。①

一般而言，国际上大型高能物理加速器在完成它的主要科学目标后，都会根据世界高能物理研究的最新发展，针对该能区物理发展的要求，以较小的投入，对加

---

① 中科建筑设计研究院有限责任公司：《北京正负电子对撞机重大改造工程（BEPCII）初步设计——总论 2003》，附录，第 1—2 页。

速器和探测器进行重大改造,保持其在科学上的竞争力,继续在国际高能物理研究的前沿发挥重大作用。而且,由于 BEPC 在 τ—粲物理实验研究中取得了重大成就,对国际高能物理的发展产生了巨大影响,引起了国际高能物理界对 τ—粲物理的极大兴趣,他们也十分重视这一能区的丰富物理"矿藏"。美国、俄罗斯等国都计划参与这个领域的研究。2001 年初,美国康乃尔大学的对撞机 CESR 计划将它的能量降到 τ—粲能区,研究 τ—粲物理,其设计亮度与 BEPCII 单环设计方案大体相当;俄罗斯新西伯利亚的 VEPP—4M 也计划将能量降至 τ—粲能区。这样,在一段时期内,τ—粲物理将成为国际高能物理实验研究竞争的热点之一。① 因此,为了保持我国在高能物理领域的一席之地和 τ—粲物理研究领域的国际领先地位,根据高能物理研究的发展态势,以及国际大型物理高能加速器的普遍经验,必须对北京正负电子对撞机进行改造升级。

北京正负电子对撞机重大改造工程(BEPCII),是对北京正负电子对撞机和北京谱仪进行重大改造,并对相关公用基础设施进行增容、改造和升级,改进辐射防护设施的大型工程。它主要采用双环方案,在对撞机现有隧道内新建一个储存环,采用多束团、大交叉角对撞方式,建成后将成为当前国际上最先进的双环对撞机,并将亮度提高两个数量级,在质心系能量 3.77 GeV 时达到 $3 \times 10^{32}/cm^2s \sim 10 \times 10^{32}/cm^2s$。北京谱仪也将进行全面改造,大幅度提高探测器性能,减少系统误差,与对撞机的高事例率相匹配,实现精确测量,并适应 BEPCII 高计数率运行的要求。②

BEPCII 不仅对今后 10～15 年间我国在 τ—粲物理能区研究领域保持领先地位具有重要意义,同时,由于在对撞机改造工程中采用大功率电源、微波技术、超导高频技术、超导磁铁技术、超高真空技术、自动控制、高性能晶体材料等前沿技术,必将带动我国高技术产业发展,促进高技术成果转化。此外,对撞机改造后也将进

---

① http://www.ihep.ac.cn/BEPCII/index.htm.
②《北京正负电子对撞机重大改造工程(BEPCII)施工组织设计大纲》(IHEP-BEPCII-SB-12),第 1、9—11 页。

一步改善其同步辐射光源的性能，为凝聚态物理、材料科学、生命科学、微电子技术等领域提供前沿的实验手段，并将大大地促进相关学科的发展。

二 BEPCII 改造经验

自 1997 年中科院高能物理所向中国科学院上报 BEPCII 方案以来，改造方案曾经过从单环到双环的调整。2001 年到 2003 年，工程完成项目立项；2004 年，改造正式开工；2006 年 10 月，储存环完成了所有主体设备的安装，实现了双环真空封闭，开始整体设备的联合调试；2007 年 3 月，BEPCII 储存环成功实现对撞，标志着 BEPCII 改造项目基本结束，进入调试阶段。BEPCII 从初步立项到完成改造，历经近十年的时间，积累了许多宝贵经验。大致包括以下五个方面：

1. 改造的前提：适应科学发展的规律，更需要符合工程改造的规律

科学的发展有其内在的规律可循，大科学型工程的改造，必须适应科学发展的规律。BEPCII 改造完成后，将更有利于发现 τ—粲能区的微小粒子，探究高能物理发展规律。在 21 世纪，高能物理仍然会是重要的科学研究领域。高能物理又称粒子物理，是研究物质结构最小单元的构成及其相互作用规律的前沿学科。20 世纪 50 年代以来，粒子物理实验一直是国际上基础科学研究的最前沿和知识创新的热点之一，而高能物理实验研究包括基于加速器的和非基于加速器的物理实验。在 BEPCII 中进行的物理研究属于基于加速器的实验研究。在加速器实验研究的国际前沿，有两大发展趋势：高能量前沿和高精度前沿。高能量前沿使用规模巨大、能量最高的加速器，在这个领域我国主要通过国际合作来参与。而高精度前沿研究需要的能量较低，也是国际粒子实验物理研究的热点之一。其中 τ—粲能区是三大具有重要物理意义研究的能区之一，在这一领域展开研究，是符合粒子物理实验研究趋势的。①

---

① 中科建筑设计研究院有限责任公司：《北京正负电子对撞机重大改造工程（BEPCII）初步设计——总论 2003》，附录，第 1—2 页。

　　大型工程改造,必须符合工程改造的基本规律。在立项上,要完成技术论证、专家评审、按程序审批等各个环节;在改造过程中,要严格工程管理制度,监控工程质量,又保证计划的进度;在评估验收阶段,由国家和审批单位组织专家组进行综合测试和质量评估。从 2001 到 2003 年完成立项,BEPCII 先后召开四次国际评审会,对 BEPCII 的加速器和探测器进行了认真评审,国内外专家对 BEPCII 的可行性研究给予了高度评价,一致认为在技术上是完全可行的,2003 年 2 月国务院批准了国家发展计划委员会关于 BEPCII 项目建议书的报告;有关环境、卫生、消防等事项的报告,如《BEPCII 环境影响报告书》、《BEPCII 放射防护评价报告书》和《BEP-CII 消防设计》也都通过了相关部门的审批。而在改造过程中,BEPCII 严格按照改造的规划书和工程的进度要求,有条不紊地实施改造方案。到目前为止,改造活动已经基本结束并进入调试阶段,基本符合改造的总体规划和工程进度。

　　2. 改造的基础：落实国家中长期科技规划,应对科技发展的战略需求

　　《国家中长期科技发展规划纲要》指出,科技在推动国家经济发展中起到基础性的作用。而为了充分发挥科技的这种基础性作用,必须加强在科学前沿问题上的研究,如研究微观和宏观尺度,以及高能、高密、超高压、超强磁场等极端状态下的物质结构与物理规律,粒子物理学前沿的基本问题等。[①]因此,进行包括粒子物理学在内的科学前沿问题研究,有利于促进我国原始创新能力的提升,促进多学科协调发展,体现我国的优势和特色,并由此大幅度地提高我国基础科学的地位。同时,基础研究也是高新技术发展的重要源泉,是培育创新人才的摇篮,是未来科学和技术发展的内在动力。

　　BEPCII 对粒子物理研究的重要领域 τ—粲能区进行研究,对于提升我国高能物理研究水平,保持在此领域的领先地位有着重要的作用,符合国家科技发展的战略需要。在 BEPCII 建成之后,预期每年能获取 80 亿 J/ψ 事例或 20 亿 $\psi(2S)$ 事

　　[①]《中共中央国务院关于实施科技规划纲要增强自主创新能力的决定》,人民出版社 2006 年版,第 59—61 页。

例,为 τ—粲物理实验研究提供高统计量的数据和小的系统误差的精确测量,并探索新的物理现象。预计投入运行后 3 ~ 5 年内,将在 τ—粲物理前沿取得多项具有世界领先水平的创新性物理成果。[①]同时,也能够促进我国同步辐射的应用,和交叉学科及高新技术的发展。所以,BEPCII 也是实施国家中长期科学和技术发展规划的重要内容,符合我国科技长远发展的要求。

　　3. 改造的保障:科学化、制度化、规范化的管理体系,保证工程改造的顺利进行

　　自从法国人亨利·法约尔(Henri Fayol,1841—1925)在其著作《工业管理的一般管理》中提出管理概念以来,管理就作为人类的组织活动,随着实践和理论的发展而发展。管理大师泰罗在 20 世纪初提出了管理的科学化、制度化理论,这也标志着现代管理理论的成熟。这种管理制度作为企业中个人和内部组织机构的行为准则和规范,制约和影响着人们的行为,调整着企业中个人与组织之间的关系,规范或决定着基本工作过程和程序,进而决定了企业的管理状况和管理水平。企业采用管理制度进行管理,可以简化管理过程,提高管理效率,避免管理过程中的随意性和过分依赖个人,避免裙带关系和人身依附关系对管理的影响,使管理行为更为连续、稳定、客观、规范和公正。

　　早在 BEPCII 的立项阶段,就提出要对工程实行科学、规范的管理。BEPCII 工程指挥部建立了一整套工程管理制度,包括各级领导的岗位职责、CPM 管理、技术文件的审批和管理办法、非标设备管理条例、招投标管理办法和质量控制体系等,并实行了工程财务独立核算。[②]"工程的施工质量,是 BEPCII 工程的生命线。"为了加强对工程质量的管理,进一步与国际通行质量管理接轨,BEPCII 工程指挥部建立和实施从项目立项、审批、研制到鉴定验收全过程的质量管理体系。这个体系是以 GB/T 19001 ~ 2000 idt ISO 9001:2000《质量管理体系要求》为标准,来规范工

---

① http://www.ihep.ac.cn/BEPCII/index.htm.
②《北京正负电子对撞机重大改造工程(BEPCII)施工组织设计大纲》(IHEP-BEPCII-SB-12),第1,9—11 页。

程人员的工作行为,形成组织内部的自我完善机制,从而保障了工程从设计到建造的整个过程中,能够做到有章可循,严格控制质量、经费和进度。①

在对工程实行规范化、科学化管理的同时,针对工程活动的复杂性、系统性等特点,创造性地提出许多新的管理措施,实行管理创新。如针对 BEPCII 的特殊性,制定了许多管理制度和政策,保证工程各项任务的有序进展。如制定 CPM 计划,有机协调了各个部门的工作,可根据外部情况的变化,及时调整工作时间,使各项指标符合 CPM 的工作进度。再如成立项目管理委员会,作为工程的领导机构,并实行 BEPCII 工程指挥部——分总体——系统三级领导体制。整个工程设有四个分总体,每个分总体设有分总体主任和主任工程师,由指挥部任命,对指挥部负责。而每个分总体又下设若干个系统,每个系统设系统负责人,由分总体主任提名,指挥部批准,对其所在分总体负责。这样层层级级做到目标明确,责任到人,确保工程进展的顺利和质量的监督。

4. 改造的条件：创新型的科研人才、有经验的管理人才和稳定的工程队伍,是促使工程顺利进行的核心要素

在科学研究中,科研人才是科研活动的主体,为科学发现和创新作出基础性的贡献。而在工程建造和改造活动,所需要的人才是多方面的,不仅包括科研人才,还包括管理人才和工程队伍。其中,创新型的科研人才,不仅是科研活动的主力军,也是技术攻关、技术创新的主要力量,是工程改造的主体之一;而经验丰富的管理人才,更是促使工程改造科学、高效运行的重要因素;同时,由于大科学工程及改造时间跨度和周期长、技术标准要求高、操作劳动强度大等特点,高水平且稳定的工程队伍,也是完成工程项目的必备要素。

高能物理研究所在 BEPC 的建设中,培养了一支能征善战的科研和工程队伍,而在多年的运行和改进工作中,又有一批年轻的科研和工程人员成长起来了。他们不仅包括高水平的科研和工程技术队伍,通用设施的运行维护队伍,而且还包括

---

① http://www.ihep.ac.cn/news/news2003/030130.htm.

一支事业心强、经验丰富、专业配套的运行大型科研工程的管理队伍。在 BEPCII 工程中，这些来自各个方面的人才凝聚在一起，发扬吃苦耐劳、不畏艰难、默默奉献的精神，团结合作、严谨求实、群策群力、众志成城地解决了一个又一个技术难题和实际困难，用自己的辛勤汗水谱写了一部 BEPCII 的辉煌篇章。陈森玉院士、王书鸿研究员的事迹，是战斗在 BEPCII 工程第一线的科研人员的缩影，而工人师傅们的五月迎风登高架线，六月骄阳挥汗如雨，七月汗流浃背，八月"桑拿"鏖战三伏，更体现了平凡劳动者对于 BEPCII 的火热情怀。

5. 改造的根本：自主创新，是工程顺利进行的根本因素

我们国家提出了"自主创新"的科技发展战略，这一般包括宏观和微观两个方面，即国家的自主创新和企业的自主创新。在宏观上，温家宝同志在关于制定"十一五"规划建议的说明中指出："要把增强自主创新能力作为国家战略，致力于建设创新型国家。"自主创新作为国家的宏观发展战略，实施范围从科学、技术、工程到经济建设的各个方面，其内容也涉及到理论创新、技术创新和制度创新等各个层面。[1] 而在微观上，创新的主体是企业，企业的自主创新是指企业通过自身的努力和探索产生技术突破，攻破技术难关，并在此基础上依靠自身的能力推动创新的后续环节，完成技术的商品化，获得商业利润，达到预期目标。[2] 在 BEPCII 的改造过程中，自主创新也同样起到了根本性的作用。面对改造中出现的一系列复杂的新问题，BEPCII 指挥部致力于制度创新和技术创新。制度创新理顺了改造中各个方面、各个部门的关系，为改造提供了制度的保证；而技术创新，则创造性地解决了一个个技术上的难题和突发事故，也为下一步的发展积累了经验。

从制度创新来看，根据社会主义市场经济的特征和现代企业制度的要求，中国科学院成立中科建筑设计研究院有限责任公司，实行公司制运行模式来操作工程项目。按照公司制的要求，分别设置董事长和总经理，也制定了详细、规范的规章

---

① 段培君：《论自主创新国家战略的主要依据、现实内涵和实施途径》，《中国科学院院刊》2007年第 3 期，第 189—190 页。

② 博家骥：《技术创新学》，清华大学出版社 1998 年版。

制度,明确了各部门的职能权限和责任义务。在工程的建造阶段,以市场化的方式来组织招标、竞标等活动。同时,BEPCII 作为系统的大型改造工程,涉及许多部门的协调与沟通,需要把改造中各个环节有机结合起来。因此,BEPCII 工程建立协调会例会制度,保证工程建设中各职能部门之间的动态沟通,相互协作。这种例会每两周召开一次。①同时,高能所也要求各职能部门把全力支持和配合工程建设作为首要任务,并把此项工作作为各部门年终考核的重要内容。

技术创新,是指在原有技术的基础上,人们依据一定的技术原理和需要,有计划、有目的地进行应用研究和生产发展的技术开发活动。BEPCII 工程技术人员以积极的创新意识,认真研究国内外的技术发展态势,根据实际存在的问题和困难,在设计理念、工艺流程、技术装备等方面,进行了技术创新,创造性地解决了众多难题,并发明了许多新型的产品。如 2004 年 2 月,研制成功正电子源转换装置;5 月,BEPCII 工程二极磁铁(67B)样机试制成功。2005 年 5 月,Q(四极磁铁)、S(六极磁铁)磁铁电源的研制,成功地解决了国内高能加速器领域中由同一台直流电压源供电的多台斩波器相互干扰问题;10 月,圆满完成四台特种磁铁(Q1A、Q1B 各两台)。2006 年 5 月,BESIII 超导磁体阀箱试验取得成功;6 月,BEPCII 低温系统 1000L 杜瓦阀箱改造圆满成功;等等。

BEPCII 在改造过程中,把制度创新与技术创新结合起来,提升了我国工程改造的自主创新能力,为进一步的改造积累了经验。

三 二期改造的问题与建议

BEPCII 目前大体已经告一段落,进入调试运行阶段。由于工程改造的复杂性和系统性,涉及方方面面,在改造过程中也暴露出一些问题。总结二期改造过程中出现的问题,分析其中的原因和教训,提出相应的建议,将有利于今后的工程改造更顺利地进行。

---

① http://www.ihep.ac.cn/news/news2003/031212.htm.

第一，由于资金延期、拖期而造成的工程进展不畅问题。资金到位，是工程顺利进行的物质前提。而资金管理，分配上的不规范、不透明，给工程的改造带来许多相关的问题。二期改造过程中，主要实行的是年度拨款、年度审核制度，考核有一定的滞后性，造成了经费经常出现拖期或者延期，在一定程度上加大了改造和施工的困难。因为在市场化的经济活动中，无论是订货或者定单，都需要支付一定比例的预付金，有的货物需要交完现款，企业才可以生产和加工。由于资金不能按时到位，企业就会延迟交货的时间，从而使改造活动受到很大的影响。为了使资金及时到位，可以采取先拨款后审批方式，并给予工程改造单位适度的资金处理自主权，但必须加大对资金用途的有效监督，逐步建立规范的监督体系。

第二，科学发现的不确定性与工程改造的风险性并存，会造成一些管理政策滞后。二期工程的改造，需要遵守科学发现的规律和工程改造的规律，而对于这些规律的探索却是一个持续的过程。并且 BEPCII 的许多设备、设施要求精度高，对外部环境的反应比较敏感，也容易造成许多工程事故，如 2004 年 11 月储存环开机后遇到罕见故障，束流不能完成一圈注入等问题。同时，这些规律的发现与遵守，以及对于相应风险的防范和事故的处理，都存在一定的滞后性问题。所以，在逐步完善管理制度、政策的基础上，需要针对性地根据外部条件的变化，及时地调整管理和政策。

第三，社会保障制度不够完善，影响了工程改造的整体进展。这是个突出的历史遗留问题，也是我国科研机构普遍存在的问题。由于 BEPC 的建造和管理部分处于计划经济时期，所使用的大量人才和劳动力由国家负责退休、养老等问题。实行社会主义市场经济之后，由于市场经济还不够成熟，社会保障制度也不完善和健全。BEPCII 的实施中，这批老专家和技术工人都到了退休的年龄，他们的养老、医疗保障这些本该由社会保障来解决的问题，却由于社会保障制度的不完善而占了高能物理所的许多事业经费，对高能所的正常运行和管理造成极大影响。因此，只有逐步完善社会保障制度，才能为我国的科技事业和工程创新消除后顾之忧。

　　总之,BEPCII 的改造过程,无论是工程立项、设计,还是具体的建造过程,都为大科学工程乃至一般的工程提供了经典的案例,其中有众多的经验需要我们认真总结和汲取。而工程中暴露出的问题则既包括 BEPCII 工程特有的问题,也包括大型工程改造中普遍存在的问题,这些问题需要相关部门以改革的精神加以分析与协调,当然也会随着我国改革的整体进程而逐步地得到解决。

第六节　　中药新剂型"双黄连粉针剂":从专利到市场

　　随着知识经济和全球化时代的到来,创新网络日益成为企业营造其核心竞争力的重要手段。东亚的成功崛起,北意大利工业区的创新能力以及硅谷相对于128 公路地区的成功,都充分说明了网络的力量。人们注意到,企业内外网络是成功创新的基础,创新的位置已经从企业转向网络。①

　　其实,企业本来就处在网络之中, 也只能在网络中生存与发展,而这种网络就是与企业发生关联的一系列交换关系的总和。② 工程创新也从来就不是完全由单个行动者完成的孤立活动,而是一个必然发生在网络之中的互动学习过程——知识生产往往在工程共同体(Communities of Practitioners)中进行,创新常常在企业、大学、研究实验室、供应商和客户的交叉地带出现。③ 然而,问题的关键在于,作为工程共同体的一分子,企业如何有效介入或者营造出能够促进创新的网络,而这种

　　① Powell, W. W., Koput, K. and Smith-Doerr, L. Inter-organizational Collaboration and The Locus of Innovation: Networks of Learning in Biotechnology. *Administrative Science Quarterly*, 1996, 41: 116 – 145.

　　② Hakansson, H. and Snehota, I. No Business Is an Island: The Network Concept of Business Strategy. In Ford, I. D. (ed.). *Understanding Business Markets: Interactions, Relationships and Networks.* San Diego, CA.: Academic Press, 1990, pp. 526 – 542.

　　③ Powell, W. W., Koput, K. and Smith-Doerr, L. Inter-organizational Collaboration and The Locus of Innovation: Networks of Learning in Biotechnology. *Administrative Science Quarterly*, 1996, 41: 116 – 145;王大洲:《企业创新网络的进化与治理:一个文献综述》,《科研管理》2001 年第 5 期,第 96—103 页。

网络一方面能够为技术创新提供社会支撑,另一方面又在创新过程中不断得到重构与再造? 本节试图表明,工程创新是物质要素和社会要素的有机集成;工程创新网络无法事先理性地建构起来,并非先有了完美的网络,尔后企业才能开展创新。相反,企业往往需要首先立足于特定的技术创新和相应的制度创新,在系列化创新过程中,逐步形成内部能力、创新激励和外部网络之间的反馈关联,并由此推动工程创新网络的更新。在这一过程中,特定创新往往成为一个"结晶核",使网络有了总的结点和扩张的动力。其间,包含着双重建构,一方面是生产要素结合的新的可能性的持续建构,另一方面是各种行动者之间网络关系的不断重建。本节尝试从双黄连粉针剂这一自主创新案例来说明这一观点。

一　专利：中药粉针新概念

双黄连是一种重要的抗菌消炎类复方中药,其主要成分为金银花、黄芩和连翘。早在 20 世纪 70 年代,我国市场上就有了双黄连水剂,但由于其生化性质不稳定,存放时间很短,因此无法大量生产、销售和临床使用。

从 20 世纪 80 年代初开始,黑龙江中医研究院的罗佳波独辟蹊径,带领课题组进行中药剂型研究。他们根据药物的固体状态比水溶液状态稳定的原理,率先采用流化技术将中药双黄连制成静脉给药式粉针剂,解决了长期困扰中医界的中药针剂质量稳定性难题。这一成果是对"丸、散、膏、丹"等传统中药剂型的突破,使中药在治疗急、重、危症方面显示了威力,被国内药学界认为是中药剂型改革的一大突破。这种基于"中药粉针"概念提出的"制造注射用双黄连粉针剂的方法",于 1989 年获国家发明专利。①

但是,当时这项成果还处在实验室阶段,只能看做是潜在生产力,要使之转化为被市场认可的产品并应用于临床而成为直接生产力,就需要在产品、工艺和市场开发方面进行更为艰难的探索。而这个过程,其实就是一个工程创新的过程。这

---

① 《罗佳波在中药制剂和剂型改革上获重要成果》,《光明日报》,1998 年 10 月 31 日。

时,哈尔滨中药二厂抓住了产学研合作的机会。经过充分调研和认真磋商,该厂花费 9 万元购买这项专利,享有了双黄连粉针剂的独家开发与生产权,由此也就开启了双黄连粉针剂工程创新的进程。

二 开发:工艺创新

哈尔滨中药二厂最初只是从哈尔滨中药一厂分离出来的一个车间。1975 年独立建厂时,职工 50 人,年产值 50 万元。凭着自己开发的消咳喘,1982 年产值达 1200 万元。但好景不长,在其他企业的夹击下,该厂跌入了低谷。1986 年,新厂长上任,提出了通过技术创新实现企业腾飞的思路。随后他们从日本引进生产线,开发了人参口服液、生脉饮口服液等产品,大为成功,到 1988 年,产值即达 3100 万元。当时正值全国口服液产品大战,该厂及时确立"与大企业进行技术竞争"的新战略。为此,该厂重组 R&D 机构,投巨资购进先进的研究、检测仪器和生产设备,启动战略转轨。而其"赌注"就是双黄连粉针剂开发。该决策主要基于如下考虑:

首先,如果将双黄连制成粉针剂,由于其质量的稳定性、临床应用的方便性、迅速的抗病毒疗效,以及其很少有毒副作用,因而必将受到患者欢迎。

其次,既然西药可以制成粉针剂,双黄连也就可能制成粉针剂。只要借鉴西药粉针的生产工艺并针对中药的特殊性进行攻关,就有可能将西药粉针剂的加工工艺转用于中药,在中药粉针生产工艺上获得突破。

再次,从技术能力看,企业具有内部和外部技术资源可资利用。通过组建新的 R&D 机构,企业可以强化开发能力,哈尔滨中医研究院和罗佳波也都可以提供后续技术支持。

最后,即使双黄连粉针剂开发不成功,企业也有退路:其一,制不成粉针的双黄连,仍可制成市场上热销的双黄连口服液;其二,只要尽量采用通用而非专用设备进行开发,即使失败,这些设备就仍可用于其他项目开发和产品生产,这样,可能的失败所带来的损失不至于过高。

可见,双黄连粉针剂创新决策并不是盲目的冒险,而是一项基于"行动者网络"分析的慎重决断。这个决策过程实际上也是技术—经济网络的可能性建构过程，由此相关行动者的角色得到初步界定。

解题思路明确之后，企业在内部进行招标开发。经过评估，确定了背靠背两个小组同时实施两套方案。一个小组以企业内部研发机构的科技人员为主，另一个小组以生产线上的科技人员为主。通过这种开发竞争，在原专利持有人和相关研究机构的帮助下，经过两年努力，到 1990 年 11 月，"喷雾干燥工艺"终于诞生，它使原来每批 10 支左右的实验室规模转变成了每批 6 万支的批量生产规模。接着，该产品获国家医药总局颁发的新药证书，并正式投放市场，实现了新产品—新工艺—新市场的对接。这一成果于 1993 年获国家科技进步三等奖。

三　二次开发：互动学习

要全面实现工程创新的潜能，一方面要在技术上不断完善与配套化；另一方面需要开发市场，建立新产品销售渠道。这两个方面是密切相关的，因为只有基于市场创新所感知到的用户反应，才能明确亟待解决的技术课题，使随后的技术改进有的放矢；而技术的不断完善又将为新产品市场的进一步扩大提供基础条件。这实质上是一个创新者—用户之间的互动学习过程。

其实，最初的双黄连粉针，质量不大稳定，患者用后痛感明显。为此，该厂先后三次立项，对产品本身进行后续开发。其中前两次着重解决产品稳定性、热源、过敏、溶血、凝血和澄明度等难题。第三次开发则意在对双黄连粉针剂进行基础性研究，弄清双黄连的化学单体成分，分析其药理及药效，使该产品达到国际药物管理标准。这个项目曾得到原国家科委的资助，它的完成将有助于突破技术性贸易壁垒，使该产品步入国际市场。

在互动学习的过程中，该厂建立并完善了双黄连粉针剂的质量标准，增加了鞣制、蛋白质、重金属、刺激性等十几个检查项目和原料产地、性状、理化鉴别和含量等标准，使双黄连粉针剂的工艺趋向合理，产品质量趋向稳定。就工艺而言，该厂在对喷雾干燥工艺进行完善的同时，还开发出双黄连粉针剂冻干工艺，提高了产品质量。最后,在临床应用方面,就该产品对内科、外科、传染科、五官科、妇科、泌尿科等病种治疗效果进行研究,拓展了其治疗范围,意味着更多的用户将被纳入创新网络之中。

如果说,双黄连粉针剂产品的改进是技术创新的直接目标,那么,双黄连粉针剂生产工艺则是创新的关键,而当工艺创新与产品改进取得一定成功之后,市场创新就变得紧迫起来(见表6-1)。

表6-1　双黄连粉针开发与市场创新

产　品	口服液产品	双黄连粉针剂
产品类型	低技术型	知识密集型
使用方式	直接口服	通过医生由静脉给药
营销方式	媒体广告	以药房、医生为对象
营销人员素质	一般员工	懂医药的专业人员
营销部门职能	传统销售	开发市场、建构知识网络

市场创新的基础是营销人员的素质。与口服液相比,双黄连粉针剂作为一种新型药品,要想被市场接纳,营销人员就必须具有丰富的专业知识。为此,该厂先后招聘百余名大学毕业生,充实到销售第一线,使销售人员中本科生比例高达90%以上。同时,该厂每年还对他们进行两次业务培训,使之能熟练地指导用药。其次,营销人员以医生为主攻对象进行市场开拓。双黄连粉针剂的给药方式是静脉点滴,这意味着,没有医生的处方,患者就无法使用,医院也就不能进药。靠常规广告,事倍功半。经过摸索,销售人员逐渐意识到,应将市场开发的焦点对准医生和医院。这样,经过数百场宣传会、研讨会和座谈会,医生们终于被征服了。此后,双黄连粉针剂的销量和销售收入便以翻番的速度增长。

在双黄连粉针剂的二次开发中,众多科研人员、患者、医生和医院乃至政府机构被编织在企业的工程创新网络之中。他们的认同和智力支持搭起了这项产品的生存空间。这个过程既是行动者之间关系网络的建构过程,也是行动者之间的互动学习过程。

四　创新增值：扩张与移植

解决了关键的技术和市场问题之后，创新的焦点转换成了规模扩张。为此，该厂进行了高标准技术改造。先是在老厂区完成立体仓库和中药粉针大楼改造项目，随后又在地方政府的支持下，从银行募得巨资购买新厂区，建成年产中药粉针4亿支、产值10亿元的生产基地。这样，双黄连粉针剂迅速成为主导产品。从1990年到1996年，该产品产量和收入年均增长率均高达200%；占企业总产值的比重也从最初的5.8%上升到1995年的88.1%。

双黄连粉针剂的成功是中药发展史上的一场变革。国家中医药管理局多次将该产品列为全国中医院急诊科室的必备中成药。① 可以说，静脉注射用"中药粉针剂"的概念已经在中药界确立起来。这也意味着，完全有可能通过技术移植开发出其他中药粉针剂。其实，中药二厂对此非常清楚，他们早在双黄连粉针开发完成之时，就制定了系列化创新战略，试图移植创新过程中积累的技术能力，开发其他中药粉针剂。旨在救治心脑血管疾病的丹参粉针就是一个通过技术移植实施创新的显例。丹参粉针于1994年开发成功，随后即成为该厂第二主导产品。其他中药粉针，如刺五加粉针、参麦粉针以及抗肝炎、抗癌的药物粉针等，也陆续得到开发。可见，中药二厂的成长并非单一创新的结果，而是一系列工程创新的产物。他们一方面不断改进产品质量，拓展市场范围，扩张生产规模，尽可能延长产品生命周期；另一方面又基于核心技术能力衍生新产品，靠创新组合推动企业持续发展。

五　创新平台：能力与激励

在扩张和移植过程中，企业不断将新的行动者，如银行、医疗专家、供应商、地方政府等，编织进自己的网络之中，正是这个网络支撑着企业的成长。例如，在双

---

① 中共黑龙江省委宣传部研究室：《积极促进中药剂型现代化——哈尔滨中药二厂的调查》，《光明日报》，1999年5月31日。

黄连粉针剂的开发过程中,中药二厂充分调动中医学界的专家们参与进来。他们连年主办有关学术研讨会,邀请全国医学专家到会研讨。截至 1997 年,与中国药学会联合,连续举办五届"全国双黄连粉针临床应用学术研讨会",累计吸引了来自全国的两千余名医学、药学方面的专家与会,发表论文千余篇。这些专家通过对十余万个病例的临床观察,就双黄连粉针剂对 56 个病种的治疗效果进行了深入研究。1996 年,该厂还耗资百余万元从全国各地请来数百位医药专家,为双黄连粉针挑毛病提建议。通过这类活动,他们构建了一个非正式的以医药学专家和医生为结点的知识网络和营销网络。这个网络不仅传达着需求信息,而且也指示着产品改进的方向。

工程创新网络的建构强化了中药二厂的创新能力。而这个网络的建构又有赖于企业自身的知识基础。为了塑造其知识基础,中药二厂首先对用人制度进行改革,力求招进高素质的专业人才。在此基础上,制定严格的培训制度,有计划地对现有职工进行岗位培训,还选送可造之才到国内名校攻读在职研究生。多年来职工年培训率都达 100%。与此同时,建立高水平的中药研究所,加大科技投入,其R&D 支出占销售收入的比重一直居于国内同行前列。1990 年为 2.1%,1996 年为3.9%,目前已超过 5%。最后,该厂还借助新近建成的哈药集团博士后工作站,实现自身的技术知识积累。

在打造知识基础的过程中,企业分配制度的创新也发挥了关键作用。其特色在于,依据各类工作的特点采取相应的考核与分配形式。例如,对管理人员,实行等级科员考评,每年评出一、二、三级科员,其工资系数差别明显,报酬则为全厂平均工资与该系数的乘积。如果某科员连续三年被评为三级,便自动离岗。对科技人员则实行承包制。凡科技项目,都事先由企业确定总费用和时限,通过招标由开发小组承包,并规定产品开发投入市场后按销售利润的 2%(第一年)、1%(第二年)、0.5%(第三年)提成。如果一个科技人员两年内拿不出成果,就必须离岗,这促使他们降低开发成本、缩短开发时间、关注市场和生产过程。对车间工人则实行全额计件工资制,这又分为两种情况:一是个人计件;二是集体计件。后者就是把那些工作性质具有技术上的不可分性、只能进行班组作业的车间作为一个整体进行计件付酬,再由车间在内部进行绩效评估并按级付酬。车间主任的报酬为本车间平均工资乘以工资系数。销售部门则实行全方位承包,根据实际回款额按比例取酬,以确保资金畅通。这类创新为员工提供了创新激励,为工程创新网络的建构与核心能力的形成奠定了基础,并由此打造出了企业的创新平台。

六　结网集成

作为自主创新,双黄连粉针剂并不是单个组织或个人的创造,而是众多行动者共同参与的产物。中药二厂作为中药粉针创新网络的主导建构者,获得了这项创新的大部分市场价值。那么,为什么该厂能够营造出自己的创新网络? 首先,企业战略定位为工程创新指明了方向,而工程创新的初步成功也为相应的制度调整创造了条件。其实,从 20 世纪 80 年代中期以来,该厂一直因创新而效益良好,这使其主管部门——哈尔滨医药管理局及随后的哈药集团愿意放手让该厂自由创新,也使员工们愿意认同企业的战略目标和各项新规章,从而使新制度安排能够落到实处。其次,在企业家推动下进行的并得到员工认同的新制度安排为系列化创新提供了激励、整合和学习机制,由此推动企业进入路径依赖和优势积累过程,最终形成自己的核心能力。最后,围绕双黄连粉针剂形成的内部能力为创新联网奠定了基础,因为这种能力是企业对其他相关行动者产生感召力的根据,是企业吸纳外部知识的前提,所以就成了创新联网的中枢。简言之,中药二厂的创新联网是在系列化创新过程中逐步展开的;双黄连粉针剂以创新作为结点,使创新网络有了扩张的动力。在这个过程中,新的行动者被不断"翻译"进网络之中,知识也不断在这个网络中得到再造。① 这个过程实际上也是技术创新与制度创新之间、内部

---

① Callon, M. Society in Making: The Study of Technology As a Tool for Social Analysis. In Bijker, W. E. Hughes, T. P. and Pinch, T. (eds.). *The Social Construction of Technological System*. MIT, 1987, pp. 82–103.

能力与外部联网之间的互动过程。

就企业战略管理而言,双黄连粉针剂案例的启发意义在于,决不能撇开具体的工程创新问题论制度、撇开知识与制度基础建网络。因为只有具备了激励机制,行动者才有动力去从事创新;只有具备了知识基础,激励机制也才能敲打出创新的火花;只有同时具备了能力和激励,工程创新网络的形成才有了内在根据。因此,只有处理好技术能力、制度基础、关系网络这三者之间的关系,才能构建出工程创新网络,并由此推动企业步入持续创新之路。

第七节 "技术落后"帽子下的"小灵通"大显灵通

小灵通,日本研发,被视为"落后的通信技术",20 世纪 90 年代末却在中国创造了某种"神话",这是工程创新——特别是市场创新——成功的一个典型案例。下面我们就来回顾一下小灵通十年的发展历程。

一 小灵通及其技术、市场特性

小灵通无线市话(Personal Phone System)简称 PHS,是一种新型的个人无线接入系统。它采用先进的微蜂窝技术,通过微蜂窝基站实现无线覆盖,将用户端(即无线市话手机)以无线的方式接入本地电话网,使传统意义上的固定电话不再固定在某个位置,可在无线网络覆盖范围内自由移动使用,随时随地接听、拨打本地和国内、国际电话。

小灵通起源于日本,核心技术由日本 NTT 研制。1994 年,日本推出 PHS 系统实验网;1995 年 7 月,经日本邮电省批准,NTT 和 DDI 率先推出基于 PHS 技术的移动电话服务。可以说,1995—1997 年是 PHS 技术在日本发展的主要时期,但日本运营商将 PHS 技术定位为低端移动电话,结果,高昂的移动服务器成本及其他一些因素使其发展并不理想,导致这一技术被许多日本人认为是"落后的通信技术"。相反,中国电信将小灵通引入中国市场后,明确将其定位为"固定电话的补充和延伸"，这样，其低成本、低资费的优势便凸显了，也就具有了强大的市场竞争力。

20世纪90年代中期，中国电信业进行大规模机构改革和资产重组，中国移动从中国电信拆分出来，新组建的中国电信集团主要从事固定网络业务。自重组后，固网运营商开始进入固定电话业务被严重分流、增长速度持续下降的转型期。固网运营商在移动业务上的发展真空，给了小灵通涉足固话网络的机会。可以说，小灵通是固网运营商向夺走它曾拥有的大量客户的移动通信运营商的"反击"，是固话运营商的无奈之举。然而，自信"商业感觉很好"的UT斯达康（中国）有限公司董事长兼首席执行官吴鹰从这项技术中看到了机会。他认为，可将这种技术用于本地无线通信。UT斯达康公司市场调查结果表明，中国90%的人在90%的时间内只在本地范围活动，通讯需求不用全球、全国甚至全省，只要本地就够了。1997年，他们开发出"PAS无线接入系统"，作为接入到固定电话交换机的"无线市话"，在中国市场率先推出。具备丰富市场运作经验的中国电信与UT斯达康一拍即合，敏锐地意识到，这种"类无线通信"业务为其进入蓬勃发展的无线通信市场，开了一扇后门。于是，中国电信开始以小灵通为商标推广这种业务。

小灵通是新一代无线通信方式，酷似由中国移动和联通经营的移动通信方式。它同样使用小巧的"手机"，在覆盖区域随心所欲地通话。它可以提供优质的语音服务，高速的无线数据上网和丰富多彩的短信、电子邮件和内容浏览等增值服务。简单地说来，小灵通就相当于可以移动的固定电话，它是基于固定电话网络的一种无线通信方式。其主要特点有：一是单向收费、资费便宜。由于采用数字技术和信道动态分配技术，可使用原有固话线路作骨干传输，小灵通的建设省去了巨额的基础设施投资，大大提高了原有设备的运行效率。小灵通与固定电话一样实行单向收费，采用与固定电话相同的费率标准和计费方式，即首次3分钟0.2元，以后每分钟0.1元，这就使小灵通的费率还不足当时移动电话资费的一半。二是绿色环保：小灵通的发射功率为10毫瓦，这个功率仅为电视遥控器和室内无绳电话发射功率的 50%、手机发射功率的 5‰,远低于我国现行的微波卫生标准。因此在某些特殊场所,小灵通可能是唯一被允许使用的移动通信工具。三是功能完善。小灵通除具备固定电话的基本功能外,还有手机上网、来电显示、呼叫转移、短信息等增值业务。四是使用方便。由于小灵通手机的发射功率特别小,其电池十分耐用,一次充电后待机超过 10 天,连续通话可达 6 小时;小灵通号码与固定电话一样只有 8 位,简单易记。

　　当然,与明显的优势相同,小灵通的技术局限性也一直困扰着小灵通的发展,甚至因为其网络通话质量不佳而影响其市场发展进程。小灵通的主要技术局限性在于:一是基站覆盖范围小。在发展初期,大多采用发射功率 20mW 的小功率基站,基站的低发射功率直接影响了通话质量。虽然后期采用了 500mW 的大功率基站,扩大了基站的覆盖范围,改善了通话质量,但是仍然无法与 GSM 和 CDMA 较大的基站覆盖范围相比。举例来说,10mW 基站的覆盖范围约为 150m～300m,500mW 基站的覆盖范围约为 200m～500m,因此理论上必须每隔 200m～500m 就设立一个小灵通基站,以消除网络盲区。显然,随着小灵通网络铺开,必然带来基站增多问题,这对于人口较多的大城市网络优化而言,将花费更大的代价。二是频繁切换影响质量。由于基站覆盖范围小,手机容易出现不同基站间频繁切换现象,严重影响到通话质量。在越区切换时,更易出现切换时间较长和掉话现象。三是高频率弱点。小灵通空中传输信号频率高,电波绕射能力差,传播主要靠直射、反射。折射和穿透能力差、损耗大,衍射或绕射能力差。同时,由于发射功率小,信号穿透性较差,会导致室内通话质量没有室外通话质量好的现象。四是兼容性问题严重。目前,小灵通网络还没有严格、统一的规范和标准,实际网络运行时各厂商兼容性差,这将严重影响到中国电信和中国网通下一步的统一联网工作。五是频段问题。小灵通目前所使用的 1900MHz～1920MHz 频段,是今后第三代移动通信的频段,这段频段以后将让位于中国的 TD—SCDMA。如何解决这一问题,是固定运营商所面临的商业及政策困境。同时,小灵通技术还存在一些使用缺陷:比如不能在高速移动(时速超过 40m/h)的交通工具上使用,不能漫游,在低廉的小灵通手机终端无法实现短消息服务,等等。① 以至有这样的顺口溜形容小灵通:"走在风雨中,手拿小灵通,不是没信号,就是打不通。"

可见,小灵通在技术上并没有太多创新,并且还存在许多难以克服的先天技术不足;它能够占领市场,其成功之处主要在于中国电信对中国市场娴熟的运作和不断推出的业务创新与市场创新。在中国通信史上,小灵通也可以算得是个传奇了。虽然技术上没有优势,但低廉的固话资费加上使用便捷的手机的组合,使得小灵通"通一城,火一城"。正如吴鹰在总结小灵通发展的经验时说,"先进的技术并不一定成功,但成功的技术一定是让市场接受和认可的。小灵通最重要的成功因素是因为它适合中国国情"。他把小灵通成功的诀窍归结为四点:

一是将小灵通定位于固定电话的补充和延伸。作为固定电话的延伸,小灵通在几乎不增加运营成本的情况下,将原有的固定电话从住宅、办公室内的通信延伸到室外、城市内或者城市之间的通信,极大地方便了用户。小灵通业务主要针对的是本地中低端的移动用户——那些对价格非常敏感的大众用户。他们大多不经常出差,对漫游需求不高,对通话质量也不挑剔。在这个层面上发展,小灵通的成本、价格优势就充分发挥出来了。如果一开始把小灵通定位于移动业务,不具备成本优势,可能根本就发展不起来。

二是巨大市场需求的驱动。资料显示,中国移动和中国联通的现有客户中,所谓的高端用户不超过三成。据中国联通公司 2002 年的一次调查统计,即使在通信比较发达的省市,预付费用户平均每月消费为 69 元,中西部地区则更低。中国还有不少手机只是处于回传呼、没事就关机的状态,电信网络资源也因此闲置。广大的工薪阶层迫切需要既具有移动性,消费价格又不至于太贵的移动通信工具。小灵通的出现满足了这部分低端消费者的需要,其市场的用户群特征如下:(1) 无收入的学生群体。大多数学生属于有移动通信需求的低端用户,他们追求时尚的移动通信作为日常沟通方式的补充,同时他们又属于无经济收入来源的低端消费

---

① 《小灵通的信号频率》,http://zhidao.baidu.com/question/11976815.html? fr=qrl.

群体。（2）收入较低但对移动通信有需求的流动群体消费者。这部分消费者主要包括外来的务工人员，他们的生活水平不高，但是对移动通信工具的需求很强烈。他们在选择移动通信工具时只对价格非常敏感，而对其他方面持有无所谓态度，因此，资费低廉，单向收费的小灵通吸引了他们。（3）追求价格低廉无线上网业务的年轻消费者。这部分消费者包括在校大学生、初入社会的职场新人和部分白领工人等，他们喜欢用移动通信工具上网，如收发邮件、浏览新闻时事，但是他们对上网的费用比较敏感，因此，他们倾向于选择资费低廉且上网速度较快的小灵通。（4）拥有手机但话务量比较多的中、高端消费者。这部分消费者包括政府工作者、营销人员、管理人员等。他们选择小灵通主要还是看中小灵通的单向收费和资费低廉，除此之外，他们中一部分人则看中小灵通的低辐射能减少他们频繁使用手机带来的危害。但是由于小灵通不支持漫游及网络信号不太好等原因，因此，他们只能将小灵通作为一个辅助的通信工具。（5）工作与居住相对稳定的工薪阶层。这部分消费者是固网运营商的重要目标群，他们人数众多，且活动范围大多固定于所生活的市区，工作和居住的地方不会发生很大的变动，他们对市内移动通信有巨大的需求，同时对价格也比较敏感，因此，他们选择具有价格优势的小灵通作为他们的移动通信工具。（6）家庭主妇。这部分消费群体活动范围有限，而且更讲究经济实惠，因此，小灵通对于她们有很大的吸引力。（7）特殊群体。在一些特殊的情况下，小灵通低辐射、覆盖范围小等特性会成为用户选择小灵通业务的原因。因此，在某些特殊场所，小灵通可能是唯一被允许使用的移动通信工具。① 例如，在日本的医院里面就不允许使用移动电话，而 PHS 由于其发射功率很低，因此可以使用。此外，由于辐射小，小灵通也成为孕妇等处在特殊状态下的人群的最佳通信工具。

　　三是性能和技术不断提高，成本不断下降。小灵通经过十年的不断发展和改进，其性能已有很大提高。小灵通基站覆盖范围扩大，已经基本解决了覆盖、切换

---

① 陈锦花、马凌：《小灵通怎样驻颜有术？》，http://market. c114. net/176/a176176. html.

和容量等关键问题。另外，运营商在成本收回以后，继续在价格上做文章，竞相在全国各地举办各种形式的价格优惠活动，以吸引消费者。

四是企业运营商采取了非常正确的市场策略。小灵通的发展，整体上采取了"农村包围城市"的稳打稳扎战略。在小灵通引入市场的初期，运营商主要打"价格牌"，在中小城市依靠价格优势来吸引消费者，并积极争取行业主管部门的支持；在小灵通进入市场成熟期，其价格优势不再明显的形势下，小灵通运营商和制造商为了使小灵通业务适应环境的发展，提升市场竞争能力，对小灵通业务进行了重新定位，将其定位为"准移动业务"——以固定电话的收费标准，提供移动电话的服务。运营商除了继续进行价格优惠酬宾活动外，注重发展增值业务，提高服务质量，提升服务品位，相继在市场推出了机卡分离、双模/多模小灵通手机、灵通无绳、手机搜索、老人儿童专用小灵通等新业务、新产品。

中国电信等固话运营商将小灵通的潜在市场定位于"固定电话的补充和延伸"，并且，借助于低资费等特点，我国小灵通实现了膨胀式发展。截至目前，小灵通在网用户数量最高达到了 9300 多万，其中中国电信拥有 6500 万用户，中国网通拥有 2800 多万用户，中国电信和中国网通在小灵通网络上也取得了明显的经济效益，其投资都已相继收回，并有良好的赢利前景。与此相关，小灵通系统和终端设备的主要提供商 UT 斯达康等企业的销售额连年攀升。2000 年 3 月，UT 斯达康成功登陆纳斯达克之时，股价一度冲高至 73 美元，很快便跻身世界十大电信设备制造商的行列，成为全球增长最快的企业之一，创造了在电信低迷时期的成长奇迹。

二　小灵通的发展历程回顾

小灵通自 1997 年在浙江余杭开通以来，其产品生命周期也如同其他产品一样，既经历了引入期的步履蹒跚，也经历了其发展期的一路凯歌和成熟期的稳步发展。综观小灵通的发展历程，可分为三个时期：第一阶段是 1997—2000 年，小灵通在质疑声中艰难跋涉；第二阶段是 2001—2004 年，小灵通在喝彩声中一路凯歌；第三阶段是 2005 年以后，小灵通在默认声中内涵发展。

1. 1997—2000 年,小灵通在质疑声中艰难跋涉

小灵通自 1997 年在浙江余杭开通以来的两三年时间内,并未如运营商所预期的一样在市场上掀起波澜,反而显示出了要淡出市场的迹象。当时,小灵通在狭缝中求生存,遭受着电信主管部门的限制,电信同行的抵制以及业内权威人士的质疑。

小灵通上市后,信息产业部认为小灵通采用的 PHS 技术已经过时,曾先后下过数道文件限制它的发展。2000 年 5 月,信息产业部发文要求各地小灵通项目一律暂停,等待评估,使小灵通的生存、发展陷入危机;幸运的是,一个月之后,信息产业部再度发文,将小灵通定位为"固定电话的补充和延伸",给了小灵通发展以适当空间,小灵通的发展又亮绿灯;2000 年 12 月,为了制止小灵通的过快发展势头,信息产业部四次下文,要求小灵通提价,以降低其在电信市场上的价格优势地位。

当时,中国移动和中国联通也联手抵制小灵通进入移动通讯市场。最后,固网运营商和移动运营商勉强达成折中协议,小灵通可以在全国各地开展业务,但不能够进入大城市。同时,小灵通也遭受着业内权威人士的非议,认为其信号质量、市场前景和运作模式等都存在致命问题,甚至有行业内知名学者对其做出了"撑不过三年"的预言。

由于小灵通性能不完善,政府、运营商和业界专家基本不看好小灵通的发展,加之用户对小灵通产品缺乏了解,导致截至 2000 年底小灵通用户只有 130 万。

2. 2001—2004 年,小灵通在喝彩声中一路凯歌

由于技术不断进步,网络和终端成本快速下降,管制环境日益宽松,以及运营商加大网络建设,小灵通用户在 2001—2004 年间迅猛增长,市场遍布全国各地。

2002 年,两大固话运营商在缺乏移动牌照,以及移动电话用户数连年快速增长,给固话市场带来了极大压力的情况下,为了避免固网电话用户流失,都将无线接入业务确定为其未来主营业务之一,加大了基础设施投资、技术创新和市场开发力度。同时,这两大运营商积极争取政府对小灵通发展的政策支持,效果非常明显。这一年,政府出台了一系列有利于小灵通产业发展的政策。政府批准中国电信以固定网、小灵通业务为招股项目海外上市;信息产业部发文废止了 450 MHz

CDMA系统，客观上清除了以PHS技术为表征的小灵通系统的一个竞争对手，规范了无线接入市场的竞争环境；2003年，信息产业部在《关于固定网与移动网短消息互联的用户范围等问题的批复》中，同意将无线市话用户纳入固定网与移动网短消息互联的用户范围。至2002年底，小灵通业务在除京、沪之外的地区已全面运营，开始进入了迅猛发展期。

为了扩大小灵通业务的覆盖网络，实现"农村包围城市"的战略转移，2003年年初，中国电信在广州、东莞、中山、佛山等四城市秘密发展小灵通，搭建"珠三角"移动网，力争实现向大城市的业务渗透。3月，信息产业部表示，对小灵通的政策是"不鼓励不干涉"，这就意味着主管部门"禁止在京津沪穗发展小灵通业务"的禁令已不再具有效力。随后，小灵通在北京怀柔区放号，正式冲破这一政策限制。紧接着，小灵通在北京、广州、上海等地相继开通、发展。从此，小灵通的"农村包围城市"策略终于以"进城"而修成正果，并呈星火燎原之势，使整个移动通信市场格局发生动荡，用户数节节高升。自2003年11月起，各地电信公司相继开始了小灵通文字短信业务的商业试用，同时对于不具备接收文字短信功能的小灵通，文字短信将被转换为语音短信。2003年12月，我国北方十省市区小灵通实现短信互通，并且，用户还可通过小灵通进行无线浏览、接发电子邮件、无线数据接入和定位信息服务等。这样，小灵通用户就能随时随地和外界保持高效沟通，打破了小灵通单一通话功能的形象，为小灵通的发展注入了新的内涵。

可以说，2003年是小灵通业务发展史上极为重要的一年。2003年第一季度，电信史上移动业务的收入第一次超过了固定电信业务的收入。更为可喜的是，小灵通用户数已占了中国电信新增用户数的30%以上。2003年小灵通用户增长率接近100%，从2002年的1314万户迅速增至2003年的3500万户，净增2100多万户；中国电信新增小灵通用户1200多万户，系统容量超过3700万门，用户总量超过2300万户；中国网通新增小灵通用户900多万户，系统容量近2000万门，实占率为60.89%，用户超过1100万户。2003年，小灵通系统设备投资规模超过150亿元人民币；截至2003年底，全国小灵通网络拓展到国内31个省份的约400个城市。

2004 年初,中国电信小灵通短信已经实现全国互发,资费仅为 0.08 元/条。2004 年 10 月,中国电信集团、中国网通集团、中国联通集团、中国移动集团公司签署协议,各方就小灵通实现短信互通及结算达成一致,从此,全国近 4 亿手机及小灵通用户之间实现无障碍互发短信。从这时起,小灵通设备制造商和运营商开始尝试探索一套符合小灵通增值业务发展规律的业务发展模式,以积极推动内容建设和价值链的整合,并形成全国统一品牌。2004 年 12 月,中国固网和 PHS 终端联盟正式成立,倡导提高客户服务质量,不断推出更具个性化、功能更齐全的小灵通业务,以满足客户需求。截至 2004 年底,小灵通的用户总数已达到 6387.9 万户,较之以前翻了几番。

3. 2005 年以后,小灵通在默认声中内涵发展

尽管定位在无线市话,小灵通的目标市场和低端移动用户市场却是重合的。小灵通业务与现有的移动通信系统相比,价格是其最主要的竞争手段。自 2004 年以来,中国移动和中国联通不断下调其资费标准,加强了对低端用户市场的争夺。目前,很多地区,特别是城郊结合地区、农村地区,移动运营商通过各种各样的方式下调通话费率,其移动业务资费已经接近了小灵通和固定电话的资费水平。如中国移动在城郊和农村推出无漫游功能的"神州行大众卡",目标直指低端用户市场;与此同时,中国联通也推出资费低廉的"郊区卡"蚕食小灵通的地盘。大城市中的价格战也愈演愈烈,2005 年,北京移动推出了"神州行充值返话费"、"动感地带大幅降价"、"神州行上网包月"等优惠活动。其中,动感地带的资费最低调到了每分钟 0.15 元。随后,联通将旗下的"长市合一型如意通"话费全面下调,优惠力度达到了前所未有的水平。在移动和联通的夹击之下,小灵通昔日廉价资费的优势已经被大大削弱。

自 2005 年以来,在价格优势被削弱的情况下,小灵通运营商和制造商共同努力,紧密依靠业务创新,以"愈战愈勇"的精神,有效地应对了上述挑战,向中国的通信市场递交了一份令人满意的答卷。在这几年里,为了使小灵通业务适应环境的发展,提升市场竞争能力,固网运营商和 UT 斯达康公司等设备制造商颇费心

思，对小灵通业务进行了重新定位，将其定位为"准移动业务"——以固定电话的收费标准，提供移动电话的服务。中国电信明确提出要坚持"三高两低"策略进行特定市场拓展。"三高两低"是指提高网络质量、提高增值业务、提高收入比重，降低离网率和用户投诉。小灵通运营商和制造商一方面继续进行各类价格优惠酬宾活动，以价格优势来留住老客户和吸引新客户；另一方面，针对小灵通业务进行了多项业务创新和市场创新，相继推出了机卡分离、双模/多模小灵通手机、灵通无绳、手机搜索、老人儿童专用小灵通等新业务、新产品。

在这一年，各地电信相继推出了各类价格优惠活动，以价格优势保持小灵通业务的发展。广西电信推出了预存话费就可以免费维修已经过了保修期的小灵通的举措，得到了用户的欢迎。成都电信推出了"加入我的 e 家，88 元购买小灵通、0 元装固话"的特殊优惠活动。山东淄博网通与酒店联合推出了小灵通"亲旅通"业务，向酒店收缴小灵通终端押金和预存话费，并同合作单位进行业务收入分成的方式与旅馆等单位合作，向用户提供小灵通的出租服务。

除了继续进行价格酬宾外，2005 年 5 月，中国电信在广东和四川等地率先推出了机卡分离的小灵通。机卡分离小灵通更加符合移动用户的使用习惯，同时可以利用 SIM 卡技术为用户提供更多的增值业务功能。同时，UT 斯达康公司向市场推出了双模小灵通手机，双模小灵通手机是兼容小灵通和 GSM 或者 CDMA 网络的终端，用户通过按键可以选择使用小灵通网络或者 GSM、CDMA 网络。另外，2005 年中国电信在上海、西安、温州、惠州、佛山、漳州六地推出灵通无绳电话（QBOX）新业务。其具有固话的所有功能，用户事先将小灵通和 QBOX 进行设置之后，小灵通用户一旦回到家中，小灵通就会自动成为固定电话的一个子机，一部 QBOX 最多可支持十部小灵通。QBOX 业务实际上就是把有线、无线两种通信方式优势互补，对室内、室外通信实现无缝融合，以最大限度地解决小灵通公网信号覆盖不好的问题。在进行 QBOX 等业务的尝试之后，中国电信和中国网通相继推出了"我的 e 家"和"亲情 1＋"业务，并取得了良好的效果。同年，"易查手机搜索"（www.yicha.cn）与中国电信正式签署战略合作协议，双方就手机搜索业务展开深入合作,易查手机搜索在未来的三年中为中国电信的小灵通用户提供独家手机搜索服务。上海电信则推出了"灵翼通"无线上网业务,在有小灵通信号的地区,向客户提供无线网络接入。至2005年底,小灵通用户突破8500万。

为扩大市场份额,扩充服务领域,小灵通运营商进一步进行市场细分,推出了针对老人、小孩等特殊市场群体的专用小灵通。上海电信于2006年重阳节推出了老人专用小灵通,它内设小灵通阳光敬老卡,包含阳光助老服务、区域定位、灵通秘书等贴身通信服务。老年人不仅能够获得优惠的小灵通通信服务,还能得到及时的医疗急救、报警和家政、定位信息等针对老年人生活特点的助老增值服务。另外,上海市教委联合上海电信共同推出了儿童专用手机"小灵童"。这款小灵通给家长带来了极大方便,家长打个电话,发条短信,登陆网络,就能够知道孩子所在方位,精确度在50米以内。"小灵童"手机的"定位"功能,让孩子的安全尽在掌握中。孩子遇到紧急情况时可快速报警,迅速与家长取得联系,让孩子的安全得到足够的保障。为避免影响孩子的学习生活,还特别去掉了许多普通手机多余的功能而增加了一些特殊功能。

自2006年以来,小灵通的增长速度有所减缓。为挽回市场颓势,2007年三家小灵通主流生产厂商纷纷推出了新产品来保持和开拓市场。UT斯达康明确提出了"将核心产品和核心市场定位于多媒体通信和宽带,并继续支持在中国小灵通市场投资"的市场开发战略,积极发展小灵通分组数据业务,向市场推出了如UT122、X33、X61、X26、X55等多款覆盖高、中、低端全线的小灵通终端产品。中兴通讯在2007年推出了传统的两款小灵通单模手机V17、V18和两款GSM/小灵通双模手机K80、K66。阿尔卡特朗讯在小灵通业务方面的投入主要在PHS的数据通信应用以及面向企业的移动分机等。

潮起潮落,小灵通的好时光持续了九年之后,由于市场竞争加剧,手机资费开始松动下调等原因,"无线固话"优势不复存在,命运由盛而衰。2006年底,总用户数未能如咨询机构而言突破1亿大关,而只实现了9112.7万。2007年,小灵通出现了自问世以来的首次负增长。全国电话用户新增8389.1万户,总数突破9亿户,达到 91273.4 万户。其中,移动电话用户新增 8622.8 万户,达到 54728.6 万户,移动电话普及率达到 41.6 部/百人;固定电话用户减少 233.7 万户,达到 36544.8 万户,自 1968 年以来首次出现年度负增长。固定电话用户中,传统固定电话用户新增 374.8 万户,达到 28090.4 万户;无线市话用户减少 608.5 万户,达到 8454.4 万户。无线市话用户在固定电话用户中所占的比重从上年底的 24.6% 下降到 23.1% 。① （见图 6 - 2）

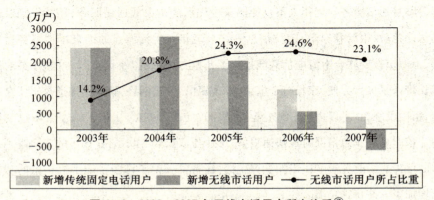

图 6 - 2   2003—2007 年无线市话用户所占比重②

三   小灵通的发展前景预测

自 2007 年小灵通运营首次出现负增长后,又有人开始质疑小灵通的现有身份和未来命运了。他们认为,小灵通是落后技术,尤其是在 3G 牌照发放以后,小灵通必将会自动消亡。其实,这些观点是站不住脚的。近年来小灵通在日本的良好发展势头足以证明这一点。过去一些年,小灵通在日本运营得并不太成功,但近几年来,日本运营商以不断创新的技术证明小灵通的发展活力绝不逊色于 3G 通信技术。日本是 3G 通讯技术比较发达的国家,但日本 Willcom 通信公司计划投资 20 多亿美元建设下一代小灵通网络,并计划于 2009 年投入商用,从现在到 2015

① 信息产业部:《2007 年全国通信业发展统计公报》,http://www.gov.cn/gzdt/2008 - 02/05/content_883563.htm.

② 摘自 http://www.gov.cn/gzdt/2008 - 02/05/content_883563.htm.

年,这家公司将投资2000多亿日元,约合20亿美元。日本运营商以实际行动证明小灵通的发展生命力,只要加大投资、科研力度,小灵通一样可以和最先进的3G技术实现并存。另外,从用户群来分析,小灵通业务的定位并不与3G重合。尤其是在我国3G发展的初期,3G的理想用户群是青睐移动数据业务的高端用户,小灵通则满足了本地区域内中、低收入人群的移动通信需求。并且,3G市场的培育需要经过一段时间才能达到技术、资费、终端的成熟,这个时间差决定了小灵通可弥补这一"真空"时段。因此,虽然3G与小灵通在基础技术等方面存在差异,但只要扬长避短,就能使二者实现共存,成为一对理想的互补技术。

在中国,据有关调查显示,我国很多用户选择小灵通,其理由是小灵通资费便宜,使用方便,辐射小、具有环保优势,以及具有强大的数据功能。因此可以预言,小灵通的兴起并不是因为技术先进,肯定也不会由于技术落后而退出市场。小灵通业务发展的关键在于它能够满足特定用户的需求,这是其生存和发展的基础。从当前我国市场需求来看,中国市场对小灵通的需求还将在相当长的时间内存在。小灵通主要是针对流动性不大、追求实惠的本地用户的,因此家庭和学生用户对小灵通的需求将会长期存在。此外,在广大边远地区的农村乡镇地区,消费者基本的通信需求还没有得到满足,小灵通在这些地区还有非常大的潜力可以挖掘。只要市场对小灵通业务的需求存在,小灵通就会生存和发展下去。另外,运营商可以充分利用PHS低辐射技术为集团客户服务,如企业、密集居民小区、工业厂房、医院等。老人、儿童、学生等对通信有特殊需求的人群也将成为小灵通重要的目标用户。

因此,许多人对小灵通的前景表示乐观。根据人民网"网上调查"的结果显示,在599位被调查者中,68%的被调查者表示看好小灵通的发展前景,而认为小灵通前景不容乐观的则只有23%。另据信息产业部研究机构预测,到2010年,我国的移动用户数将达到6.4亿左右的规模。也就是说在未来的几年中,还会出现约3亿名新增用户,这些用户大都属于低端用户,是小灵通的理想目标用户群。中国电信集团总工程师韦乐平表示,"作为一种无线市话技术,小灵通有一定的用户群和发展空间,在话务量上会对现有蜂窝移动通信有一定的分流,但不会形成明显的冲击,两者可以也应该共存"。由此可见,在我国,小灵通不仅符合我国的国情,而且还有助于促进电信市场的繁荣与发展。只要把握市场定位,深入发掘市场潜力,充分发挥小灵通经济实惠、绿色环保、方便快捷等优势,小灵通仍然有很大的潜在发展空间。

第八节　在昔日"电子垃圾第一镇"崛起的创新
——贵屿电子废弃物拆解业的"成型"和"转型"研究

电子废弃物拆解回收产业是我国循环经济的最重要形式之一。被称为"电子垃圾第一镇"的贵屿镇的电子废弃物拆解回收产业创新及其突破诸多壁垒的创新转型集成了诸多要素,如市场驱动、民间适当技术创新、高效回收、盈利、区域创新、政府管制等,凸显了一种适合国情的创新路径,其经验对于探索有中国特色的循环经济和创新型国家建设富有启示。

一　创新与循环经济：问题的提出

十七大报告(2007 年 10 月 15 日)指出,我国要把增强自主创新能力贯彻到现代化建设各个方面;面对"经济增长的资源环境代价过大"这个首要的突出困难和问题,我国要形成节约能源资源和保护生态环境的产业结构和增长方式,促进循环经济形成较大规模。十七大报告的这些重点国情论述意义重大,引导我们思考基于自主创新的循环经济发展的相关学术问题。

以往学者多从"可持续发展"而较少从"创新"的理论视角研究循环经济,实际上,属于可持续发展范畴的循环经济也是创新的范畴。可持续发展既讲满足需要,又讲施加限制,①从这点来看,"可持续"是对"发展"的限制性规定,明确这一点是理解作为特定历史范畴的"可持续发展"内涵的关键所在。② 因此,可以说,变革

---

① 世界环境与发展委员会:《我们共同的未来》,王之佳等译,吉林人民出版社 1997 年版,第52 页。
② 陈昌曙:《哲学视野中的可持续发展》,中国社会科学出版社 2000 年版,第 45 页。

以往"不持续"发展模式,基于创新实现有所限制的发展是可持续发展的灵魂所在,也是可持续发展的唯一路径。理解循环经济内涵的关键也在于此,所谓的循环经济,就是指"绿色循环"约束下的创新发展,即"3R"——减量化(reduce)、再利用(reuse)、再循环(recycle)——原则指导下的新经济发展模式。

从产业协调的角度看,简单地说,循环经济包括各产业内部的闭环经济运行和产业间的闭环经济运行这两种创新进路,后者尤其体现为对其他产业的废旧产品进行再循环和再利用的"末端治理"产业——废弃物拆解回收产业。现实地看,"电子废弃物"正成为全世界增长最快、最具潜在危险性的废弃物,我国也正面临越来越严峻的包括废旧手机和电脑等废旧电子产品如何回收处理的难题,废旧电子产品拆解回收产业(以下简称拆解业)已经兴起,构成当今世界发展循环经济的关键。① 电子废弃物拆解回收业应该基于怎样的创新谋求发展?当前创新的主流话语是"高新技术","低技术"、"中技术"似乎是落后的代名词,难以入流创新实践。因此,人们往往认为废旧电子电器产品拆解业非高技术创新不可为之。实际上,这种认识是片面的甚至可能是有害的,陷入这种创新的认知陷阱会完全忽略广东省汕头市潮阳区贵屿镇电子废弃物拆解回收业集群创新这类有益探索。

所谓集群创新是指,在狭窄的地理区域内,以产业集群为基础并结合规制安排而组成的创新,通过正式和非正式的方式,促进技术在集群内部创造、储存、转移和应用。在集群创新体系的构成要素中,最关键要素是产业集群中的相关企业集合及其所组成的网络。② 贵屿镇被称为中国"电子垃圾第一镇",该镇的电子废弃物拆解回收产业因为曾经造成严重的环境污染而被激烈地笔伐口诛。实际上,尽管贵屿电子废弃物拆解业在其产业创生过程中曾经产生种种问题,但是,其产业集群

① 中国工程院左铁镛院士将这一产业称为"第四产业/静脉产业",认为这种资源再生产业能够从根本上解决废物和废旧资源在全社会的循环利用问题,对于我国资源消耗大、需求大的现状尤其具有迫切意义。参阅左铁镛:《关于循环经济的思考》,《中国环境报》,2006年1月6日。

② 魏江等:《创新系统多层次架构研究》,《自然辩证法通讯》2007年第4期,第38页。

创新转型中,相关企业集合及其网络通过"适当技术创新"而非高技术创新高效率地、"绿色"地突破技术壁垒,把电子废弃物变成可循环再利用的资源,充分体现了循环经济发展的再循环原则和再利用原则。贵屿电子废弃物拆解业的发展经验具有显著的示范价值,其自主创新过程展示了一种可行的、至少是可以讨论也应该充分展开讨论的中国特色的循环经济发展之路。

二　经济效益至上：贵屿拆解回收产业的创生

1. 贵屿电子废弃物拆解回收产业的自发形成

贵屿镇总面积 52 平方公里,人口 13.5 万人,其中农业人口占总人口的 95% ,是一个典型的农业镇。贵屿镇是历史上有名的严重内涝区和缺粮区,农业生产基本没有保障,农业和其他产业都不发达。20 世纪五六十年代,当地农民迫于生存压力,到周边村落和地区收购鸡鸭毛、废旧铜锡塑料等物品,分拣回收转卖,支撑生活。这种生存方式的日积月累,使得贵屿本地逐渐形成了广泛的废旧物资回收的社会文化和技能积累。

改革开放以后,因为严重内涝的地理特征,贵屿落后的农业状况并没有改变,大量的农民不再从事农业,转而专门从事废旧物资回收。20 世纪 80 年代末 90 年代初,沿海的地缘优势给贵屿废旧物资回收业提供了关键的历史机会,来自欧、美、日等发达国家的电子废弃物通过廉价、方便的海运辗转入境,通过深圳、广州等地转运,大规模输入贵屿镇。① 当地废旧物资回收业大力发展废旧电子产品拆解再利用行业,对废旧电子电器进行拆解、回收和售卖。由于电子废弃物原材料成本低、贵屿本地和外来劳动力成本低、拆解后产品价格很高这"两低一高"的特点,电子废弃物拆解产业获利丰厚,吸引了当地 80% 的家庭加入,产业不断发展和壮大。至 20 世纪 90 年代中后期,贵屿废旧电子产品回收产业达到发展高峰,成为全国起

---

① 中山大学:《汕头贵屿电子废物拆解行业的人类学调查报告》,中山大学人类学系——绿色和平组织合作项目,2003 年 9 月。

步最早、规模最大和最为著名的废旧电子产品拆解产业聚集地。

　　2. 贵屿电子废弃物拆解回收产业的集群化

　　区别于传统的废旧物资回收的买和卖的简单方式,贵屿的电子废弃物拆解企业不断集群化,逐渐形成本地内部发达的产业分工和协作,构成一套有效的产业运作模式,使得拆解产业作为一个有机整体与本地经济社会高度融合,支撑和引导当地经济社会发展。

　　(1) 适当的技术发明与劳动密集型的产业选择。贵屿人发明了许多人工精细拆解技术,这些技术大多是土办法、"低技术"而已,但这些源自民间的技术在产业内广泛传播、使用并不断得到改进,对于促进经济发展十分有效。首先,技术效率高。例如,业内普遍认为最难处理的电源板和印刷线路板,其中的 90% ~ 95% 在贵屿可精细拆解出大量可再利用的电子元器件;一块手机主板通过这些技术可拆解出可再利用的电子元器件达 100 多个。贵屿人基于这些技术使各种电子器件、五金、塑料的人工拆解操作日益精细化,内生出大量的就业岗位,全镇 5 万多人(占当地劳动人口的绝大部分)和 2 万多外来打工者在这个产业中找到了工作。①

　　(2) 发达高效的分工专业化与整体协作。贵屿的人工精细拆解的技术选择,在宏观上表现为各级精细拆解日益分工专业化和集体协作化。贵屿拆解企业对废旧电子电器进行逐级深入拆解后,再分门别类加工利用,建立了电器、电路板、电线电缆拆解及塑料五金加工利用等多门类、分工精细、工序配套的协作格局,从回收、拆解到加工、再利用、销售,形成完整的产业链。目前,贵屿镇已形成电器拆解专业村 5 个,电子及线路板拆解专业村 6 个,电线电缆拆解专业村 2 个,塑料、五金加工利用专业村 7 个。这些专业拆解村与全镇 300 多家民营企业、5500 户家庭作坊互联互通,高度集成,创造出一种高效的回收利用模式,可以实现对废旧电子电器产品高达 99% 的回收利用率,比其他地方高出 10 多个百分点。

---

　　① 本文参考了清华大学经济研究所的调查数据。参阅刘阳乾:《贵屿电子拆解业发展原因分析》,《特区经济》2006 年第 10 期,第 357 页。

（3）高效率的资源再利用和再循环。贵屿精细化拆解出来的各种电子元器件再利用率高,各种电阻、电容、变压器等二手电子元器件被广泛应用于制作"电子生日贺卡"、"遥控玩具"等电子产品,大大延长了其生命周期。同时,贵屿对拆解出来的各种五金、塑料进行分类加工,在本地加工生产出 PVC 片材、塑料花、文具等塑料产品,加工生成了铜线、锡线、铝锭和铁锭,还提取了金、钯、银等贵重稀有金属。贵屿拆解产业每年深加工生产各种五金材料达 60 万吨,相当于开采了 200 万吨矿石。

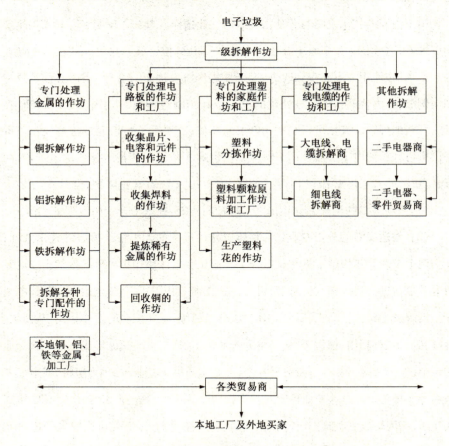

图6-3　贵屿拆解产业的分工专业化①

① 中山大学:《汕头贵屿电子废物拆解行业的人类学调查报告》,中山大学人类学系——绿色和平组织合作项目,2003 年 9 月。

（4）效益显著的当地经济增长（economic growth）。目前贵屿从事废旧电子电器拆解回收的有 21 个村，300 多家民营企业，5500 户家庭作坊，从业人员 6 万多人，年拆解加工废旧电子电器及塑料 155 万吨，为国家提供再生五金、塑料、二手电子元器件及其产品 150 多万吨。2003 年贵屿镇废旧电子电器及塑料回收、拆解、加工产业创产值 6 亿多元，2006 年创产值近 12 亿元，均占该年全镇工业总产值 90% 以上；2003 年贵屿镇该产业上缴税收 900 多万元，2006 年上缴税收 1400 多万元，均占该年工商各税 90% 以上。废旧电子产品拆解产业已经成为当地经济的支柱产业和农民收入的主要来源。

三　环境—经济协调发展：贵屿拆解回收产业的创新转型

贵屿电子废弃物拆解产业的创新转型，突出表现为政府强力引导的摆脱环境污染陷阱的产业集群创新向环境友好型经济模式升级。

1. 内在的产业缺陷和强大的外在压力：贵屿电子废弃物拆解业的挑战与机遇

贵屿镇电子废弃物拆解业，和我国改革开放之初兴起来的许多产业相似，选择的是粗放经营的发展路径。贵屿拆解业虽有一定的产业基础和规模，但该产业具有"散、乱、差"的内在缺陷：产业基本单元家庭作坊多而小，布局散而乱，政府难以有效控制税源和规范管理产业；中小企业和作坊环境意识普遍缺失，有关的拆解技术落后，产生了严重的环境污染问题；货源主要来自国外走私进口的电子废弃物，产生严重的国际贸易法律和道德纠纷问题。21 世纪初，贵屿拆解业因其污染严重频频被国内外媒体曝光，遭到严厉批判，引发世界的广泛注意和我国中央政府的重视。2002 年，当地政府迫于各种压力开始对贵屿拆解业进行严厉打击和整顿。

挑战往往与机遇并存，中央有关部委对贵屿拆解业并没有采取简单的否定态度，而是不断从更加宏观的视域探寻贵屿地方拆解业对我国发展循环经济的"试管"意义。各级政府及其管理部门富有远见的政策引导为贵屿拆解业提供了产业集群创新转向的新历史机遇。

2. "由堵变疏"：政府引导贵屿电子拆解回收业创新转向

（1）制度创新：各级政府及其管理部门的政策引导。2002年以后，各级政府及其管理部门，如国家发改委、环保总局、信产部、广东省政府的领导及专家不断到贵屿镇进行实地调研，积极探寻贵屿电子废弃物获得新发展的可行性及其对策。针对贵屿的积极政策引导不断形成：2004年1月，广东省环保局批准贵屿设立国内废旧五金电器拆解中心；2004年11月，信产部批准贵屿建立该部废旧电子信息产品拆解示范工程项目；2005年10月，国家发改委、环保总局等六部委批准贵屿镇为第一批国家重点领域"废旧家电回收利用"循环经济试点单位（其他两个单位为山东省青岛市和浙江省杭州市）。各级政府及其管理部门的这些政策引导为贵屿拆解业的创新发展创造了关键的制度环境。

（2）管理创新：当地政府的积极调控与严格治理。树立新的发展观和管理理念。当地政府转变发展观和管理理念，积极引导贵屿人增强产业创新和规范竞争的危机感和紧迫感，把发展循环经济作为贵屿电子废弃物拆解产业创新的目标。逐渐由单纯打压严管的"堵"的治理理念，转变为"由堵变疏、疏堵结合"的两手抓管理，既严格防治环境污染、整治不规范作坊和不明进口废旧电子电器产品，又积极规划该产业规范化、集约化发展，推进产业优化升级。

尝试新的引导型管理实践。当地政府深刻反省早期放任拆解业粗放发展的管理"缺位"的失误，积极发挥宏观调控职能引导拆解业集群创新。政府积极向上级政府部门申请产业扶持政策，制订并推行贵屿废旧电子产品拆解产业发展规划。① 政府将出台强制性的政策措施，建立以废旧五金电器拆解中心为一期工程的集中经营加工的循环经济产业示范基地和生态示范工业园区，把家庭作坊和中小企业集中起来生产，提高集聚效益和集中治理污染并举，进行全封闭

---

① 广东省汕头市政府：《汕头废旧电子电器综合利用产业化示范园区发展规划（纲要）》，2004年。

园区规范管理,推进产业清洁生产。政府还积极促进拆解产业的技术发展,支持外地企业到贵屿投资建厂,引进先进技术;与北京化工大学和中国科学院广州地球化学研究所等单位展开合作,推动创建电子废弃物回收拆解加工技术研发中心。

3. 绿色发展:电子废弃物拆解回收企业的创新突破

(1)购销渠道创新。贵屿拆解产业创新货源渠道,从严重依赖国外原料,转化为服务国内发展需求;主要拆解回收国内的废旧电子产品。贵屿拆解企业在全国各地设立了1000多个购销点,派出了3000多个供销员,通过设点收购、委托收购、上门收购、与企业建立购销关系等多种形式,把全国各地回收的电子废弃物不断转运到贵屿拆解回收。同时,该镇企业计划建立依托"国美电器"这个著名的大型电器经销商的销售网络及物流配送中心,采取以旧换新等多种形式回收各种废旧电子产品。

(2)继续适当技术创新。电子废弃物具有双重性,即资源再生性和潜在的环境污染性。贵屿拆解业创新转型的关键在于有力控制电子废弃物拆解回收中的环境污染。以往粗放型创新的拆解技术产生严重污染的三个关键壁垒是露天焚烧、炉火烘烤和酸洗提炼,贵屿拆解企业把这三个壁垒作为技术创新的突破口:将拆解废旧电线从焚烧改为割剥技术;将灼烧塑料闻其气味的塑料分类法改为比重差异分离法;把拆解过的电路板、细小的电线等由过去单纯焚烧或酸洗改为通过粉碎机粉碎后运用风力或水力筛选技术,筛选出塑料、铜和金、银、钯等贵重金属。其中的一个典型创新是电路板拆解技术的跃迁:传统的电路板拆解回收是将集成电路板直接放到煤炉火上面烘烤,等到电路板受热软化之后,再用钳子把电路板上的各种电子器件和焊点上的锡取下来。这种拆解技术不但效率不是很高,而且在烘烤电路板过程中产生难闻的有害气体。拆解企业积极借鉴引进电器维修业的先进技术,将落后的烘烤拆解改为采用电热气局部软化电路板的方式提取电子元件,大大地提高了工作效率,降低了环境污染。全镇已有352家手机主板、电路板拆解企业引进设备,采用这种电热气局部软化拆解技术提取电子元件。贵屿拆解企业采用这些适用的进步工艺,既降低了拆解过程产生的污染,又提高了再生资源的回收利用率和资源转化率。贵屿拆解产业的这些适当技术创新的经济效益和环境效益显著,赢得省政府的肯定,2005 年 12 月,贵屿镇获得广东省科技厅所批准的广东省再生资源技术创新专业镇的荣誉。

四　贵屿创新：一种中国特色的循环经济模式的有益探索

循环经济受"需要—限制"二元矛盾驱动,要解决这种矛盾是困难的,但并不意味着不可能,其关键在于要选择适合国情的创新模式。贵屿电子废弃物拆解回收产业突破创新壁垒,既满足了"绿色循环"的约束,又能够促进劳动就业和实现经济增长,包含了许多适合中国国情的创新要素,这些创新要素的集成构成一种中国特色的循环经济发展模式,具有比较广泛的示范意义和推广价值。我们应该密切关注和持续研究这种本土化的创新实践不断提供给我们的鲜活经验和启示。

1. 循环经济的内生动力：政府为主导、企业为主体的区域创新

十七大报告提出："提高自主创新能力,建设创新型国家,是国家发展战略的核心,是提高综合国力的关键。"我国循环经济显然要越来越依赖于各种产业的深度自主创新。在我国,电子废弃物拆解产业的发展有两种模式:一种以贵屿的自组织创新为代表,这种创新以市场为导向,竞争力强劲;另一种模式是以国家扶持建立的配备了价格昂贵的先进设备的一批电子垃圾处理中心,以杭州和青岛电子垃圾处理中心为代表,这种产业创新现在普遍竞争力微弱,陷入"无米下锅"(原料奇缺)难以生存的困境。对比之下,贵屿电子废弃物拆解产业的持续创新实践有助于我们思考如何结合现阶段国情推动循环经济自主创新这个重大问题。

贵屿电子废弃物拆解产业创新初期,政府宏观调控缺失,当地企业以市场为导向的自组织创新在我国催生了这个产业并产生显著的经济增长,但同时也产生了环境污染等严重问题。在政府的有力引导和规范下,该产业才有动力进行创新转型,走上良性发展之路。贵屿的创新经验证明,在我国深入建设社会主义市场经济

体制的转型期间,由于存在种种制度安排不足或缺陷,已经受益于粗放型经济增长方式的企业不会平白无故地"转变增长方式",也难以自愿去冒险创新。因此,循环经济依靠企业单纯面向市场的行为是难以发展起来的。政府必须适时对产业创新进行必要的引导和管制,改变企业粗放经营的市场外部约束条件,逼迫、引导、帮助和扶持企业作为创新主体,变革经济增长模式,这样才可能使企业创新朝着实现真正的环境友好型和资源节约型的经济增长方式演变。总之,我国发展循环经济,政府主导作用不应减弱,而是应该适当增强(但不可越位),贵屿创新转型中的政府作为值得深入研究。

2. 循环经济的竞争优势:劳动密集型产业和中小企业创新

尽管循环经济是受限制的创新,但发展仍然是这种创新的压倒性的核心内容。贵屿拆解业始终大力发展中小企业,大力创新人工精细化拆解技术,在发展劳动密集型产业的方向上持续创新,这种低成本的创新选择对于解决当地人就业问题和增加当地人收入的贡献巨大,从而也使得该产业在当地获得公众和政府的持续支持和得以不断发展壮大。比较而言,杭州、青岛等地资本相对密集型的高成本电子垃圾处理中心发展陷入困顿之中,对当地经济社会的发展贡献微弱,也反衬论证了贵屿这种发展模式在中国的强劲竞争力。

作为最大的发展中国家,我国禀赋的最大特色就是劳动力相对丰富、资本相对稀缺。充分发挥我国劳动力相对丰富的优势,选择劳动密集型的产业结构和生产技术,大力促进中小企业创新,是适合中国国情的最佳循环经济创新发展模式之一。[1] 反之,大力推动高成本的资本相对密集型产业的循环经济发展并不普遍适合当前中国国情,应该慎言和慎重决策。

贵屿的自主创新凸显了以中小企业为主体的集群创新模式在拆解产业中的契合。这种创新模式以劳动密集型产业为主,大量的中小企业在一定空间内相互集中,劳动分工精细,专业化程度高,市场组织网络发达。以本地拆解分工精细化合

---

① 樊纲:《适当技术　后发优势》,《中国中小企业》2001 年第 5 期,第 16 页。

作、购销与拆解回收无缝连接这两大协作取胜的贵屿集群创新模式启示我们：以中小企业为主体的集群创新模式适合中国劳动力相对丰富的比较优势，大力促进中小企业创新对于发展循环经济意义重大。

3. 循环经济的创新路径：基于本土的适当技术创新选择

贵屿的创新模式显示，中国的创新实践和循环经济发展多多考虑"适当技术创新"而不要迷信高新技术创新是有益的。"追高"的创新理解和实践可能只是适用于我国的某些产业和某些有条件的地区，但对大多数地区和产业来讲是不切实际的。①

贵屿创新体现了强烈的依赖本土的创新价值取向，所发明的许多新技术的知识含量并不高，是适合本土的"土"办法和低技术、中技术的简单组合，但这些技术创新非常适用于手工拆解电子废弃物，既能提供众多的就业机会，又能极大提高回收再利用的效率，市场竞争力强。② 实际上，贵屿在创新转型中并没有盲目排斥高技术，而是低、中、高技术有机结合，在传统拆解产生污染的关键环节采用高技术创新和集中处理的管理创新，有效降低了环境污染，达到经济效益、环境效益和社会效益的兼顾与协调。与此形成鲜明对比的是，我国那些配备了高技术的电子垃圾处理中心反而发展不畅。这种反差证明，在我国，创新"技术路径"的不同选择不是一个无关紧要的问题，而是有丰富的辩证法寓于其中，并非"条条大路通罗马"或"殊途同归"。③

---

① 樊纲：《适当技术 后发优势》，《中国中小企业》2001 年第 5 期，第 16 页。
② 贵屿手工拆解的回收再利用率高达 99% 以上，相比较而言，外国拆解技术是高技术，机械化程度高，但回收再利用的效率低下。国家有关部委和科研机构的专家指出，贵屿的手工拆解技术的精细程度和二手电子元件的循环利用率是全世界其他地方不可比拟的。参阅汕头市潮阳区贵屿镇人民政府：《变堵为疏，推进再生资源综合利用产业化基地建设——贵屿镇发展循环经济的主要做法与思考》，2006 年 12 月 4 日；《贵屿镇发展循环经济情况汇报》，2007 年 1 月 22 日。
③ 2002 年 5 月，在大连理工大学主办的"技术哲学学术交流会暨《工程·技术·哲学》出版座谈会"会议期间，笔者曾经和李伯聪先生交流，我问李先生一个问题："什么是好技术？"李先生当时以斩钉截铁的语气给出答案：在能够完成同一技术目的的所有技术中，越是简单的技术就越是好技术。（李先生 2005 年 11 月在北京邮电大学"技术哲学——技术史讲座"做学术报告，又从这个角度阐述了舒马赫的"中间技术"创新理论对我国工程创新的意义。）参阅李伯聪：《工程哲学引论——我造物故我在》，大象出版社 2002 年版，第 194 页。

熊彼特创立创新理论之时就一般性地强调创新未必依赖高技术,已经隐含"恰当技术创新"理论①。而发展经济学家舒马赫在名著《小的是美好的》中,则针对发展中国家明确提出"中间技术"理论,指出落后国家不能盲目采用发达国家的"尖端技术",而是应结合国情采用"中间技术"或"适当技术"的创新路线。今天来看,舒马赫的观点对我国循环经济的技术创新路径选择仍然具有启发性。舒马赫指出,发达国家的"大量生产"模式不适合穷国,因为"大量生产的体系建立在资金高度密集、高度依赖能源投入及劳动力节省的技术基础上,先决条件是已经富有"。② 能够改变这种状况的,是强调人的参与的大众生产方式:"大众生产的体系是调动人人都有的无价的资源,即聪明的大脑和灵巧的双手。"③舒马赫指出,实现大众生产,要求"中间技术"这种创新路径:一是价格低廉。这样的技术能够适应发展中国家资本不足的状况,基本上人人可以享有。二是适合于小规模使用。发展中国家资源分布具有多样性,小规模使用的技术对此具有适应性。三是适应人的创造需要。舒马赫认为"中间技术"是一种介于镰刀和拖拉机之间的技术,是介于传统技术和先进技术之间的技术,是一种能够为更多劳动者提供就业机会、真正服务于劳动者福祉的技术。舒马赫称赞"中间技术"是"自力更生的技术或民主的技术、人民的技术——一种人人可以采用的,而不是那些有钱有势的人专有的技

---

① 熊彼特多次指出,生产必须同技术区别开来,"工程师和商人都可能这样来表达他们的观点:他们的目的是在恰当地管理企业,他们的判断就是来自关于这种恰当性的知识……对于恰当性每人都有一种不同的看法……商业领导人不听从工程师的话是对的,只要他的抗议在客观上是正确的话。我们不考虑在技术上使生产工具臻于完善所带来的半艺术性的快乐。事实上,在实际生活中我们看到,当技术因素同经济因素冲突时,它总得屈服……总之,在一定的时候所使用的每一种生产方法,都要服从经济上的恰当性……经济上的最佳和技术上的完善二者不一定要背道而驰,然而却常常是背道而驰的,这不仅是由于愚昧和懒惰,而且是由于在技术上低劣的方法可能仍然最适合于给定的经济条件"。熊彼特因此批判道:"作为企业家的职能而要付诸实现的创新,也根本不一定必然是任何一种的发明。因此,像许多作家那样的强调发明这一要素,那是不恰当的,并且还可能引起莫大的误解。"参阅[美]约瑟夫·熊彼特:《经济发展理论》,何畏等译,商务印书馆1990年版,第15—18,99页。

② [英]E.F.舒马赫:《小的是美好的》,虞鸿钧等译,商务印书馆1984年版,第104页。

③ 同上。

术"①。

贵屿的适用技术创新实践证明，即使在今天，我国作为世界上地区发展差距最大的国家之一，②在发展循环经济时仍然应该认真思考舒马赫创新理论对我国的意义。当然，贵屿创新转型也表明"适当技术创新"是一个动态的概念。当条件发生变化时，什么是"适当的"本身就随之发生变化；"适当的"技术的进步、产业技术结构的提升，都是一个过程，不可强求也不可不切实际地"赶超"。③

实际上，贵屿创新实践更为深刻的启示也许还是在于让我们"回到起点"，重温和牢记熊彼特对创新的基本理解——创新是"动态的过程"，"执行新的组合"、"所能支配的原材料和力量的新组合"。我们必须从"全要素"和"全过程"的观点认识创新，创新是包括技术、经济、政治、管理、社会等多种要素的重新组合；创新是涵盖计划、决策、设计、施工、运行、维护等环节的优化组合。在当代，新组合固然更显著地（尤其在发达国家）体现为高技术的发明或引进，但是（尤其对于作为最大的发展中国家的我国而言）这不是新组合的唯一模式甚至最佳模式。我国发展循环经济要"两条腿走路"，要积极发展高新技术产业，但更要大力发展"适当技术产业"，这样才能衍生出密切结合国情的多元创新模式，促进基于不同区域创新体系的循环经济发展。基于贵屿创新实践的启示，深刻理解创新的多元模式，对于推动我国的循环经济发展和创新型国家建设事业是有益的。

第九节　突破贸易壁垒：我国彩电反倾销案例分析

对外贸易的重要目标是提升本国社会福利总量、维护国家利益。因此，国家之间的贸易战时而打响，并伴随着各种经济贸易手段，使得贸易保护与歧视政策充斥

---

① ［英］E. F. 舒马赫：《小的是美好的》，虞鸿钧等译，商务印书馆 1984 年版，第 104 页。
② 胡鞍钢：《中国：新发展观》，浙江人民出版社 2004 年版，第 23 页。
③ 樊纲：《适当技术 后发优势》，《中国中小企业》2001 年第 5 期，第 17 页。

其间。反倾销是世贸组织允许采取的维护公平贸易和保护国内安全的合法手段，却经常被用于国家的贸易保护政策中，人为夸大出口国的倾销幅度。针对国外愈演愈烈的反倾销调查，中国的出口企业应该尽快实现新的产品营销策略，将单纯的价格优势转化为性价比优势，即通过产品更新换代在高端产品领域发挥中国企业的综合成本优势。通过对彩电反倾销案的研究与思考，我们可以对贸易壁垒进行深入分析，提出解决此类问题的对策措施。

一 中国彩电反倾销案例描述

中美彩电反倾销博弈过程揭开帷幕。2003年5月2日，美国五河电子公司、国际电子业工人兄弟会、美洲国际电子产品、家具和通讯工会等向美国国际贸易委员会（以下简称 ITC）、美国商务部（以下简称 DOC）提起了反倾销申诉，认定包括长虹在内的十多家中国彩电企业和马来西亚的一些厂家存在倾销行为。

5月7日和23日，ITC、DOC 分别就此申诉进行立案。6月16日，ITC 作出了肯定性初步裁决：裁定有合理的迹象表明来自中国和马来西亚的彩电对美国产业造成实质性损害。同日，DOC 向中国商务部发布调查问卷表，要求将问卷传递给中国所有在调查期间向美出口彩电的生产商/出口商（长虹、康佳、TCL 控股和厦华等约15家公司），同时也将副本抄送给中国机械电子产品进出口商会，并规定了对调查表中不同部分作出反馈的最后期限。

6月22日，因被调查对象过多，根据美国关税法规定，DOC 裁定除中国政府外，长虹、康佳、TCL 和厦华作为强制性应诉人。

DOC 发起了第一轮质询，并给予了不利于中国的概念解释。

7月7日至21日，DOC 收到了来自长虹等十家出口商就问卷 A 部分的反馈，其中长虹要求美国商务部确认中国的彩电行业是有市场行为倾向（MOI）的产业。但是，DOC 通知长虹，其 MOI 主张须是代表整个中国彩电产业而非具体的一个出口商作出的。同月，DOC 向没有被选为强制性应诉者但及时就 A 部分作出反馈的出口商和强制性应诉公司发布了问卷 A 部分的补充内容。

8月份,DOC 收到了这些问卷的回应。应诉人就市场导向产业、替代国、替代价值等向 DOC 递交了有关信息并提出了看法,但遭到 DOC 的否定,后者以印度为替代国计算我国彩电生产成本。11 月 21 日,DOC 发布了肯定性初裁,裁定海尔等九家公司的反倾销税率为 40.84%,长虹 45.87%,康佳 27.94%,厦华 31.70%,TCL31.35%,普遍税率 78.45%。

2003 年 12 月和 2004 年 1 月,DOC 对康佳、长虹、TCL 和厦华四家公司的问卷反馈进行了确证,同时让各当事方对初裁进行评论。

2004 年 2 月,DOC 收到了所有申诉方和康佳等四家强制性回应公司的案件和反驳概要书,同时还收到了苏州菲利普公司、三家美国进口商及中国机械和电子产品进出口商会(CCME)的案件概览。3 月 3 日,在长虹、康佳和 TCL 公司的要求下,美国商务部举行了公开听证会。

中国公司不满 DOC 的肯定性初裁,努力进行讨价还价。

4 月 12 日,DOC 作出肯定性终裁,裁定海尔等九家公司的税率减为 21.49%,长虹 24.48%,康佳 11.36%,厦华 4.35%,TCL22.36%,普遍税率 78.45%。

DOC 在中国公司的强力要求下,对肯定性初裁进行了反馈,产生了第二轮的出牌结果。

4 月 15 日,ITC 举行了听证会。5 月 14 日,ITC 经过投票,最终裁定,由于从中国进口的产品以低于公平价值在美销售,美国彩电业受到了严重损害;美国商务部纠正了其在计算过程中的错误,给出了最终征收的税率。海尔等九家公司的税率调整为 22.94%,长虹 26.37%,康佳 9.69%,厦华 5.22%,TCL21.25%,普遍税率 78.45%。

由此,美国有关方面亮出了底牌,而中国方面已无力再反驳。

5 月 21 日,美国商务部签署反倾销征税令。

有关部门指出,虽然这次彩电反倾销案总价值约为 16 亿美元,但对中国彩电行业来说最惨痛的是:辛苦开拓的美国市场可能将不复存在,中国彩电业 3500 万台的产能闲置将成为"不能承受之重"①。

二　中国彩电反倾销现状探源

此次的中国彩电反倾销,从整体上看,是美国出于国家利益的考虑,人为设置了贸易壁垒,阻挠中国彩电制造业对美国的出口。美国为了对整个国家的产业体系进行资源配置调控,对每一具体产业均进行特定的开放或保护。与此同时,中国彩电业在美国既定的政策下,可以采取诸多必要的措施以避免出现反倾销情况。整个的博弈过程,最后以中国彩电业损失惨重告终。中国彩电业的遭遇,其实有着深层次的多种原因,这些影响因素相互关联,相互制约与影响,本节主要从政治、技术、制度层面进行分析。

1. 政治壁垒——全球化竞争态势下愈演愈烈

当前,世界各国的全球化竞争日益激烈,每一国家从本国利益最大化角度出发,进行国际间的利益博弈。因此,各种矛盾层出不穷,人为设置贸易壁垒只是其中一种方式。

(1) 全球化竞争的实质。全球竞争的实质是追求跨国公司自身利益的最大化。跨国公司的行动并非都是在推动贸易自由化的发展,只有当贸易自由化能使其更容易地进入他国市场,当其获取资源时,贸易自由化才是跨国公司响亮的口号。一旦这种自由化发展到危及其自身利益的时候,它也会毫不犹豫地举起贸易保护的大棒。全球竞争战略决定了跨国公司既可以成为贸易自由化的积极推动者,也会成为贸易保护主义的重要力量。如果经济的主导权控制在它们手中,那么发展中国家在面对自由化的冲击和贸易保护的壁垒时都将处于被动地位。

(2) 美国国家新战略的影响。反倾销税的征收的一个重要依据是认定某一外国产品以低于正常价值的价格在进口国进行销售,并对进口国生产相似产品的产

---

① 参阅美国商务部国际贸易署网站:http://ita. doc. gov/media/FactSheet/0504/televisions_051404. html.

业造成法定损害。

美国基本上已经没有彩电制造业，更谈不上中国彩电对美国彩电产业造成的损害。美国考虑到新国家安全战略在贸易方面的指导作用，认为进口依赖的单一性会威胁到美国的贸易安全，因此采取了相应的反倾销措施。这一理念的实施是美国国家新战略对国际贸易反倾销的直接影响。美国高度依赖进口的普通消费品，如果某类产品的进口完全依赖某个国家，就会造成这个国家筹码的过大。一旦该国家与美国发生涉及安全方面的矛盾，美国将没有回旋的余地。因此，美国必须考虑多个经济体份额相对均衡的进口数量来维系自己的贸易安全。近年来美国进口原产于中国的彩电数量急剧增长，美国政府开始担心彩电进口份额的均衡性，所以提出对中国彩电的反倾销案。

（3）贸易保护主义的推动。美国国内的保护主义团体为了维护自身的经济和政治利益，往往通过国家的意志来转移国内的矛盾。针对美国出口能力不够，对外贸易逆差居高不下，政府只有通过打开国外市场，并同时对本国市场实行保护，才能平衡贸易赤字。反倾销本身是为了保障公平贸易，不是为了实行贸易保护主义，但美国政府有计划、有步骤地限制外国产品进入美国的做法，让中国的产品受到影响。

（4）贸易歧视政策的实施。不公平的贸易歧视政策，即我国的"非市场经济国家"地位。WTO的有关规则基本上由西方发达国家制定，本身就对发展中国家带有不公平性。在反倾销中对"正常价值"的确定有两套标准：对于市场经济国家，是与出口国国内市场的价格相比较；对于非市场经济国家，则只能以经济发展水平相当的替代国的类似产品价格作为衡量标准。而且，为了维护本国的利益，他们往往选取发达国家或生产差异很大的国家作为"替代国"。

由于美国迄今不承认中国的"市场经济"地位，使得其在进行反倾销调查时不使用中国的"市场价格"作为衡量标准，而是极不恰当地选定了印度作为"替代国"来计算中国彩电的"正常价值"。中国家电市场化进程起步早、程度高，而印度彩电业至今垄断程度仍相当高，无论是规模、产量还是生产效率与中国同行均相去甚远;中国的市场化程度远高于俄罗斯,而美国却给予了俄罗斯市场经济国家地位。这一系列不公平的参照与计算方法对于生产力价格低廉的中国来说影响非常大。

2. 技术壁垒——技术低端没有竞争力

不同类型产品,其技术含量有所不同;同一类型产品,高端与低端产品的技术含量也有所区别。中国彩电企业的出口产品,有很大比例属于技术低端类别,在美国市场上的竞争力比较低。因此,当前我国彩电企业在国际市场上的竞争策略存在两大误区。

(1)低价格竞争策略误区。根据美国国际贸易委员会的判决书,2003年美国彩电厂商总产量为380万台,总价值19亿美元,均价500美元;相比之下,2003年中国对美出口彩电180万台,总价值3.189亿美元,均价177.2美元。① 相比之下,中国商品出口利润率较低,价格差别过大,降低了出口效益。中国出口商品多为劳动密集型产品,这样的商品和生产环节进入门槛不高,质量相对容易控制,因而差异不大。国内外供货商与日俱增,供货商或同行之间的竞争通常只能在成本上面做文章,正常的竞争很快就会失控滑向价格战。

(2)销量突变误区。中国产品的出口往往在一个集中时段内出现销量陡增的现象,这样很容易诱发反倾销起诉。如:美国对华彩电反倾销案中,长虹公司对美国出口量就是在短期内大幅度增长。中国家电业的资本投入主要偏向产能的增大,而不是技术创新。中国彩电在美国市场没有形成梯次,集中为单一的低端产品,在定价策略上也没有形成梯度弥补,所以中国彩电在美国市场很容易受到冲击。

3. 制度壁垒——没有建立有效的应对机制

制度壁垒是各项壁垒中最为重要的一环,涉及不同类别、不同层次的政策体系。从时间维度出发,包括应急制度与日常制度。

(1)预警机制缺失。"2000—2002年间,中国彩电对美国出口增长了1166个百分点。如此迅猛的增长速度,我国彩电出口企业在美国正式提起反倾销指控之

① 王新奎、刘光溪主编:《WTO与反倾销、反补贴争端》,上海人民出版社2001年版,第7页。

前,并没有引起一点警觉,更没有采取积极有效的预防性措施去及时调整出口价格。面对这么高的增长指标,驻美机构也没有在第一时间将信息迅速反馈到国内,提醒国内企业注意保持适度增长。中介组织的协调也很不足,中介组织得知美国准备立案反倾销时,没有赶在对方起诉之前,及时做好协调工作,没有与美国进口商合作,防止事态扩展。"①在这次彩电反倾销事件中,因为预警机制的缺陷,造成判断失误、信息不通,以至于不能提前采取应对措施。甚至在裁决下达之前,许多中国企业还非常错误地期待一个好的结果。

(2)应急机制乏力。马来西亚也曾面临相似情况。在反倾销案调查开始之际,马来西亚驻美大使代表本国政府分别给美国商务部和国际贸易委员会发出了一份公函。这份公函引用世贸组织反倾销协定的有关条文,为马来西亚企业进行了积极的辩解,并要求美国反倾销主管机关在对该案进行调查时应谨慎行事。在此案中,我国政府也曾向美方表态,希望美国政府在调查中公正地对待中国企业,并且对美国原告的指控表示过质疑,但与马来西亚政府的努力相比,外交攻势还是不够。因此,我国在面对国际贸易争端等突发事件时,政府保护力度有待加强,应急机制有待改善。

(3)缺乏联合应诉导致失败。在美国五河公司向美国 ITC 提起申诉并要求对中国彩电进行反倾销调查后,国内各大彩电生产企业随即惊慌失措,众多企业的第一反应竟然是互相指责,甚至互相告发。如此相互指责和对事件的判断不一所造成的直接后果是:美国商务部毫不费力地得到了初裁产业损害存在的众多数据;中方企业则从一开始就丧失了反击的最佳时机。在反倾销调查中,国内彩电企业各方利益冲突很大。虽然我国机电商会一再号召彩电企业团结一致,但企业应诉阵营仍然很快出现分裂,各自为政。中国四大彩电巨头中竟然有三家采取单独应诉的策略,使得美方在调查中最终可以逐一击破。

---

① 赵立华:《构筑三位一体的反倾销防御应诉体系——从美国彩电反倾销案引发的思考》,《商业研究》2005 年第 11 期。

三　中国应对反倾销的策略

反倾销是一个关联面非常广泛的问题,除直接关系涉讼企业外,还涉及政府、行业协会及中介组织等相关层面。应对反倾销,除了企业积极参与外,还需要各相关层面紧密配合,从而形成合力,在预防和应诉反倾销中赢得更大的主动。分析美国对我国彩电反倾销个案的深层原因和近年来我国企业应诉的实践经验,提出一些应对策略。

1. 尽快获取市场经济地位

在 WTO 框架下,利用其反倾销规则,通过政府间双边谈判,坚决取消中国非市场经济国家的定位或消弭其影响,是降低反倾销诉讼概率的重要内容。为此,需要正确理解和执行《入世议定书》第十五条。

首先,要争取那些在"截至中国加入 WTO 之日有相关市场经济国家标准"国内立法的成员方同意不适用该条,无须要求其承认中国为"市场经济国家"。其次,对于"截至中国加入 WTO 之日"无相关标准的国内立法的成员,它们在法律效力上根本不具有适用第十五条的资格,更无必要要求它们作出承认中国市场经济地位的声明。最后,尽管"无论如何,上述第二目(非市场经济地位)的规定应在加入之日后 15 年终止",但这并非意味着必须等到 15 年。① 说服有关国家(主要为美、欧、加)在余下的年份里不适用第十五条且越快越好,是至关重要的。

2. 技术创新

应对反倾销,不仅要避开地域上的贸易壁垒,而且应更加注重在产品研发和创新方面的投入。目前我国彩电企业出口到国外的产品仍以中低端为主,主要以劳动力的差价来赢利。受产品质量稳定性和产品档次的限制,靠低廉的价格来换取出口机会,仍然会是我国企业增加出口可选择的手段,但这种手段很容易成为反倾

---

① 马忠法:《论我国应对反倾销案中"非市场经济地位"之策略——从"彩电案"的视角来分析》,《上海财经大学学报》2005 年第 1 期。

销的目标。要避免和减少来自国外的各种贸易倾销案的起诉,关键是要培育自身品牌,多出口具有自主知识产权的产品。如中国彩电企业目前在国外主要是走低端产品路线,这样容易授人以柄,造成倾销印象;而液晶、等离子这些高端彩电则不在反倾销范围之列。从长远来看,加紧产业升级,是一个发展方向。因此,产品应该以高质量的形象出现在国际市场上。

此次美国反倾销的范围是来自中国的 21 英寸以上的彩色显像管和背投电视,其中大部分属于模拟电视,数字等离子电视、数字液晶电视均不在此次反倾销的范围之内。可见,彩电行业只要适时调整产品结构,提高科技含量,向高端市场发展,在美国仍有极大的机会。

事实上已有迹象显示,中国彩电企业正在积极调整生产布局,努力提高产品的科技含量,以期在美国市场的新一轮竞争中大显身手。据了解,目前创维已经着手减少传统 CRT 彩电的生产和出口,转而主攻等离子、液晶等高清彩电以及 21 英寸以下小型 CRT 彩电的出口。长虹方面将利用在海外相继成立的澳大利亚长虹、印尼长虹等企业,以及在美国、中东、俄罗斯、欧洲等国家和地区陆续开设的经营及研发机构,加大对高清背投等高端产品的出口力度。

举步维艰的厦华企业于 2002 年顶住压力,投入主要研发力量,大举进军平板电视。至 2004 年 11 月,厦华企业已在海内外市场推出的平板电视超过了100 个型号,并打入了美国主流市场。长期以来,厦华在美国市场奉行的是"三高"策略,即"高技术、高端市场、高利润"。厦华在美国没有任何倾销行为,公司出口产品平均单价在所有被诉企业中是最高的,自然就获得了较低的税率,赢得了美国市场。

3. 企业联合应诉

行业协会需加强作用。加强行业协会的立法,让其和企业根据《议定书》的规定采取自救措施。"彩电反倾销案"发生时,由于缺乏强有力的行业协会或政府的引导,中国机电进出口商会等行业协会也难以驾驭各个企业的应诉要求。各彩电厂家应对美国的反倾销行为的措施不统一,各自单独行动。DOC 否定长虹等中国彩电业市场导向产业主张的理由是：应诉人没有提供有关覆盖实际上所有行业生产商记录的所有信息。所以，在面对反倾销中"市场导向行业"问题时，行业协会要"充分发挥其参与协调和协助企业与起诉国的磋商活动的作用，尽快完善和加强涉及出口产品的行业协会反倾销应对功能，为企业应诉提供充足的动力"①。

市场经济条件按行业划分。根据《议定书》规定，只要被调查生产者能够证明所在行业的经营活动具备市场经济条件，外国反倾销调查机关就应当给予其市场经济待遇。作为行业所有企业代表的行业协会在企业遭受反倾销调查后应能向反倾销调查机关提出本行业市场经济主导地位的抗辩，并为企业在应诉中提供相关证据。目前情况下，对中国企业来说，这一点非常重要，它们的经验决定了单靠一个企业自身去抵御反倾销风险是困难的，它们必须依赖于团体力量，而行业协会能起到团结行业内各企业形成凝聚力的作用。

4. 完善系统的预警机制

（1）着力建立反倾销预警机制。我国当务之急还要着力建立反倾销预警机制。目前"在进口方面，我国已初步在汽车、化肥等行业建立了反倾销预警机制；但在出口方面，尚缺乏有效的预警机制。中国作为遭受反倾销最为严重的国家，迫切需要一整套有效的、能快速反应的反倾销预警机制，以便准确、迅速地预警中国厂商可能会受到某国的反倾销调查。这就要求我国的政府、企业、行业协会、海关、行会驻外机构和国外进口商必须通力协商合作，共同应对"②。

大部分反倾销诉讼案件的提起并非没有根据和征兆的，一般都有某项产品在进口国数量的迅速增长和相应的舆论反映。只有建立有效的反倾销预警机制，及早发现可能导致反倾销诉讼的征兆和苗头，相应采取补救和防范措施，才能化解诉讼或在诉讼中取得主动。

作为直接参与者的出口企业，必须密切留意进口国的市场状况，及时发现市场

---

① 杨光明：《行业协会在反倾销中的作用及优劣势分析》，《中国科教博览》2004 年第 12 期。
② 邓志涛：《我国出口企业应对反倾销的反思与策略调整》，《东南亚纵横》2005 年第 4 期。

异动。鉴于我国企业目前在获取国外市场信息能力相对薄弱状况,政府和行业协会必须在反倾销预警中担负起重要责任,追踪外国的贸易政策,密切监测国内外市场的销售、价格、数量等信息,分析判断市场状况。如果出口商品价格出现异常波动,或者某类商品短期内出口激增,存在被反倾销的危险,应迅速通过预警机制把信息反馈给出口企业,以便企业迅速采取相应对策。

（2）建立彩电业反倾销数据库。我国企业和政府需要收集主要贸易伙伴和一些替代国（例如印度、新加坡等）彩电行业产品的销售状况、价格及生产成本等数据资料,建立反倾销数据库。这样,企业在确定出口商品的数量和销售价格时有据可依,而且在应对反倾销诉讼时也是非常有力的证据。从而,在面对反倾销压力时,我国企业可以掌握主动权。

第十节　产品工程化中的壁垒与陷阱
——以"万燕 VCD"现象为例

在中国企业创新史上,"万燕 VCD"是一个经常会被提及的案例。尽管已经过去了十多年的时间,但是对"万燕 VCD"现象依然存有争论。当年,万燕首创世界第一台影碟播放机（VCD）,成为我国相关产品工程化中引以为傲的典范。但是,历经数载磨难,万燕却痛失市场,陷入资金短缺的泥沼,不得不改旗易帜,草草收场,也确实让人扼腕叹息。到底是什么导致了"万燕 VCD"产品工程化的成功与失败？勇于开展自主创新的企业应如何实现创新的成功和有效收益？对这些依然困扰企业创新的问题,本节拟从对当年"万燕 VCD"工程化的分析入手,结合创新相关理论,对创新与企业发展的关系进行一些思考。

一　万燕 VCD 工程化的分析

1. 影音压缩技术的突破与万燕 VCD 的世界第一

VCD（Video Compact Disc）播放机,俗称影碟机,其原理是利用 1988 年成立的活动图像编码专家组（Moving Pictures Experts Group,缩写为 MPEG）在 1992 年颁布的 MPEG—1 标准,将长达 74 分钟的图像和声音记录在一张直径为 12 厘米的 CD 光盘上,而以 288×384 的解析度、每秒 25 格画面播出,图像质量相当于 VHS 录像机的水平,声音质量明显优于 VHS 标准。从技术层面而言,VCD 所依赖的基础技术,即 MPEG—1 标准,其发明权及专利并不为中国所有,但是 VCD 播放机却首先诞生在中国,这是中国企业抓住机会、勇于创新的一次奇迹。

当初,MPEG 成立的目的,主要是为图像压缩技术制定一项通用的标准,其产品指向是能够替代模拟信号制式下的录像机的数字制式产品——DVD（清晰度要达到 500 线）。而当时颁布的 MPEG—1,并不能满足 DVD 的产品需求,其输出的画面质量和声音质量只与录像机持平或略高一些,在发达国家已经普及录像机,只有研发出更高质量的播放产品才会拥有市场机会。

而中国的情景却与此不同。

1993 年,中国城镇居民家庭的彩色电视机普及率已近 80%,但相对于当时的彩色电视机而言,录像机对于普通中国消费者而言还是一个奢侈品,这主要是因为当时的录像机技术还掌握在外国企业手中,中国只有 11 家定点企业获准进行散件组装,成本高昂。只是到 1992 年,才由国家投资开始启动"录像机一条龙"工程,组建了中国华录电子有限公司,全套引进国外录像机技术和生产装备。但实际投产却已经是在 1994 年,形成规模生产更是以后的事情了。所以,当时的中国市场确实存在着对影音播放产品的迫切需求,而且在录像机还不普及、对于老百姓还是奢侈品的情况下,与其画面质量接近但价格却低廉的产品也一定能够为大众所接受。这种国内外市场的差异,解释了 VCD 播放机能够在中国出现的合理性。

1992 年,就是 MPEG—1 颁布的当年,万燕 VCD 发明人之一、安徽现代电视技术研究所所长姜万勐带团赴美国拉斯维加斯参加国际广播电视技术展览会。姜万勐是我国改革开放以后独立创业的一位先行者,他在 1987 年就辞去公职创办了安徽现代电视技术研究所,并且成功研发出中文字幕机,打败了垄断中国字幕机市场多年的索尼。一直以来,他都有一种强烈的感受,世界视听产品的趋势将从模拟技术转向数字技术，他此行的主要目的也是希望进一步了解数字技术的最新进展，并寻求合作伙伴。

在展会期间，在一个不起眼位置摆放的技术产品引起了他的注意，那是美国C-Cube（斯柏高）公司展出的 MPEG 解压缩技术。在姜万勐看来，MPEG 技术意味着可以把图像和声音存储在一张比较小的光盘里，创造出一种物美价廉的视听产品。在当时，由于图像信息在存储时所占空间较大，不经过压缩就必须用比较大的光盘来存储，成本昂贵，这就是 LD 大影碟迟迟走不进百姓家庭的主要原因，而12cm 的 CD 盘存储量，只能存 5 分钟的图像或 74 分钟的声音，不能满足人们一边看一边听的需求。如果采用 MPEG 技术，显然可以有效地解决这一难题，并开辟出一个新的家用影音产品市场。

斯柏高公司的董事长孙燕生是美籍华商，姜万勐在和他接洽后，两人很快就在MPEC 技术基础上开发新一代电子消费产品达成共识，VCD 这一新的概念也由此诞生了。

随后，姜万勐请斯柏高公司做一块数字信号压缩芯片，并相约一年后再见。回国后，姜万勐向安徽省有关部门报告了自己的见闻，得到了鼓励。他还组织人专门拿出了一份 VCD 可行性报告，里面有这样一段描述：这（VCD）是 20 世纪末消费类电子领域，中国可能领先的唯一机会。根据姜万勐组织的市场调查显示，1993年中国市场上组合音响的销售量是 142 万台，录像机的销售量是 170 万余台，LD影碟机 100 万台，CD 激光唱机是 160 余万台。当时的 LD 光盘是四五百元一张，而 VCD 机的光盘价格却只有它的 10% 左右。因此可以预测，VCD 机每年的销售量将会达到 200 万台左右。

在姜万勐积极在国内开展调查论证的同时，孙燕生也顺利地做出了所需的芯片，并在 1993 年初将样品带到了北京。国内的专家对此大为赞赏，对姜万勐的构想给予充分肯定。在技术和市场都已经初见曙光的前提下，姜万勐和孙燕生合作成立了公司开发 VCD，新公司的名字是各取两人名字中的一个字，叫做万燕电子系统公司。按照当时的协议，姜万勐一方出资 1100 多万美元，另有一部分技术股份,孙燕生占有技术股份的大部分。在公司成立后,姜万勐又应孙燕生的要求向该公司注资 150 万美元,对芯片进行修改,形成了 VCD 播放机的核心部件 CL450 芯片。与此同时,万燕方面则独立在国内在音频芯片、机芯、辅助功能以及外围设备方面进行了开发,并发展了一套 VCD 产品检测技术。在解决片源问题方面,也是由万燕方面出资,采用国外进口设备,制成了当时第一张 VCD 光盘。

1993 年 9 月,万燕 VCD 正式亮相北京国际广播电视展览会,引起了各方尤其是国内外企业的广泛关注。次年,万燕 VCD 实现批量生产,年产 2 万台。这意味着当 MPEG 技术还停留在外国企业实验室的时候,中国企业首先完成了它的应用,并证明了其产品的市场潜力。到 2001 年,我国全年 VCD 产量已经达到 2900 万台,其中出口占到 63% ,达 1824 万台。我国 VCD 工业之所以能发展到如此规模,与万燕的首创有着直接的关系。

2. VCD 市场的烽烟迭起与万燕的黯然谢幕

在产品投放市场前,万燕就已经开始在加快产品的宣传。从 1993 年底,万燕开始整版整版地在《人民日报》、《北京青年报》上轰轰烈烈地大做广告。1994 年 6 月,万燕通过中央人民广播台向听众讲解什么是 VCD。1995 年 7 月,中央电视台 1 天 8 次的广而告之都是在宣传万燕的 VCD 产品。万燕还请当时收视率很高的情景剧《我爱我家》的演员来宣传自己的产品,"万燕进我家,我更爱我家"这句宣传语,对老百姓接受 VCD 这一新事物起到了很大的作用。当时,万燕用于广告方面的投入达 2000 万元以上。另外,万燕还承担了开发 VCD 播放碟片的任务,向 11 家音像出版社购买了版权,推出了 97 种卡拉 OK 碟片。在最初成立不到一年的时间里,万燕倾其所有,开创了一个市场,确立了一个响当当的品牌,并形成了一整套成型的技术,独霸于 VCD 天下。

万燕的产品创新是成功的,因为它很快就触发了中国 VCD 市场的爆炸性增长。但这种成功对于创新者却是致命的,因为它同时引发了一股进入的狂潮。仅仅两年之后,万燕就被众多企业进入的竞争浪潮挤出了市场。

之所以会有大量的企业进入 VCD 行业,首先在于万燕的创新很容易被模仿。

万燕推出第一台 VCD 后，首批生产的 2000 台产品绝大多数是被企业尤其是国外企业买走，这些企业得到 VCD 产品后，进行分析，很快掌握了 VCD 产品的结构。同时，万燕并没有为 VCD 申请专利，因为姜万勐认为当时的体制不能有效地保护知识产权，而申请专利又必须以披露技术秘密为代价。这种做法不但没有起到保护自己的作用，反而成为葬送自己的致命缺陷。

此外，在 VCD 播放机的关键元件方面，万燕的合作伙伴美国斯柏高公司在帮助万燕做出第一个 MPEG 解码芯片 CL450 后，继续进行研发（据说是应持有斯柏高少量股份的日本 JVC 的要求）。经过一年半的开发，斯柏高公司于 1995 年 4—5 月间正式向市场供应这种被命名为 CL480 的解码芯片，这款芯片集成了原来 CL450 的全部功能以及音频信号芯片（万燕 VCD 的音频信号芯片是独立的）和苹果 68000 芯片的 CPU 功能，与 CL450 相比，CL480 的集成度显然大大提高（意味着可靠性提高和成本降低）。虽然斯柏高公司开发出这款芯片是在万燕原有 CL450 芯片基础上，甚至是吸收了万燕后来独立提出的一些技术方案，但是万燕却对这款芯片没有任何控制权。这样一来，任何企业都可以从斯柏高公司那里获得 CL480 芯片，生产出比万燕成本更低廉、性能却更好的 VCD 来，万燕则显得越来越被动了。

从初次将 VCD 投放市场以来，由于万燕的企业规模有限，因此其产量并不高，而且由于前期投入太多，导致万燕的早期产品成本高达每台 360 美元，再加广告费用，即便是每台万燕 VCD 在市场上卖到四五千元，企业依然无利可赚。而当 CL480 上市后，后来者由于前期投入小、而且采购的原件便宜，使他们可以降低售价来抢占市场。万燕的创新成功之后，多家外国企业和几百家中国企业相继进入中国 VCD 市场，使得 VCD 播放机的价格迅速下降，由最初的 4000～5000 元降到 1996 年上半年的 2600 元左右，到 1996 年底平均价格仅为 1400 元。在这种降价压力之下，万燕显然无力招架。

另外，在本可以加快发展，抢占更多市场的几年里，万燕的发展却充满了波折。一方面，创新成功后，地方政府对万燕产生了很高的期待，直接干预企业发展，给企业发展带来了很大的压力。1994—1995年,政府方面不顾万燕的资金困难而要求它把2万台的生产规模扩大到6万台,但许诺的资金却没有到位,致使万燕采购的材料没有一套是全的,无法生产。省里要求万燕选择配套企业不能出安徽,却不问这些企业的产品质量和成本。最后,省里帮助从国家经贸委争取到的技术改造贷款,又因为万燕不是国有企业而批不下来。最后,飞利浦和其他几家国内企业与万燕合资的提议、几乎与长虹集团谈成的协议,在"肥水不流外人田"的观念下又被政府否决。另一方面,企业内部决策也经常长期议而不决,错过了很多转型的机会。比如,在VCD刚一上市,企业内部就是否成立软件公司展开了激烈的辩论:一方认为,在VCD市场初期,软件发展是硬件的先决条件,随着后期VCD价格战的到来,真正赚钱的将是软件;另一方则认为,软件不是VCD公司分内之事,万燕也没有精力来运作软件市场。双方各执一词,谁也无法辩过谁,只能久拖不决,直到1995年还在争论,实际上是白白错失了发展的良机。

1996年,万燕未解决资金困境,被同省的美菱集团重组成为美菱万燕公司,注册资本不足5000万元,但两家不久又分道扬镳。于是,在1995—1997年VCD最火爆的三年间,万燕处于瘫痪状态,忍看她所拥有的市场先机成为过眼烟云,最后陷入破产境地。

二　案例带来的启示

一般认为,创新是企业生存必须的方式,我国近年来也多次强调要促进企业的技术创新能力,加速发展一批具有创新能力的企业。在20世纪90年代,我国市场经济体制尚不完善的时候,以姜万勐为代表的一批企业家,勇于创新的事例着实令人赞叹。万燕的成功与失败,尽管存在不同的说法,但是都为今后我们企业的创新和发展带来了宝贵的经验。这里,我们仅从万燕在如何应对创新的壁垒与陷阱方面带给我们哪些启示做一些新的思考。

1. 突破技术壁垒的关键是持续的学习

技术壁垒显然是企业创新最为关键的一个问题。虽然很多人认为创新不能仅仅局限在技术层面上，但对于处在科技迅猛发展的这个时代的企业而言，各种创新都不可能回避技术问题。而从万燕 VCD 的案例中，我们也能深深地感受到这一点。

当初，姜万勐领导的现代电视技术研究所之所以能取得成功，关键是他们突破了被国外垄断的字幕机技术，并在此基础上制造出自己的产品，一下子占领了国内市场，赢得了胜利。因此，姜万勐作为一名技术人员出身的企业家，肯定十分偏爱技术创新。在提出 VCD 概念前，他就一直在酝酿着创造出一种崭新的视听消费电子产品，像自己的字幕机一样，迅速占领市场，再次开创一个技术创新的奇迹。但是，虽然有了构想，但却没有技术支持。国内当时的发展状况也决定了不可能在短时间内实现这个构想。为此，他把眼光投向了国外，并很快找到了合作伙伴，解决了困扰他的这个技术壁垒。

创新的开始应该说是成功的，万燕对技术壁垒的突破也确实是走出了一条捷径。但是，技术永远是发展的，尤其是在技术变革日益加速的条件下，不可能一劳永逸地靠在一项技术之上。万燕在生产出第一代 VCD 后，基本上认为技术壁垒已经消除了，因此把更多地精力放在了打广告、抢市场上去。而当后来者异军突起，推出比自己功能更为优越、价格更为低廉的产品时，万燕却因为消耗过大，难以应对了。

实际上，对于万燕而言，虽然他们最初不掌握核心技术，但是既然已经取得了核心技术的使用权，完全应该继续向前发展下去，始终作技术方面的领先者。并且，作为第一个实现 VCD 产业化的企业，万燕也应该是最有能力保持技术领先的。因为技术的发展以及技术能力的提高，是有组织地持续学习的结果。斯柏高公司之所以能开发出比原来的 CL450 芯片更为强大的 CL480 芯片，不是在于他们是最早掌握 MPEG 技术的公司，而是在于他们分享了万燕的实践成果，并将其不断转化到产品中去。如果做这项工作的是万燕，或者万燕有意识地将自己的经验保留，那么 CL480 也许不能那么快地投放到市场上来，后来者在技术上就会与万燕保持一定的差距，而不是超过先行者。

所以，这里要提醒企业的是，技术创新不是一个瞬间的行为，而只是一个起点。当企业成为技术领域的领先者时，绝不能故步自封，认为技术壁垒已经不存在了，而是要继续关注在技术方面的进展，持久地保持这种领先优势。同时，必须清醒地认识到，技术创新能力来自于持续学习的积累，实践中得来的经验是提升技术水平、保持技术领先优势的关键，只有把企业发展同有组织地持续学习紧密联系起来，才能成为技术创新的领先者和具有竞争力的企业。

2. 不能急功近利而陷入市场的陷阱

企业创新的目的是为了获得更多的利益，而技术创新的价值得以实现需要产品在市场上得到认可。因此，万燕注重培育 VCD 市场，并为此投入极大的资金和精力，在一般意义上讲，无可厚非。但是，如果不考虑自身的实际以及周围的环境，而盲目地拼市场，结果只能是陷入一个难以自拔的泥潭。万燕之所以成为一个悲剧，恰恰在于他们掉进了这样一个陷阱之中。

首先，VCD 作为一个新生事物，要得到消费者的认可，需要一定的产品知识普及。万燕在产品试制成功后，致力于这方面的工作，可以说有其战略的眼光。但是，孤军奋战，不遗余力，而使得自己消耗过大，并且荒废了主业，这种开拓得不偿失。实际上，正如同姜万勐在决定开发 VCD 时所预计的那样，VCD 符合中国百姓的消费需要，在中国有着巨大的需求空间。而且，万燕也肯定不会永久地垄断 VCD 市场，这类十分容易被模仿的家用电子类消费产品，在中国不乏后来者。此外，中国消费者对媒体等宣传产品的信任度，明显低于周围人群的口碑，人们更乐于去接受别人认同的产品，而不是按照电视广告去选购自己需要的产品。在这些原因之下，万燕可以说在市场方面确实是走入了一个误区，也确实像有的人所说的那样，"为他人做嫁衣裳"了。当爱多、新科等后来者崛起的时候，当全国的 VCD 规模一下子跳升到百万数量级的时候，万燕才意识到了自己的失误，但却已经是无可奈何了。

当然，和先行者的失败一样，后来者的昙花一现也是陷入市场陷阱的结果。中国 VCD 企业往往引以为傲的是自己市场的占有率，并为此不惜赔本赚吆喝。结果，大家相互杀价，攀比着搞赠送，打肿了脸也要抢"标王"，最后的结局是无价可杀,血本无归。实际上,拼市场、拼价格,是中国企业抢占市场、突现优势的惯常做法,它不单单体现在 VCD 产业,在我们的家电、服装、日用品等很多行业,我们都是用这样的方法来占领市场,甚至去参与国际竞争的。但是,结局也大多和 VCD 产业一样,市场虽然在短时期内被我们占领了,但是我们却并没有因此而获得丰厚的利润,反而是使自己身陷其中,难以自拔。这也是今天我们为什么看到很多企业对国家提出"自主创新"战略感到欢欣鼓舞的原因。太多的企业已经从亲身经历的那段痛苦的日子里,深刻地体会到了急功近利抢市场,无异于慢性自杀,而且毁掉的可能不止是一个企业,而是一个行业。

在市场陷阱的诱惑面前,我们的企业必须保持清醒的头脑,要善于运用多种方式宣传自己,推广自己的产品,同时千万不能忘记在实践中累积自己的技术优势,提高自身的技术能力,以技术领先、产品领先作为保持持久市场优势的立足点。

3. 加快观念更新和创建科学管理体系是克服创新文化壁垒的重要内容

文化是一个比较复杂的概念,但也是企业创新不能回避的问题。文化壁垒与技术壁垒和市场陷阱都是相互联系的,对克服技术壁垒和躲避市场陷阱都有着重要的影响。由于文化问题包罗万象,很容易挂一漏万,因此这里主要谈的是企业家的文化观念。

作为万燕 VCD 的主要发明人和万燕公司的创办者,姜万勐的文化观念对万燕的发展起着举足轻重的影响力。正是姜万勐的大胆创新意识和敏锐的市场嗅觉,使得中国能摘得 VCD 第一的荣誉。同时,姜万勐敢于在新产品研发上投入巨资,使得 VCD 很快从概念形成产品,开辟了 VCD 行业。这种把握机会的勇气和智慧,是值得后来者学习的。姜万勐下这么大的决心是需要克服很多文化上的障碍的。这些障碍直到今天依然存在,比如从不出头的畏缩心理、顾头顾尾的犹豫心理,等等。姜万勐作为一个技术人员,在自己创业之初肯定也受到这些心理障碍的影响,但从他开始走出国有单位自己创业开始,经过不断的磨练,逐渐克服了这些文化壁垒,实现了国产字幕机的成功,这也标志着他创新观念上的一次重大飞跃。当面对新一代电子视听产品创新的难题时,他就是从这种新的观念上,把创新的视野放得更宽、步子迈得更大了。

如同技术需要在实践基础上不断更新一样,推进企业发展的观念同样需要不断更新。作为家用电子视听消费产品,VCD 显然是一个需要规模化生产的企业,而万燕却不具备这样的生产能力,在这样一种情况下,姜万勐领导下的万燕却执着地在产品宣传上搞大投入,而不是集中力量筹措扩大生产能力的资金,不能不说是一大失误。此外,在技术产权方面,姜万勐依靠商业秘密来保护自己的想法也是一个致命的错误,而且把自己大量的技术经验无偿地提供给合作方,也为自己培养了很多竞争对手,最终导致企业陷入了失败的境地。还有一点,就是前面提到的企业今后发展的决策问题,在关系企业发展大计的问题久议不决,耽误了很多好的转型机会,也是使企业在陷入困境中无路可退的一个原因。

企业家加快更新观念固然是保持企业创新成果的一个关键因素,也是克服创新发展过程中壁垒的一个有效途径。但是,由于先行者进入新行业,企业面对的是全新的挑战,把责任完全归咎于企业家近似有些苛求。实际上,真正能使企业保持持续发展、克服文化壁垒的还是应重视管理工作。一个好的管理体系是促进企业进一步发挥创新优势的关键,也是创建一个与创新相适应的文化氛围的前提。一个好的管理体系是一个管理团队,这不同于企业家个人,它既体现了企业家的文化理念,同时也兼容并蓄了多种文化,而且处在更加易于变动更新的状态,促进企业能够不断适应自身发展需要和外部环境因素的变动来调整自己。中国企业在很大程度上还保持着企业家和管理者的相互交织阶段,企业家在完成创业之后,依然还是企业的管理者,而很难想到去构建一个管理团队,把企业发展转移到一个专门从事产品的不断创新以及融资、营销等领域。和企业家的职能不同,管理的重要责任之一就是构建企业持续的竞争优势,而不是创办企业。在今天,我们呼唤中国现代的企业制度,这不仅是国有企业改革的新方向,也应该是民营企业着力加强的地方。只有彻底地改变传统的经营文化观念,把企业家和管理者能进行详细划分的企业,可能才是一个能够保持创新优势和竞争力的企业。

4. 广开渠道越过资金壁垒

创新是需要投入的，保持创新优势也不是没有成本的。对于企业来说，资金是和技术一样是最为基本的一个投入要素。尽管在技术创新时代，很多人都更愿意强调技术的重要性，但是资金的重要性可能更为重要。

在取得技术或产品创新成功之后，为保持先行者优势，企业需要在研发和营销方面进行长期不懈的努力，财务资源自然成了不可或缺的资源，特别是当企业的收入不抵成本的时候。有些产品的技术含量较低，竞争者很容易跟进，使得产品生命周期很短，企业必须在竞争者进入之前投入大笔资金，扩大规模，降低成本，走低成本之路，不给竞争者留有生存空间，否则将被竞争所淘汰。为此，企业必须拓宽融资渠道，保证有充足的财务支持。从万燕开始创业以来，都需要大量的资金投入，在研发方面，万燕投入了数千万美元，在产品宣传上也花费了巨资，同时万燕还在VCD的播发节目源、盘片制造设备等方面投入了大量的资金，这种大规模的投入，使得万燕消耗资金过大，无力再扩大生产规模。后来，许多企业大规模投产VCD影碟机，不断压低价格，终于挤垮了万燕。从融资渠道方面来看，万燕投入研发和营销的资金基本上来自自身，本来可以从政府方面获得的资金由于其企业性质与国家的有关规定不符合以及地方政府的爽约，而没有到位；在争取社会投融资方面，显然万燕做得也不是很好。资金链条的断裂是导致万燕退出VCD市场的主要原因之一。

目前，中国企业的融资环境依然是困扰企业创新和发展的一个重要因素，2005年中国资本市场直接融资额不超过500亿元，很多企业不得不转移到海外上市，寻求资本。据统计，2004年，我国共有84家内地企业到香港、新加坡和纳斯达克等交易所上市，海外IPO(Initional Public Offerings)融资额是内地市场IPO融资额的3倍。另外，和万燕遭遇相类似的是，企业在融资过程中还受到一些政策性障碍，也缩小了企业融资的渠道。2006年以来，国务院为配合《国家中长期科学和技术发展规划纲要(2006—2020年)》的实施，颁布了一些配套政策，对发展促进自主创新的风险投资和资本市场提出了明确的政策要求，国家有关部门也出台了一些具体政策措施,进一步优化企业融资环境,为企业融资提供更多的便利。在外部环境逐步改善的情况下,企业自身也需要加快融资步伐,利用国家已有的政策空间,开辟多渠道的融资机制,保证资金链条的稳定,促进创新和自身发展。

第十一节　松花江水污染事件
——工程伦理维度的遗忘?

　　2005 年 11 月 13 日,中国石油天然气股份有限公司吉林石化分公司双苯厂硝基苯精馏塔发生爆炸,造成 8 人死亡,70 人受伤,数万人疏散,松花江哈尔滨区段水体受到上游来水的污染,直接经济损失约 6908 万元。国家事故调查组经过调查、取证和分析,认定中石油吉林石化分公司双苯厂"11·13"爆炸事故和松花江水污染事件,是一起特大安全生产责任事故和特别重大水污染责任事件。①

　　爆炸事故的直接起因是因为硝基苯精制岗位岗外操作人员违反操作规程,未关闭预热器蒸气阀门,导致预热器内物料气化;恢复硝基苯精制单元生产时,再次违反操作规程,引起进入预热器的物料突沸并发生剧烈振动,导致硝基苯精馏塔发生爆炸,并引发了厂内其他装置、设施的连续爆炸。

　　爆炸事故发生后,双苯厂及有关部门未能及时采取有效措施,防止泄漏出来的物料、冷却循环水及抢救事故现场消防用水与残余物料的混合物流入松花江。数十吨污染物质短时间内未经相关部门充分处理,直接排放到了松花江,引发了严重的水体污染事件。

　　污染事故发生后,政府有关部门严重抑制信息发布,信息披露不实、不及时,水体污染事件造成了当地社会的混乱和恐慌,终于演变成为一场影响深远的社会事件。

　　如今,"松花江水污染特大事件"早已淡出了人们的视野,水体污染物也已流

―――――――――

① 本案例的基本资料来源于新华网。

进了大海,相关部门人事更迭尘埃落定,当地市民、工人、教授们曾经有过的愤怒、混乱和恐慌也都已消失。因为事故,有人付出了宝贵的生命,有人丢了官职,更多的人还承受着心理和社会的压力。现在,各地的"爆炸"、"环境污染"等事件依然时有耳闻、甚至层出不穷。我们该从过去的事故中吸取怎样的经验和教训?

面对松花江污染这样影响范围巨大、涉及社会关系主体之复杂、造成社会众多问题的特大事件,正确分析本次事件中政府、工厂、社会及市民各种情绪化和非情绪化反应所引起的社会现象,发现其中具有一般意义的伦理问题,并以此为契机,加快完善工程伦理自治的建设进程,是每个工程伦理学者责无旁贷的责任,也是工程伦理无法回避的理论与实践问题。

一 工程共同体中工人个体行为伦理：义务、责任与合理关照

工程共同体中包括各个不同层次的成员：政府管理者、投资家、企业家、管理者、设计工程师、现场工人等。工人是工程共同体中的最基本的组成部分。常规讲来,工人们是在现场一线岗位直接进行生产操作的劳动者。他们不占有生产资料,靠自己的劳动取得收入。在工程共同体中,工人的直接操作活动在工程活动中占据和发挥着一种核心的、必不可少的地位和作用。

在我国当下,工人是工程共同体中处于"弱势"的一个"亚群体"。根据李伯聪的归纳,这个亚群体的弱势突出表现在："从政治和社会地位方面看,工人的作用和地位常常由于多种原因而被不同的方式贬低。从经济方面看,多数工人不但是低收入社会群体的一个组成部分,而且他们的经济利益经常会遭受各种形式的侵犯。"[1]这几年我国出现的需要国家总理来解决的拖欠农民工工资的问题就是严重侵犯工人利益的一个突出表现。就是这么个亚群体,工人们承受了最大和最直接的"工程风险"。由于工厂存在安全方面的缺陷,工人安全、甚至是工人的生命安全常常缺乏应有的和有效的保障。

---

① 李伯聪：《工程共同体中的工人》,《自然辩证法通讯》2005 年第 2 期。

据调查,双苯厂事故发生的时候正值白班,现场的十多个人多为技校刚毕业的青年工人。操作工人两次违反了操作规程,非常可悲的是,他们之中竟然没有人会处理这样的事件,在违规操作后不具有应急处理应有的基本处理技能,致使事故终于酿成重大惨剧,当场的多名青年工人失去了宝贵的生命。

但是,苯胺车间的爆炸并不是首例。近两年,吉林安全生产监督局对吉化有过3次爆炸记录,死亡3人,受伤7人;2002年,这家化工厂曾经发生过一次因爆炸引起的大火灾;2001年,双苯厂的苯酚车间发生爆炸火灾,附近储量达31000立方米的21个苯罐和储量240立方米的氢罐受到严重威胁。作为一家事故多发的化工厂,连续几年内发生重大安全事故,致使事故呈现出“常态”的趋势。虽然我们不能肯定说,如果当时处理及时,按照操作规程是可以避免事故的发生的,但是却使我们看到了一个老问题和一个新问题。企业为了降低成本,对于维修设备、技术升级、一线工人技术培训投入不足,这些都带来了严重的后果。这是个老问题,本文不再论述。除此之外,我们看到了在我国经济不断快速增长的过程中出现的新问题:处于工程共同体中的亚群体,尤其是处于弱势中的工人该如何主动承担工程风险中的伦理责任?

一直以来,工人们处于被动地位。在工程实践中,他们是否明白他们应有的伦理责任对于整个工程乃至于周围的社会群体具有怎样的意义?是否因为处于“下岗”、“失业”、“不发给工资”等现实困境下,他们就可以漠视工程风险?甚至将个人生命及周围群体的生命“置之度外”?

爆炸事故这一惨剧昭示了在工程职业中围绕责任概念的问题。根据哈里斯的论述,责任指的是:“职业人员以一种有益于客户和公众,并且不损害自身被赋予的信任的方式使用专业知识和技能的义务。”①当我们说职业人员(包括工人们)应该“负责任”或“负责任地行为”时,指的正是这一类型的责任。工人有遵守他们职业的标准操作程序以及规定的职业义务和基本责任。有时,这些责任可以用

---

① 查尔斯·E·哈里斯:《工程伦理:概念和案例》,北京理工大学出版社2006年版,第16页。

"合理关照"（reasonable care）这个概念来表达。但是，仅仅遵守标准的操作程序和规定是不够的，工程的现场总会出现意料之外的问题。标准的操作程序和现行的规章并不总是够用。肯尼思·A·阿尔珀恩（Kenneth A. Alpern）为我们提供了一个宽泛的关照原则，这一关照原则不仅关注于标准的操作程序和规定，它更主张工人"在履行他们的职业责任时，应该将公众的安全、健康和福祉放在首位"。① 这一原则得到了公共道德和绝大多数伦理章程的支持。对这一关照原则的一个推论是均衡关照原则（principle of proportionate care）："当一个人处于一个能够导致更大伤害的职位，或者，对于伤害的产生，处于一个比其他人起到更大作用的职位时，他必须行使更多的关照来避免伤害的产生。"②正如阿尔珀恩所指出的，由于特殊的专业技能和用以展现这些技能的职业角色，现场的工人更易于发现潜在的伤害并防止伤害的产生。可是问题恰恰就出在这些一线操作的工人们身上。即便是弱势的亚群体，难道工人不应该留心可能发生的问题？我们可以提问：谁该对这起事故负责，究竟是谁的过错？但是，我们无需如此。相反地，我们应该提出：哪些美德或伦理品质是负责任的（义务—责任）工程师、技术员和其他人应该具备的，尤其是那些在可能发生事故的环境下工作的现场一线工人？考虑到类似事故的多发性和工人的易错性，也许可以推论，双苯厂的车间爆炸是迟早都要发生的事故。从伦理的角度看，故意地、疏忽地或鲁莽地对他人造成的伤害都是因为没有能够行使好合理的关照。我们认为，无论怎样，义务、责任与合理关照是工程共同体中工程现场的工人首要的伦理品质。

　　在这次事故中，还有一个很奇怪并且值得重视的现象：在所有的事故处理以及新闻媒体报道中，都无人提及消防工程师的责任。当然，一般的印象，消防队员的责任就是灭火。但是，我们知道，这次事故表面的原因是化工厂的爆炸，但实质却是消防材料引发的后果。难道作为专业的消防队员他们不知道这种消防材料在

① 查尔斯·E·哈里斯：《工程伦理：概念和案例》，北京理工大学出版社 2006 年版，第 17 页。
② 同上。

使用的过程中足够引起"第二次事故"吗？在这里，我们看不到消防工人的责任和伦理。

在我国，每年消防事件可以说有无数起，而化工类的事故占据绝大部分。在这类事故中，我们总是听不到消防人员在消防过程中对可能涉及的空气污染和水体的潜在污染作出警告或者通报。这样的伦理责任该由谁来承担？工程产品已经形成了我们生活于其间的"第二自然"，这"第二自然"时刻地直接或间接作用于我们每个人的工作和生活。而一旦发生类似此次双苯厂的事故，后果不堪设想。工人们肩负着事关人类的福祉、延续地球未来的最基本的伦理责任。这足够引起工程伦理学者们的研究和重视。

二　企业与政府：诚信与尊重人的伦理

诚信不仅是人之本，更是政府和企业主体的"本职"，但是因诚信的缺失导致的功利主义"污染"了某些政府权力部门和企业集团。目前发生的众多事故在出现端倪以后，企业与政府有关部门各方往往都是尽量保持"低调"，坚持"家丑不可外扬"的"准则"，尽可能掩饰过错和推托责任，抑制信息，企图掩盖和歪曲事实。

2005 年 11 月 13 日，双苯厂事故发生后，吉林副省长、吉林市委书记矫正中和省长助理、市长徐建一等迅速赶到现场，组织抢险。吉林石化公司迅速启动消防应急预案，切断各装置间物料供应，市消防支队官兵赶到现场实施扑救，事故基本得到了控制。但是，就是这个宝贵的第一时间仅被当做消防事件进行了简单处置，而未能在第一时间也即最佳的时间内对事态的演变趋势进行控制。爆炸发生的第二天，吉林市一位副市长在新闻发布会上向媒体宣布：经检验，现场未产生大的空气污染。这是爆炸发生后第一个作出表态的政府官员。但这个声明只提及"空气污染"问题，却遗憾的未提及水污染的可能性。在这个最佳的事件处理时间中，根据责任和专业技术知识，政府部门权威的环境监测工程师们是不可能不会预见甚至监测到当地水的真实状况的，并就事件趋势作出技术上的预见。但是，在政府媒体信息发布中，环境工程师们却整体职业（伦理）失语。一直到 2005 年 11 月 22 日，吉林方面还在否认松花江遭到重大污染。新闻发言人说爆炸物是二氧化碳和水，绝对不会污染到水源。2005 年 11 月 23 日，国家环保局发出了通报，由于吉林爆炸事故，松花江发生重大污染。而这时，哈尔滨已经正式停水半日了。之前，哈尔滨市政府 2005 年 11 月 21 日发布公告，说为保证市区单位和居民生产、生活用水安全，市人民政府决定对市区市政供水管网设施进行全面检修并临时停止供水。停水时间自 2005 年 11 月 22 日中午 12 时起，时间为 4 天（恢复供水时间另行公告）。① 2005 年 11 月 22 日中午，政府再次发出公告，对停水的原因修正了说法，明示 13 日发生的吉林石化化工厂爆炸可能污染松花江的水质。这两次前后不一致的停水公告，使已经饱受地震传言困扰的当地市民更加惊恐。尽管地震传说已被黑龙江省地震局否认，但是地震与停水公告在社会中混在一起并且越演越烈，人心惶惶。全城出现抢购饮用水和食物的混乱风潮。大型超市里的水和面包一时出现缺货情况，库存水、啤酒也销售一空。2005 年 11 月 22 日，小学也开始停课。2005 年 11 月 23 日晚上，政府才证实松花江可能受污染，并宣布停水。这是人口超过 800 万的省会城市哈尔滨历史上的第一次。不少市民纷纷将孩子和老人送到外地"避难"，从哈尔滨开出的火车、飞机出现一票难求的局面。这只是大城市里的状况，那些边僻一些的城镇，以及其他居住在沿江两岸小村庄的居民们的水安全就更无暇问津了。

　　大陆媒体与当地民众强烈质疑地方当局隐瞒真相。北京晚报质疑说，吉林省政府在爆炸发生后宣称松花江水质未受污染，当时吉林媒体也无一报道，现在黑龙江省环保局监测出污染，真相到底怎样？报道指责说，吉化爆炸既然造成污染，为何不公开？真相到底怎样，市民急需了解。哈尔滨的市民更是群情激愤，上网强烈批评市政府于短短两日内，先后发出二则《停水公告》，但停水原因竟从"全面检修供水管网设施"悄然改为"松花江水源或受吉林化工双苯厂爆炸污染"，显然当局

---

① 哈尔滨人民政府：《关于对市区市政供水网设施进行全面检修临时停水的公告》，东北网，2005 年 11 月 21 日。

有意抑制、隐瞒真相！对于停水实施时间一改再改，群众怒斥当局安排失当、草率决策。

当然，我们现在已经知道了松花江污染的真正原因并不是爆炸本身，而是因为灭火用的灭火剂和冷却水没有进行任何处理而直接排入了松花江。数十吨的污染物质短时间排放到河流产生了严重的污染。吉林和黑龙江两地监测的结果都表明污染物主要是苯和硝基苯。苯是双苯厂爆炸的物质，硝基苯是灭火物质。但是，2005 年 11 月 13 日发生爆炸到 11 月 23 日宣布松花江污染的这段时间之内，企业与政府有关部门一致对松花江污染保持了沉默。吉林石化方面人士强调，爆炸产生的是二氧化碳和水，绝对不会污染到水源，而吉林石化也有自己的污水处理厂，不合格的污水是不会排放到松花江的。尽管这是事实，但企业和政府却用一个事实掩盖了另一个更为严重的事实。至此，事件从信息的抑制演变成了信息的隐瞒。诚实和讲真话已经不再是一个道德问题，而是攸关人命和财产的公共问题了。

中国国家环保总局副局长张力军在 24 日的媒体会上说[1]，环保总局在 13 日的爆炸事故后，立即启动应急预案。而吉林省也在 18 日对黑龙江省进行了通报，并且即时封堵了污染排放口，通知直接从松花江取水的单位和居民停止生活取水。他说，根据目前掌握的情况，没有群众由于饮用松花江水而发生问题。当记者问到，当局为何在污染造成的 9 天后才通知哈尔滨和其他下游城市，12 天之后才告诉俄罗斯方面时，张力军答道，信息的发布有几种方式，向公众发布是一种，向地方政府和沿线受影响企事业单位通报是另一种。他说，吉林省政府的做法保证群众没有受到影响，是可行的。他也说，受污染的水流到黑龙江还有 14 天左右，污染程度在减弱，所以现在通报俄方，时间也不算晚。政府的这种说辞，令哈尔滨乃至全中国的人感到困惑。爆炸后石化公司信誓旦旦地说不会造成污染、10 天后才紧急采取断水措施、对污染监测求证支支吾吾、宣布停水时还谎称水管检修……这样的做法，政府和企业的诚信在此次事件中丧失殆尽。

---

① 韩咏梅：《俄境城市进入紧急状态 松花江毒水跨界入俄》，《联合早报》，2005 年 11 月 25 日。

更有甚者，黑龙江省与吉林省在松花江水污染问题上出现争执。黑龙江指责位于上游的吉林省化工厂爆炸引起污染，吉林省则回应说，中国石油吉林石化公司双苯厂本月13日爆炸后的确发现苯类污染物流入松花江，但经过及时处理，现在污染度低于国家标准。

在工程处理事故时，无论是政府还是企业，都需要具有良好的道德伦理品质。良好的道德思考不仅要求政府和企业仔细地考察相关的事实，而且还要求他们很好地掌握所使用的关键概念，例如，"公众健康、安全和福祉"、"利益冲突"、"诚实"、"忠诚"等。当然，对于这些核心概念的定义可能会在实践层面产生分歧。比如忠诚，处于政府部门中的个人如何忠诚于政府部门集体的决定？这取决于对"忠诚"概念的理解。又如"诚实"，对于代表政府权威的环境监测工程师来讲，对检测结果的诚实与对部门的忠诚让他们在关键时刻"失语"或"误判"。"公众健康、安全和福祉"这个概念适用于部分公众还是所涉及的所有公民？"公众健康、安全和福祉"、"利益冲突"、"忠诚"、"诚实"等这些概念看似简单，但从工程实践的视角上分析，它们却是事实因素与价值因素的混合体。

在松花江水污染案例中，诉诸功利主义和诉诸尊重人的道德思考也许可以获得相同的结论，但其中包含的却是两种截然不同的道德思考方式，其中一种方式把局部整体利益的最大化作为主要的考虑，另一种则把保护每一个个体的权利作为主要的考虑。尊重人的道德伦理标准是：我们所遵守的行为或规则应当把每个人都作为一个相互平等的道德主体来尊重。在这个案例中，政府相关部门和企业都采用了功利主义的伦理立场，这种立场有时候似乎会为对个体带来的不公正行为作辩护。比如，双苯厂事故后向松花江排放污染物苯，松花江里的鱼吃了苯。如若人们吃了鱼，那么他们将可能出现严重的健康问题。但是，要消除这种污染物的代价是高昂的，以致于双苯厂将无利可图或被迫关闭。而允许它"不向公民开放真实信息"让污染物排放，则会为双苯厂留下发展余地，为工人保留工作岗位，甚至会使得当地保持良好的经济发展势态。

但是，如果政府及企业都能采用尊重人的道德思考，及时公开事件的真实信息,而不是抑制信息、发布虚假信息,那么也许这个事件就不会变成引起混乱的社会事件了。尊重人的伦理道德观要求把对人的道德主体的尊重作为其基本的思想。在这一思想主体下,功利主义的局部利益最大化的考虑应退居第二位。

三　两点思考

在松花江水污染事故中,国家环保总局局长解振华因对松花江污染事件负有责任而引咎辞职。吉林市兼管环保与安全的副市长王伟在家中突然死去,据传是上吊自尽。国务院同意给予中石油集团公司副总经理、党组成员、中石油股份公司高级副总裁段文德行政记过处分;给予吉化分公司董事长、总经理、党委书记于力,吉化分公司双苯厂厂长申东明等九名企业责任人员行政撤职、行政降级、行政记大过、撤销党内职务、党内严重警告等党纪政纪处分;同意给予吉林省环保局局长、党组书记王立英行政记大过、党内警告处分,给予吉林市环保局局长吴扬行政警告处分。一切似乎尘埃落定了,但是,这个案例留给了我们太多的思考。

工程是事实与价值的整合体。正像美国学者斯岑钦格尔(R. Schinzinger)和马丁(M. W. Martin)所强调指出的,工程不是为了解决某一孤立的技术问题沿着一条笔直的进路应用科学知识的求解过程,相反,它是一个摸索、试错的过程。① 换句话说,工程不是价值无涉的技术解题过程,而是含有价值负载的决策过程,道德问题渗透其中。工程共同体的成员在工程实践中所使用的不仅是科学技术知识,还需要将科学事实、技术实践、个人经验和主观判断有机地结合起来去生产含有可接受风险的工程技术产品。"用户和公众能够接受何种风险?""怎样确定可接受的风险水平?""谁来确定这个标准?"等问题,都不是简单的纯粹技术问题,而是带有伦理性质的难题。正是通过工程实践,工程伦理蕴含在了事实与价值的工程整合体之中。

---

① 转引自李世新:《对几种工程伦理观的评析》,《哲学动态》2004 年第 3 期。

职业自治是实现工程职业自我管理的有效方式。工程是社会分工的结果，随着技术的进步，工程也越来越专业化。伴随的结果是，社会越来越依赖于专业化的服务，而社会公众强大而情绪化的批判倾向却无法理智地判定合格的专业服务。他们不能不依赖于工程人员的道德自律。当前，我国工程伦理中最需要重视的是工程共同体中各个层面成员的伦理实践，而实施积极的"建设性伦理"方针更加符合当下我国工程伦理现状和工程对于人类安全和福祉的实践性需求。

"建设性伦理"比较"预防性伦理"更加强调职业个体的自治自律。作为一种社会实践活动，"建设性伦理"可以通过工程职业自治来实现工程职业的自我有效管理。通过工程职业自治，可以将工程伦理的内在要求理解为某种职业信任，而这种职业信任对于工程本身和社会公众是至关重要的。除了政府行政管理及社会公众舆论监督之外，工程职业自治是促进工程伦理建设的"第三种力量"。① 工程职业自治更多的是为了工程共同体内部的个体成员能够自治自律，能够保持除了职业规范和职业技术要求之外的个体人格的伦理自立。这在当下中国工程伦理实践中是一种迫切的需要，也是一种可能的途径。

---

① 这个观点部分受启发于浙江大学法学院孙笑侠关于"法律职业是法治第三种推动力"的观点。参阅孙笑侠等：《论法律职业共同体自治的条件》，法律快车网（http://lunwen. lawtime. cn/falixue/2006102643374. html）。

第七章
国外案例研究

　　在学术研究、现实生活和论文写作中常常遇到关于分类的问题，这个问题看似简单而实际上却常常非常困难而复杂，其"答案"似乎很容易找到，然而常常是几乎每个答案都无法令人满意。本书把案例研究分为"国内案例"和"国外案例"两大类实在也是一个"不得已"而为之的分类方法，这个分类方法存在的缺陷是显而易见的。

　　本书中的案例研究基本上都是对"工程个案"的研究（当然也不排除"比较研究"的内容）。如果我们能够不忘"个案"和"全局"的关系、"特写"和"全景"的关系，那么，作为"特写镜头"的案例研究就一定会显示出其不可替代的作用和魅力。

第一节　英法海底隧道工程：两百年梦想终成现实

英法海底隧道，是一条连接英法两国的海底铁路隧道，又称英吉利海峡隧道（The Channel Tunnel）或欧洲隧道（Eurotunnel），其横跨英吉利海峡，长度 50 千米，其中海底长度 39 千米，①仅次于日本青函隧道，为世界第二大海底隧道。自 1986年 2 月 12 日英法两国政府签订坎特布利条约（Treaty of Canterbury），批准建设起，整个工程历时 8 年多，耗资约 100 亿英镑（约 150 亿美元），是世界上规模最大的利用私人资本建造的工程项目。英法海底隧道工程创新的成功，为大型公共工程创新积累了丰富的经验。研究英法海底隧道工程创新从设想到实施，从建设到运营的全过程，对于促进我国深刻理解工程创新的特点，深入展开工程创新具有重要的借鉴意义。

一　两百年梦想终实现：英法海底隧道工程创新的过程

1. 百年梦想：英法海底隧道工程创新的历史背景

1802 年，法国采矿工程师阿贝尔·马蒂厄（Abel Mathieu）首次提出修建英法海底隧道的设想。他的马拉车辆的隧道计划立刻引起了具有军事野心的拿破仑的兴趣，然而 1803 年的英法战争使刚刚着手考虑的拿破仑不得不放弃了这个计划。② 19 世纪 30 年代起，两国学者着手研究英吉利海峡的海底地质，并提出了连接英法的多种方案，但涉及到当时技术条件的限制，以及两国间协议达成的问题，始终没有一项方案得到两国的共同认可。

1872 年，英国首次设立海峡隧道公司，他们采用了英国工程师查尔斯·霍克肖（Charles Hawkshaw）修建双线隧道的设计，经过三年与官僚主义的斗争和运用

---

① 王瑞良：《人类工程史上的奇迹——英吉利海峡海底隧道》，《大众科学》1994 年第 5 期。
② 吴效良、陆锦荣：《英法海底隧道工程简介》，《煤矿设计》1996 年第 8 期。

外交手段,终于在 1875 年 8 月 2 日争取到英法两国议会都通过了相应的法案。两国于 1876 年签订协议书,决定在 20 年期限内共同修筑隧道。隧道从两国分别开始挖掘,同时进行海底地质勘测等工作。然而施工中却遇到了一个棘手的问题:1882 年,鉴于莎士比亚峭壁(位于英国多佛尔市,英法海底隧道英国端起点)的战略地位,英国公众不愿修筑英法海底隧道,担心丧失因地理位置而具有的战略优势,《泰晤士》周刊也助长了这种意见的形成,工程在 1882 年 7 月被迫停止。① 英法海底隧道建设的首次尝试就这样收场了。

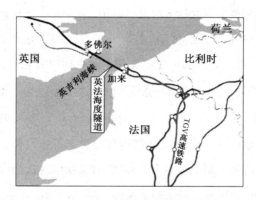

图 7 - 1　连接英法两国的海底隧道

　　修筑海峡工程的方案与设计并没有因首次尝试的失败而停止,以后两国均有海峡工程的相关方案提出,并研究了修筑铁路隧道的可能性。第二次世界大战后,对修建海峡隧道的关切再次兴起。1949 年,英法两国分别成立了设计专家组对海峡隧道的建设进行专门研究。由于战事结束,1955 年,英国政府宣布隧道对国防安全上的影响已不存在。1957 年两国共同成立了英法海峡工程公司,并于 1960 年出具了详细报告指出修建隧道的必要性。1964 至 1965 年间,研究小组再次进行地质勘探,并确定出一条隧道联络线的管理路线。1966 年 6 月 8 日,两国签署《英法公报》,第二次海底隧道的建设正式开始,但由于工程实际施工过程中的造

---

① 刘洪滨:《欧洲海底隧道工程》,《海洋开发与管理》1990 年第 1 期。

价大大超出了预算,工程遭遇到了巨大的财政障碍。1975 年,在开挖 15 个月,铁路隧道在莎士比亚峭壁工地完成 250 米后,面对无法解决的财政问题,伦敦下令停工,修建英法海底隧道的第二次尝试就这样告终了。

　　2. 机会成熟:英法海底隧道工程创新的决策

　　海底隧道工程的两次失败,特别是第二次失败,凸显了财务问题为建造英法海底隧道的关键。资金运作方式和创新实施主体的选择,成了横在英法两国之间的第一道壁垒。如何冲破这道壁垒呢? 1977 年初,在第二次项目实施的过程中,美国银行家开始加入到英法海底隧道的设计组中,这是一次企业介入公共基础设施建设的新的尝试。1981 年 9 月 11 日,英国首相撒切尔和法国总统密特朗在伦敦举行首脑会后宣布,这个通道必须由私人部门来出资建设和经营。1982 年,联合研究组提交报告,赞同两条隧道和一条车辆辅助隧道的方案。1984 年 5 月,Banque Indosuez, Banqu Nationale de Paris, Credit Lyonnais, Midland Bank 和 National Westminster Bank 组成的银行团向英法两国政府提交了一份关于可以完全通过私人投资来建立双孔海底铁路隧道的报告,证实两条铁路隧道的方案是技术上可行和财政上能够接受的。牵头银行团后来很快与英法两国的大建筑公司联合,分别在两国成立了 Channel Tunnel Group Limited(CTG)和 France Manche S. A(FM)公司,CTG—FM 以合伙形式组成欧洲隧道公司。

　　1985 年 5 月,英法两国政府发出了关于无政府出资及担保情况下英吉利海峡连接项目的融资、修建及运营的联合招标。1986 年 1 月,CTG—FM 以 26 亿英镑的双孔铁路隧道提案(即欧洲隧道系统)中标。作为一个由两国建筑公司、金融机构、运输企业、工程公司和其他专业机构联合的商业集团,CTG—FM 在 1985 年分为两个组成部分,一个是 TML(Transmanche Link)联营体,负责施工、安装、测试和移交运行,作为总承包商;另一个是欧洲隧道公司(Eurotunnel),作为业主负责运行和经营。

　　1986 年 2 月 12 日,英国首相撒切尔夫人和法国总统密特朗参加了英法两国海峡隧道条约的签字仪式,从而正式确认了两国政府对于建造海峡隧道工程的承诺。1986 年 3 月,英法政府与欧洲隧道公司正式签订协议,授权该公司建设和经营欧洲隧道 55 年,后来延长到 65 年(从 1987 年算起)。到期后,该隧道归还两国政府的联合业主。协议还规定两国政府将为欧洲隧道公司提供必要的基础设施,许诺没有 CTG—FM 的同意在 2020 年之前不会建立竞争性的海峡连接项目,并且该公司有权执行自己的商业政策,包括收费定价。①

　　英法两国所做出的利用私人资本建设大型基础设施的尝试,成功解决了横在两国之间的财务问题,冲破了阻碍工程创新实施的第一道壁垒。而 CTG—FM 则作为创新工程实施的主体,站在了项目实施的最前方。

　　3. 一波三折:英法海底隧道工程创新的操作

　　1987 年 12 月 1 日,英法海底隧道工程正式开工。工程进展到海底隧道部分时,工程共同体遭遇了第一个难题。建设海底隧道,最大的技术难题是如何在水下数十米深处挖掘通道。海底隧道地质勘测困难,单口掘进长度长,地层稳定性低,高水压、大荷载,防水、防腐要求高,要求必须对挖掘技术做周密的选择。横亘在施工队面前的这道技术选择壁垒应该如何解决呢?

　　水下施工的方法主要有"盾构法"和"沉管法"两种。盾构是一种钢制的活动防护装置或活动支撑,是通过软弱含水层,特别是河底、海底,以及城市中心区修建隧道的一种方式。在盾构的掩护下,头部可以安全地开挖地层,尾部可以装配预制管片或砌块,迅速地拼装成隧道永久衬砌,并将衬砌与土层之间的空隙用水泥压浆填实。沉管法亦称预制管段法或沉放法。先制作隧道管段,两端用临时封端墙封闭起来。预制完成后拖运到隧道挖掘地址,并于隧位处预先挖好水底基槽。待管段定位就绪后,向管段内灌水压载,使之下沉,然后把沉放的管段在水下联接起来。经覆土(石)回填后,便筑成隧道。②

　　选择海底隧道挖掘技术,就必须事先对海底地质进行勘探。1958 年至 1987

---

　　① 潘智丰:《论物流集群与我国物流园区的发展模式》,对外经济贸易大学 2000 年硕士论文。
　　② 吴效良、陆锦荣:《英法海底隧道工程简介》,《煤矿设计》1996 年第 8 期。

年连续 29 年的地质钻探工作,在重要钻孔 94 个的基础上发现海底有一层厚度约
30 米的泥灰质白垩岩(Chalk Marl),该岩层抗渗性好,硬度不大,裂隙也少,易于掘
进。29 年的地质勘探为技术选择打下了坚实的基础,百年前争论不休的技术选择
问题和种类繁多的隧道实施方案也因此豁然开朗起来——“沉管法”由于技术本
身的特点,要求管道所沉放的岩层平整松软,便于沉管的放置,这在英吉利海峡所
处的海底岩层中是难以实现的,于是放弃“沉管法”而选择“盾构法”成了不争的
事实。

　　确定了实施技术,工程共同体选用了隧道掘进机(Tunnel Boring Machines)作
为“盾构法”的施工工具。他们从英国海岸的莎士比亚崖和法国海岸的桑洁滩两
个掘进基地开始,分别沿三条隧洞的两个方向开挖(共有 12 个开挖面,其中 6 个面
向陆地方向掘进,另 6 个面向海峡方向掘进)。整个掘进工作按计划完成,只用了
三年半时间,在工期对经济效益有重大影响而掘进工作又受限制的情况下很好地
完成了任务。①

　　充分的地质资料和正确的判断使欧洲隧道找到了理想的岩层,并且突破了第
一个技术选择的壁垒,确定了最合适的挖掘方法——“盾构法”。

　　掘进技术的正确选择为海底隧道工程的实施迈出了坚实的第一步。而伴随着
隧道的挖掘,接下来必须要考虑的就是如何保证车辆在隧道中运行的安全。英法
海底隧道距离长,又位于海底,万一发生火灾、漏水、停电、堵车或暴力等不测事件,
由于营救和解决困难,其后果将不堪设想。一道安全壁垒赫然挡在了英法海底隧
道工程的正常实施之前。为了冲破这道壁垒,英法两国工程共同体在隧道建设之
初,就充分考虑到了在隧道建设中需要注意的各种安全问题,创新性的研究、开发
和实施了一系列安全工程。

　　第一,为了解决铁路隧道内的运行安全,设计两条铁路隧道完全隔开,列车

---

① 刘丰军、叶飞、李鹏:《世界海底隧道工程概况及对我国的启示》,《中国土木工程学会第十二
届年会暨隧道及地下工程分会第十四届年会论文集》,2006 年。

单向行驶,消除对撞危险。第二,为了提供隧道内的电力保障,隧道网的全部电力由两端的变电站协同提供,如果一座变电站发生故障,另一变电站立即工作,向全线供电。第三,为了解决长隧道通风问题,欧洲隧道对空气循环的途径和风机的布置都作了详细的规划和研究。不仅设置通风管,而且也利用隧洞本身作为通风通道,使开挖面的风量达到13.5立方米/秒,符合社会保障与安全组织和地下工程协会规定的通风标准。① 第四,为了解决高速列车行驶中产生的压差和空气动力阻抗问题,进而减少列车的驱动力,在设计阶段对卸压管的作用做了许多模型研究,使其有较好的空气动力效应,并避免在管中产生气流冲击。第五,为了避免火灾的发生,隧道和车厢都对防火设施作了周密配置。列车车厢由高强度耐火材料制成,车厢内有温度、烟尘、一氧化碳等探测器和灭火器。若火势不能迅速控制,列车员就会将乘客迅速疏散到其他车厢;或将起火车厢甩掉,一分为二地分别驶向两端车站,并把乘客送入工作隧道。② 最后,为了协调运营,隧道管理采用了三套自动控制系统,这三大系统的信息总量达34亿比特,全天显示在英国福克斯通中央控制室24米长的巨大显示屏上。另外,隧道内还配备了防震系统,修建了防弹墙,甚至设置了动物捕捉器,以对付因迷路而闯入隧道的动物。③

　　由于采取了以上措施,工程共同体研究认为,乘列车穿越英法海底隧道,比乘巴黎至里昂的高速列车要安全百倍,而高速列车的安全水平已经非常高。通过这一系列的措施,英法海底隧道的实施也基本上完美地突破了安全壁垒。

　　克服了技术上和安全上的重重障碍,冲破了影响施工顺利进行的财政壁垒,英法海底隧道工程得以顺利的实施。1994年5月6日,这个英法两国乃至欧洲大陆关系史上的重要的日子,1.1万名工程技术人员历经八年之久的辛勤劳动,最终将

---

① Terence, M. Dodge:《英吉利海峡隧道的通风》,姚润明译,*Ashrae Journal*,1993(10).
② 邵学民:《英法海底隧道的防火设计》,《安徽消防》1997年第3期,第37页。
③《英法海底隧道结构设计和安全设施》,《地下空间》1997年第3期,第188页。

自拿破仑·波拿巴以来将近 200 年的梦想变成了现实：滔滔沧海变通途，一条海底隧道把孤悬在大西洋中的英伦三岛与欧洲大陆紧密地连接起来，为欧洲交通史写下了重要的一笔。

4. 梦圆之后：英法海底隧道工程创新的实施

在 1994 年 5 月 6 日欧洲隧道的通车典礼上，当时的法国总统密特朗和英国女王伊丽莎白二世在隧道两端——法国的加来和英国的福克斯通共同主持了盛大的通车剪彩仪式。密特朗说，两个多世纪的理想实现了，他本人和法国人民都为这一工程的实现而感到高兴，这一工程将促进欧洲统一建设，英法两国之间所做的事不会使欧洲其他地方感到无动于衷。伊丽莎白二世女王说，这是第一次英法两国元首不是乘船，也不是乘飞机来会面的，她希望海底隧道能增加两国人民间的相互吸引力，希望两国继续进行共同的事业。①

隧道的开通填补了欧洲铁路网中短缺的一环，大大方便了欧洲各大城市之间的来往。英、法、比利时三国铁路部门联营的"欧洲之星"（Eurostar）列车车速达 300km/h，从伦敦到巴黎只需要 3 个小时，从伦敦到布鲁塞尔只需 3 小时 10 分。如果把从市区到机场的时间算在内，乘飞机都不如乘"欧洲之星"快。欧洲隧道还专门设计了一种运送公路车辆的区间列车"乐谢拖"（Le Shuttle），各种大小汽车都可以全天候地通过英吉利海峡，从而使欧洲公路网也连成了一体。人们称誉这项工程"一梦两百年，海峡变通途"。

隧道投入使用后，媒体也争相对隧道的通行情况进行报道。1994 年 12 月 5 日，Industry Week 发表的 Tunnel Vision，对英法海底隧道进行了详细的报道，包括商务人员跨海参加国际会议当日往返的实现、欧洲之星高速列车的平稳安全和周到服务，报道还评价称滑铁卢终点站给人一种现代机场的感觉。② 事隔 14 年后的 2008 年 1 月，Director 杂志发表了同名报道 Tunnel Vision，再次对隧道作出的积极

---

① 朱庆：《英法海底隧道通车花絮》，《城市公用事业》1994 年第 5 期。
② Bredin James. Tunnel Vision. *Industry Week*. Cleveland, Dec. 5, 1994, Vol. 243.

贡献进行了评价,指出英法海底隧道的建设一方面提高了英国的 GDP 水平,另一方面也为整个欧洲的交通作出了巨大的贡献。①

尽管英法海底隧道的经营存在着不断的财务困扰和偶然的安全问题(2008年 9 月 11 日海底隧道发生了第三次火灾,仅有少量轻伤者),但是,建设成功投入运营的英法海底隧道,给整个欧洲大陆,特别是英法两国的经济发展作出了卓越的贡献。作为轰动世界的大型工程建设之一,这个伟大的工程在欧洲发展、甚至全球发展中发挥着重大的作用,也为今后的工程创新带来了丰富的经验和重要的启示。

二　冲破重重阻碍:英法海底隧道工程创新成功的原因分析

作为一项政府牵头、私人资本运作的大型公共基础设施工程创新,作为世界第二长的海底隧道国际合作工程创新,英法海底隧道工程创新的成功来源于工程共同体克服来自各方面障碍因素的密切协作和艰苦努力。

1. 政治决策:英法海底隧道工程创新的前提条件

欧洲隧道竣工,尽管在工程技术上取得了重大的成功,然而 200 年来对是否建造英吉利海峡隧道的决策始终不是取决于科技方面,而是取决于政治环境。长期以来英国方面反对建设海峡隧道的主要原因是考虑到军事上的风险,他们希望利用海峡作为抵御来自欧洲大陆军事入侵的天然屏障。20 世纪 70 年代以来,欧洲一体化进程取得巨大进展,1987 年 12 月隧道工程得以破土动工,是由于当时英、法两国政府对欧洲一体化都持比较积极的态度,两国首脑推动工程决策并排除各种障碍。英国首相、保守党领袖撒切尔夫人,支持把 1975 年曾被工党政府下令停止的隧道工程重新提上议事日程。法国总统密特朗则把这项工程视为国家强大的象征。

从欧盟有关国家政府的观点来看,还有两个因素与隧道建设有关:一是运

---

① Edward Russell-Walling. Tunnel Vision. *Director*. London, Jan. 2008, Vol. 61.

输政策,即通过建设高速铁路网以达到节约能源和保护环境的目的,这也大大
扩展了海峡隧道的影响范围和增加了它的长期效益;二是地区政策,英、法两国
希望通过隧道带动海峡两岸地区的繁荣,现在隧道连接地区(Transmanch Re-
gion)已成为一个专门名称,包括英国的 Kent,法国的 Nord-Pas de Calais 地区以
及比利时的一些地区,共称为欧洲专区(Euro Region),并带动金融发展计划
TDP(Transfrontier Development Program)的启动。这些从政治和经济的角度看显
然有重大意义,对欧盟的发展,欧洲单一市场的形成和国际经济、文化合作交
流,都有重大促进。

实际上近 20 年来欧洲隧道项目的演变既是欧洲一体化进程的产物,又是它的
一个推动力,两者相辅相成,几乎是平行发展的。随着经济的发展,欧洲一体化进
程的逐渐实施,厚重的政治壁垒也逐渐被经济发展的强大推动力瓦解,困扰两国长
达 200 年的海底隧道实施的政治障碍,也就不攻自破了。

2. BOT：英法海底隧道工程的财政基础和组织基础

英法海底隧道第一次尝试被迫停工,是 1882 年因公众阻挠而导致的;而英法
海底隧道于 1982 年的第二次修建过程中也发生了停工事件,究其原因,则是无法
克服大型项目工程的财政问题。

显而易见,修筑英法海底隧道,财政问题是关键。因此,英法两国提出了应用
私人资本建设的方案,也就是 BOT(Build-Operate-Transfer)①。英法海底隧道 BOT
项目发起人为欧洲隧道公司,它由英国的海峡隧道工程集团(一个由英国银行和
承包商组合的财团)和法国的法兰西—曼彻斯特公司(一个由法国银行和承包商
组合的财团)联合组成。② 筹款之初,14 家初期项目承包商和银行首先赞助 8000
万美元。同时,在四个发行地点成功地筹集到大批以英国英镑和法国法郎计算的

---

① 一种主要应用于基础设施建设的新的投资方式。
② 段力平、鞠茂森、胡其勇：《对工程项目通过 BOT 方式进行技术转让的几点认识》,《水利经
济》2001 年第 2 期。

股票投资。① 图7-2为该项目实际的组成结构和项目的资金来源。

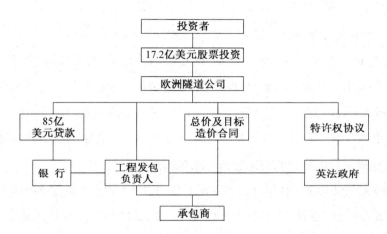

图7-2　英法海底隧道工程创新项目组成结构

表7-1　英法海底隧道工程创新项目资金来源

来　源	金额(亿美元)	备　注
a. 股票投资		
银行和承包商	0.8	股东发起人
私营团体	2.7	第1部分(1986年末)
公众投资	8	第2部分(1987年末)
公众投资	2.75	第3部分(1988年末)
公众投资	2.75	第4部分(1989年末)
b. 借款(贷款)		
商业银行	68	主要贷款
商业银行	17	备用贷款 (Standby Facility)
总　计	103	

英法海底隧道创新工程成功地应用了BOT投资方式,较好地解决了大型公共

---

① 李京贵:《英法海峡隧道工程案例》,《中国投资》1995年第2期。

基础设施在建设过程中所必须面对的财务问题和组织问题，使得工程可以顺利地实施，保证了英法海底隧道的建成。

3. 盾构法与沉管法：英法海底隧道主体工程技术的选择

在 1986 年 1 月 CTG—FM 中标的 26 亿英镑的双孔铁路隧道提案中，公司提出了以盾构法作为此次海底隧道工程施工的主要方法，并成功地应用了先进的技术设备"盾式掘进机"进行掘进工作。在正确的技术选择和先进的设备支持下，整个掘进工作按计划完成，只用了三年半时间，当工期对经济效益有重大影响而掘进工作面又受限制的情况下，较好地完成了隧道掘进任务。

在英法海底隧道工程的掘进实施前，1958 至 1987 年连续 29 年的地质钻探工作，包括欧洲隧道公司在内曾有多人和部门对海底地形和地貌进行了研究。数据的积累为技术的选择打下了坚实的基础，为后期找到合适的岩层掘进工作的进行做好了铺垫。

在创新型工程实施过程中，特别是像英法海底隧道这样的大型基础设施工程施工的过程中，技术手段作为工程实施的第一要务，是首先要考虑的问题。在工程实施中没有绝对正确的技术，只有合适的技术。在技术选择的过程中，必须要考虑实际情况，根据当时当地的条件，选择合适合理的技术加以实施。长期的地质地貌研究为英法海底隧道的技术选择奠定了良好的基础，保证了项目技术选择的准确性。当然，合理的工程技术的选择，无论是来自于工程师的实践经验，还是以往同类项目的技术方法总结，都能够为工程的顺利实施提供切实有效的帮助。

4. 公众的参与：各种媒体和机构的报道和其他行为对工程的影响

在英法海底隧道工程实施的过程中，公众作为其中重要的一环，起到了不容忽视的作用。公众，作为基础设施的受益者，其意见必然也必须的影响着工程建设的方向。

在讨论公众的参与前，我们先对公众的概念下一个定义：公众泛指与一个组织或团体具有某种直接或间接相关的个人、群体和组织，他们对组织的目标、发展具有或多或少,或现实或潜在的利益关系或影响力。社会心理学认为,公众不是散在的个体,而是具有某种"合群意识"的群体,个体之间必有某种共同倾向,如共同的目的、共同需求、共同兴趣、共同意识、共同态度或共同的文化心理等把他们联系在一起。① 公众是公众舆论的载体,公众舆论则是公众意见、公众要求的一种公开的表现形式。显然,媒体作为公众舆论的载体,同样也是公众的一种形式,而媒体的作用,则一方面将公众舆论呈现出来,另一方面通过少数人的言论引导公众舆论的方向。

在英法海底隧道第一次修建的过程中,就出现了公众舆论强烈反对的现象。1882 年,由于当时战争和政治形式的不明朗性,英国需要英吉利海峡作为其天然屏障以达到"与世隔绝"的效果,因此,公众不愿意因为修建英法海底隧道而丧失其战略优势。而泰晤士周刊作为英国知名媒体机构,也撰文支持英国公众的主张。由于舆论界的压力,英法两国被迫停止了海底隧道的修建。

1986 年,国际局势趋于稳定,和平和发展成为全球新的主题。在这样的环境下,公众自然迫切地需要英法海底隧道的建成以增加出行的便利性、经济发展的空间、旅游休闲的去处等。鉴于此,公众对于英法海底隧道的修建呈现出一片积极响应的态势,Industry Week 和 Railway Age 等多家英国著名媒体机构也争相报道英法海底隧道的实施情况、公众反应和政府决策等新闻。一时间支持英法海底隧道的呼声大涨,使得英法海底隧道没有遭遇 1882 年的停工事件,工程顺利实施完成。

可见,作为一项大型公共基础设施建设工程,英法海底隧道工程创新的成功,公众的参与起到了不可忽视的作用。积极的公众参与保证了工程的顺利进行,有效的避免了因公众舆论的压力而造成的工程障碍。因此,顺利地实施大型工程项目,特别是基础设施的建设,必须有效地赢得公众舆论的支持,以便更好地促进工程项目的进展,避免不必要的麻烦。

---

① 居延安:《公共关系学》(第三版),复旦大学出版社 2005 年版。

三　突破创新壁垒：英法海底隧道工程创新成功的启示

我国建设全面的小康社会、建设创新型国家的历史宏图中，最引人注目的就是要在全国各地规划、设计和实施成千上万、大大小小的各类工程创新项目。要全方位、高质量地推进工程创新，应该认识和掌握工程创新的特点和规律。虽然在现实情况下每项工程创新都有各自的具体情况和特色，但从总体上看，工程创新作为一种特定类型的创新实践，还是有一些共性的特点和规律的。作为一项特大型工程创新项目，英法海底隧道工程创新的成功，为我们带来了丰富的工程创新经验和丰富的启示。

1. 工程创新是一个不断冲破壁垒的过程

从本质上说，工程创新作为创新的一种，是一项冒险性的事业。"多数的创新，无论是多么令人兴奋，最终都将消失在历史的灰烬里。"①创新具有很大的风险性，每个环节都包含了很多不确定的因素，在实施过程中由于无迹可寻，难免存在着种种困难。这些阻碍创新实施的因素，无论是政治的、经济的或者是社会的，都无一例外地筑起一道道壁垒，令工程创新在实施中问题不断。而工程创新要想成功，必须冲破这些壁垒，只有扫清创新实施的障碍因素，才能更好地保证创新过程的有序进行。中国的现代化必须立足于不断克服种种创新障碍，进行一波又一波的工程创新，否则工业化、现代化主战场的问题很难收到实效。②

2. 工程创新是集成性创新的过程

工程的本质和基本特点在于系统性、复杂性、集成性和组织性。由于工程的系统性和集成性的特点，因此在对所采用的技术的选择、集成以及资源的组织协调过程中，必然会追求集成性优化，以构成优化的工程系统。因此，工程创新的重要标志体现为"集成创新"。

---

① ［英］卡尔·富兰克林：《创新为什么失败》，王晓生等译，中国时代经济出版社 2005 年版，第 23 页。

② 殷瑞钰：《关于工程和工程创新的认识》，《科学中国人》2006 年第 5 期。

工程的集成创新往往体现在两个层次上：第一个层次是技术要素的集成，工程创新活动需要对多个学科、多种技术在更大的时空尺度上进行选择、组织和集成优化；第二个层次是技术要素和非技术要素的集成，要在工程创新活动中把技术要素和经济、社会、管理等要素进行在一定边界条件下的优化集成。工程是一个对异质要素的集成过程，工程创新者所面对的必然是一个跨学科问题，在工程创新中势必要认真关注工程的异质性、社会维度和伦理维度。①

3. 工程创新过程中既要重视"突破性"创新，也要重视"渐进性"创新

在工程创新活动中，可以将创新划分为突破性创新和渐进性创新两大类型。在实践中，突破性创新显得特别引人注目，因为其中体现了高妙的才智和巨大的价值。然而，在另一方面，更多的工程创新是通过渐进性的积累和改进过程实现的。在创新过程中，由于工程具有集成优化的特征，渐进性创新具有非常重要的作用和意义。

美国学者罗森伯格和鲍莫尔都认为，在创新过程中，渐进性创新具有非常重要的作用和意义。鲍莫尔说："在这个日臻完善的过程中，如果单个来看，很多进步都不具备特别振奋人心之处。"他对比了最初发明的计算机和经历了不断改善的计算机，他说："经过不断改善而实现的目前每秒计算量在计算机所有贡献中所占的比例肯定超过了99%。"②显然，计算机的产生是一种突破性创新，而计算机的发展则是一种渐进性创新。两种创新的协作才促使了计算机在日常应用中所起到的巨大作用。因而那种轻视渐进性创新重要性的观点在理论上是错误的，在实践上是有害的。

4. 工程创新要处理好政府、企业和公众之间的关系

从工程创新的发起、决议、实施，到最后成果的交付，整个过程中存在着不同角色的参与。创新工程，尤其是像英法海底隧道这样的大型公共基础设施建设工程，

---

① 王大洲：《试论工程创新的一般性质》，《科学中国人》2006 年第 5 期。
② 鲍莫尔：《资本主义的增长奇迹》，中信出版社 2004 年版。

决策来自于政府的政策支撑,实施来自于企业的有效执行,而所要交付的成果则服务于公众。因此,作为创新工程项目的三大角色,政府、企业和公众各自负担着不同的使命,完成着不同的任务。

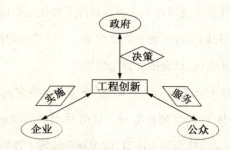

图7-3 工程创新中政府、企业和公众三者之间的关系

1882 年,由于英国公众的强烈反对和泰晤士周刊对公众意见的支持,令第一次海底隧道工程不了了之。而在 1987 年的正式建设过程中,项目得到了公众的鼎力支持,因而在克服了技术障碍后,项目顺利完工。这都是公众对工程创新项目参与的典型体现。

5. 工程创新需要克服工程和技术混为一谈的认识和实践陷阱

工程创新,作为创新的一种,存在着独特性。在一些人的心目中,技术就是工程,工程就是技术,好像二者没有什么区别。事实上,工程实践的检验和理论分析都告诉我们,这种主张单纯技术观点的工程观是不正确的。在现实生活中,技术评价标准上的成功并不意味着必然同时取得工程评价标准上的成功。① 曾经轰动一时的铱星系统就是一个在技术上获得巨大成功而在工程上遭到惨痛失败的典型案例。铱星系统的命运告诫人们,那种单纯技术观点的工程观是要不得的。②

总之,工程创新是创新活动的主战场,这个主战场的进展情况将成为检验和决定我国建设创新型国家这个重大战略的进展状况的最重要标志。在工程创新过程

---

① 李伯聪:《关于工程和工程创新的几个理论问题》,《北方论丛》2008 年第 2 期。
② 《铱星计划夭折的 5 大管理因素》,《牛津管理评论》2007 年第 3 期。

中,重视渐进性创新,利用集成创新,积极建设政府、企业和公众之间的良性互动关系,不断冲破实施中的各种壁垒,工程项目将更顺利地实施完成;而在成果的实施阶段,注意各种问题的发生,问题发生前提早预防,问题发生后及时解决,才能够使得工程创新成果更好地为社会发展作出应有的贡献。

第二节 电话创新历程及其启示

贝尔(Alexander Graham Bell,1847—1922)发明电话,历经艰险和困难,冲破多重壁垒和陷阱取得商业成功,为人类社会进入信息时代提供了坚实的技术和工程基础。分析贝尔及其合作者的电话创新历程及其经验,不仅有利于深刻理解创新的多元内涵,也为把握创新的成功之道提供诸多启示。

一 电话创新的起点——电话发明道路上的竞争者和发明专利的获得者

1. 电话发明的技术社会背景和前期探索

电话创新具有较好的技术背景和社会背景,即电报通信技术及其产业化已经广为人们所接受。早在 1753 年 2 月 17 日就有署名为 C. M.——可能是查尔斯·莫里森(Charles Morrison)医师——的作者在《苏格兰人》杂志上提出用电流进行通信的设想。美国科学家约瑟夫·亨利(Joseph Henry)在 1830 年最先实验了传导电子信号。1837 年塞缪尔·摩尔斯电码(Samuel Morse)发明了摩尔斯电码并将电报技术商业化,开启了电子通信时代。美国内战(1861—1865)期间电报因起到重要作用而得到空前发展,美国西联公司成为当时电报业务的巨头,占据着美国电报通信的绝大部分市场。一个有益的专利权观念可以使一个发明家成为百万富翁,很多发明家的注意力是改进有潜在市场的电报,贝尔、格雷(Elisha Gray,1835—1901)也在努力完善多路技术电报,一次用一根线传递多项信息。在电报公司没有建立更多的线路的情况下,多路技术电报设备可以大幅提高通信量。贝尔与格雷就是在改进电报技术过程中产生电话技术发明灵感的。

　　其实在贝尔和格雷他们发明电话以前，已经有人为电话发明做了许多先驱工作。1854年，比利时裔法国人发明家和工程师鲍萨尔（Charles Bourseul）写了一篇关于用电流传递声音的论文，最早提出电话原理的设想。尽管鲍萨尔的理论不成功，但是他的设想引起了人们的震惊和关注。1860年，德国物理学家和教师飞利浦·赖斯（Philipp Reis，1834—1874）从鲍萨尔的文章中获得灵感开始研究电话，并在1861年发明了第一部"电话"，尽管这个装置已经几乎接近完成语音还原，能微弱传递某个声音，但是不能实际使用。赖斯"电话"的话筒和接收器使用软木塞、编制品、一个香肠膜和一个铂片传递几个音符和其他几个声音，但是清晰的语音却没有还原出来。① 赖斯"电话"曾在整个欧洲进行实例演示，包括爱尔兰，当时贝尔正在那里看望他的父亲。

　　意大利裔美国发明家安东尼奥·梅乌奇（Antonio Meucci，1808—1889）也是电话发明的先驱者。移居到美国之前，梅乌奇从意大利移居到古巴哈瓦那从事剧院布景设计工作。为了增加收入以改善生活环境，他开始研究自己很感兴趣的电生理学，并发明了一种用电击治疗疾病的方法。1849年的一天，他准备给一个朋友治疗，把一块与线圈连接的金属簧片插入朋友的口中，线圈连接导线通到另一个房间时，他清楚地听见了从另外一个房间里传出的朋友的声音。梅乌奇马上意识到这一偶然现象具有不寻常的意义，立即着手研究被他称之为"会说话的电报机"（teletrofono）的装置。1861年，梅乌奇向公众展示了这个系统。后来因为他妻子的腿得了关节炎，为了能照顾妻子，梅乌奇在妻子和他的实验室之间建立了一条固定的电线来进行联系。②然而梅乌奇因穷困无力支付250美元专利申请费，最终只能

　　① From Debate over Who Invented First Phone Hushed up for 50 Years, http://www. telegraph. co. uk/news/main. jhtml? xml =/news/2003/12/01/nphone01. xml.

　　② Basilio Catania. The United States Government vs. Alexander Graham Bell ——An Important Acknowledgment for Antonio Meucci. *Bulletin of Science Technology Society*, 2002, 22：426 - 442. http://www. esanet. it/chez_basilio/us_bell. htm.

在 1871 年 12 月 28 日提请了题为"Sound Telegraph"有效期一年的预先专利申请声明。在此期间,梅乌奇曾向西联公司寄去了模型和技术细节,想以此获得资金支持,但是没有得到回应。三年后,依靠公共救济生活的梅乌奇连 10 美元也无力支付,以至于预先专利申请声明也失效了。梅乌奇最终失去了获得电话专利权的机会。(2002 年 6 月 11 日,美国国会通过了 H. RES. 269 号议案,强调"鉴于如果梅乌奇有能力支付 10 美元费用以保留申请到 1874 年以后,专利权就不会授予贝尔,众议院认为安东尼奥·梅乌奇的一生和成就应该得到肯定,他在电话发明上面的工作应该被承认"。①)

2. 贝尔发明电话

1874 年夏天,贝尔从加拿大安大略湖小镇布兰特福德前往美国波斯顿,在一所聋哑学校教书,因学生梅布尔(后来成为贝尔的妻子)而结识她的父亲加德纳·哈伯德(Gardiner Greene Hubbard)。一天晚上,教完了梅布尔之后,贝尔在哈伯德家中弹钢琴。他用钢琴向哈伯德展示不同琴键的音高使音调发生了变化,并进一步解释说,几个不同内容的电报可以由协调而不同的频率同时传送出去。哈伯德对这个想法很感兴趣。1874 年 10 月,哈伯德前往华盛顿进行专利查询,发现还没有和贝尔的"谐波电报"(The harmonic telegraph)相似的发明,于是说服乔治·桑德斯(George Sanders)开始共同资助贝尔进行发明实验。1875 年 2 月 28 日,三人签订正式协议,约定给予贝尔资金支持,共同平等分享贝尔的所有专利权。②

贝尔结识了年轻的电气工程师华生(Thomas Watson),并一起合作进行实验。经历长期的实验之后,贝尔开始构思电话的概念。他推测,制作一个隔膜,可以通过话音的强弱改变电流的强度,这样的电流能被另一个隔膜还原成话音。贝尔由

---

① From 107th CONGRESS 1st Session H. RES. 269, October 17, 2001, http://thomas.loc.gov/cgi-bin/query/z? c107: H. RES. 269.

② Danielian. *AT&T: The Story of Industrial Conquest*. New York: The Vanguard Press, 1939, p. 39.

此揭示了电话的原理和可变电阻理论。① 贝尔对华生说："如果我能制造一部仪器使声音通过它时，气息的强弱不同能产生不同的电流，就能用电报传出任何声音，甚至包括话音。"② 他将这个想法写信告诉了哈伯德，但是哈伯德持保留意见并要求贝尔加倍努力从事谐波电报发明工作。为了寻找新思路，1875 年 3 月 1 日，贝尔前往华盛顿查询专利申请资料，并拜访了史密森学会著名科学家约瑟夫·亨利，向他阐述了他的电话构思。亨利对用电传递语音的想法很是赞赏，并鼓励他投入电话发明。贝尔担心电学知识不足，这位老人鼓励道："那就学吧！"③贝尔受鼓励开始投入到电话实验之中。

1875 年 6 月 2 日，贝尔与华生实验"谐波电报"时却通过接收器听到一个声音。贝尔意识到这不同于电报产生的脉冲，立即要求华生第二天基于这个发现制作一个电话，并因为它的特别外型而将它称为绞架电话（The Gallows telephone）。尽管这个装置只能传递一些古怪的声音而不是话音，但是贝尔和华生都没有气馁，仍然花费大量时间制造能实际通话的电话并继续改进他们的技术。1876 年 2 月 14 日早晨，贝尔委托律师向专利局提交了申请。几个小时之后，格雷也向专利局提出申请，他的图纸显示了对电话的构想。但是，因为格雷比贝尔晚到几个小时，贝尔的登记号是第 14 号，而格雷的登记号是 39 号。格雷题为"Transmitting Vocal Sounds Telegraphically"专利申请书这样描述他电话发明的特征："我的装置的显著特征就是能让远距离的人通过电报流或通话管道就像他们在一起那样进行交流。我声明我的发明装置是通过电流来转换声音或交流信息的。"④

1876 年 3 月 7 日，美国 174465 号专利被正式授予贝尔电话。3 月 10 日，华生

① Brooks, John. *Telephone: The First Hundred Years*. New York: Harper and Row, 1975, p.41.

② Fagen, M. D. (ed.). *A History of Engineering and Science in the Bell System*, Vol.1, The Early Years, 1875–1925. New York: Bell Telephone Laboratories, 1975, p.6.

③ Grosvenor, Edwin S. and Morgan Wesson. *Alexander Graham Bell: The Life and Times of the Man Who Invented the Telephone*. New York: Abrams, 1997, p.55.

④ Elisha Gray. Transmitting Vocal Sounds Telegraphically, February 14, 1876, http://inventors. about. com/od/gstartinventors/a/Elisha_Gray_2. htm.

通过接收器清晰地听到了话音："华生先生,请过来,我想见你!"在另一个房间的华生扔下接收器疯狂地冲过大厅,兴高采烈地叫道:"我听到你的声音了!"

电话正式诞生了!

二　电话创新的实施——在商业竞争中进步

1. 电话创新的艰难起步

(1)电话技术的不断完善。贝尔发明电话之后,技术完善工作进展得很缓慢。为了使电话能实际使用,贝尔和华生坚持不懈地实验以提升电话通信的距离。1876年10月9日,他们实验出比较长的一次通话,尽管只有两英里远,但他们却狂喜不已并跳舞庆祝到后半夜,以至于女房东威胁要把他们扔出去。后来华生回忆说"贝尔有一个跳战阵舞的庆祝爱好"①。在1876年剩下的日子里,贝尔和华生改进电话并制造出更好的模型,但是这些技术进步仍然不足以使电话从一个发明变成一个可使用的设备。改进和完善电话被证明是比哈伯德、桑德斯和贝尔所预想的困难得多。

然而此时竞争者的脚步却没有停下,1877年4月27日,爱迪生提出了改进话筒的专利申请。这个话筒能使电话实际可用,并于1877年底开始生产。为了赢得竞争,贝尔立即与发明家弗朗西斯·布莱克(Francis Blake)组成电话创新联合体,改进话筒发明,提高通话质量,使贝尔电话的商业推广成为可能。

(2)贝尔电话的商业起步。贝尔获得电话专利权后的一段时间,因电话还不能实际使用,也一直没有任何回报,桑德斯已经投资10万多美元而几近破产。因担心财政危机,1876年秋哈伯德和桑德斯提出将电话专利以10万美元卖给西联公司,但是被对方拒绝了。②

---

① Watson, Thomas. *Exploring Life*: *The Autobiography of Thomas Alva Watson*. New York: D. Appleton and Company, 1926, p. 95.

② Lewin, Leonard. *Telecommunications in U. S.*: *Trends and Policies*. Dedham, MA: Artech House, Inc., 1987, p. 38.

为了能发展和推广电话业务,贝尔、哈伯德和桑德斯于 1877 年 7 月 9 日成立了最初的贝尔电话公司,并向包括他们在内的七人发售股票。但是,电话商用步履艰难,因为当时还没有接线盘,电话是相当粗糙的,传输质量也很糟糕,对于当时的人们来说,电话是可有可无的东西。没有人打电话也就没有人使用它,甚至很多人疑惑电话有什么用。贝尔电话公司坚持通过买一送一等各种方式销售电话,顽强地推广电话业务。

很多电报公司意识到贝尔电话公司对他们的业务是一个强大的威胁,采取各种措施与贝尔电话公司展开竞争。电报业巨头西联公司很后悔当初没有购买贝尔的电话专利,于是要求爱迪生发明贝尔电话的替代物,并成立美国通话公司(the American Speaking Telephone Company) 与贝尔电话公司展开肉搏战。①

因为电话初期销售很是缓慢,贝尔电话公司资金状况一直比较紧张,甚至威胁到公司的继续发展。在这种情况下,哈伯德接过贝尔电话公司管理权,顶住巨大的批评意见,决定出租电话和特许经营权替代先前销售电话以获得资金来源和公司发展:当贝尔电话公司开展长途业务后,特许经营者被要求只能在特定地域内经营当地电话业务,并不得经营长途电话,同时特许经营者必须出让 30% 的股份给贝尔电话公司。②哈伯德的这个商业创新举措被证明是支撑贝尔系统超越百年的英明决定,这个商业创新举措实施后产生了巨大的效应,在其后的几个月里、几年甚至几十年里,资金滚滚而来,而电话业务推广也随之加快。1878 年 1 月 12 日,在怀特岛奥斯本宫殿,贝尔向维多利亚女王演示了他的电话,贝尔电话公司的电话业务也随即扩展到英国。

1878 年 1 月 28 日,位于美国康涅狄格州的贝尔电话公司的首部商业接线总机开始营业。许多人可以共用一条线,能用 8 条线服务 21 部电话。而 1878 年 2

---

① Garnet, Robert W. *The Telephone Enterprise*. Baltimore: Johns Hopkins University Press, 1985, p.32.
② Danielian. *AT&T: The Story of Industrial Conquest*. New York: The Vanguard Press, 1939.

月17日,西联公司也在旧金山开通了首个城市中继站(exchange)。1878年2月21日,世界第一本电话号码薄产生,仅仅只有50个名字的一页纸。同年,卢瑟福(Rutherford B. Hayes)总统在白宫安装了第一部电话。卢瑟福第一个电话是打给13英里外的贝尔的。卢瑟福的头句话是让贝尔说慢点。①

1878年8月1日,华生申请并获得能使来电时发出振铃的铃声器专利(ringer patent),并很快就获得了成功。贝尔也开始对电话的未来变得更加乐观,他预言道:"我相信,在未来,不同城市的电话公司首脑办公室将通过电话线连在一起。一个国家一个地方的人可以和另一个远处地方的人通过口头交流的方式进行联系。"为加快电话业务的发展,贝尔电话公司找到了一群愿意投资的新英格兰人,但是他们却不愿开展其居住地之外地方的业务。为了获得资金,贝尔电话公司在1878年6月重组,成立了一个新贝尔电话公司和新英格兰电话公司。这时已有10755部贝尔电话投入使用。

(3)商业经营的激烈竞争。早在1877年12月,西联公司创立了美国通话电话公司,最大的技术优势是爱迪生的改进话筒。当时西联公司拥有的电报线连接起来超过10万英里的路程,而贝尔电话公司也只装备了3000部电话。贝尔为此深感忧虑,1878年12月12日,贝尔电话公司在波斯顿就专利侵权正式起诉西联公司。

西联公司从1879年开始改变经营策略,不从贝尔电话公司购买专利权或特许经营权,而是向其他人购买专利,与格雷、爱迪生等达成电话发明协议并成立自己的电话公司。实际上,电话公司并非独此一家,在贝尔应该拥有电话独享权的17年里,至少1730家电话公司成立并经营。当贝尔电话公司向西联公司提起专利侵权诉讼后,大部分公司消失了,但是也有许多公司继续存在,他们要么否认贝尔的专利权,或者根本不理睬它,或到贝尔电话公司无法提供电话服务的区域成立电话公司。

---

① From the official White House web site biography on President Hayes: http://www.whitehouse.gov/WH/glimpse/presidents/html/rh19.html (2000).

1879 年初，在专利诉讼和销售爱迪生话筒公司的竞争压力下，贝尔电话公司再次重组，注册资本为 85 万美元。威廉·福布斯（William H. Forbes）当选为董事会主席。他立即改组公司并收购所有贝尔股份，成立一个单一公司，即国家贝尔电话公司。

经过漫长的诉讼，1879 年 11 月 10 日，美国最高法院判定贝尔电话公司赢得了与西联公司的专利侵权诉讼。其后双方达成协议，西联公司放弃它的电话专利权和它的 56000 名电话用户，但仍然保留它的先前的电报业务；贝尔则向西联公司支付其独享专利权 17 年间收入的 20%。①

贝尔获得专利权后发生了不少于 600 多次专利权诉讼，他与梅乌奇、格雷、爱迪生和 Asahel K. Eaton 等人都产生过知识产权纠纷，甚至美国政府曾起诉撤销贝尔电话专利权。② 但是贝尔电话公司最终取得了竞争的胜利，通过法律诉讼不仅维护了自己的权利，还扩大了市场。

2. 贝尔系统（Bell System）的创立

贝尔电话公司在哈伯德离任之后聘用了斯尔多·威尔（Theodore Vail）作为总经理。贝尔电话公司对西联公司诉讼的成功解决，促进了其电话业务的迅速扩张，贝尔电话公司开始管理 133000 部电话。从此，威尔开始实施电话创新的全面商业计划，即建立贝尔系统：区域公司提供区域服务，长途公司提供长途通讯业务，制造企业提供设备。为了获得制造企业，贝尔电话公司的注意力转到先前竞争对手，从 1880 年开始收购西联电子公司的股票并于 1881 年 11 月取得控股权，1882 年 2 月 26 日完成接管。西联电子公司放弃它保留的专利权，换取享有排他性的为贝尔电话公司生产产品的权利。③

---

① Smith, George. *The Anatomy of a Business Strategy: Bell, Western Electric, and the Origins of the Amercian Telephone Industry.* Baltimore: Johns Hopkins Press, 1985.

② From U S v. AMERICAN BELL TEL. CO., 128 U.S. 315 (1888), Page 128, U.S. 315, 355 – 356. http://supreme. justia. com/us/128/315/case. html.

③ Smith, George. *The Anatomy of a Business Strategy: Bell, Western Electric, and the Origins of the Amercian Telephone Industry.* Baltimore: Johns Hopkins Press, 1985.

贝尔电话公司在1881年7月19日获得金属线圈专利权,到1885年2月28日成立美国电话电报公司,经营长途电话业务,年底完成了第一条从纽约到费城的长途电话线。1892年10月,美国电话电报公司完成了前期目标,开通了联系纽约和芝加哥的长途线路。此后,美国电话电报公司的长途网络基本建成。贝尔电话公司为了在1894年贝尔电话专利权到期之后能有效延续贝尔系统的垄断地位,只允许贝尔电话公司特许授权的区域电话公司接入美国电话电报公司的网络。拥有特许授权的区域电话公司经营区域业务,西联电子公司生产设备,美国电话电报公司经营长途业务,贝尔系统结构就此正式完成。①

1890年12月27日,马克·吐温(Mark Twain)在给哈伯德的一封信中尊称贝尔为"电话之父"②,从此确立了贝尔"电话之父"的声誉。

3. 全面竞争中的电话创新

贝尔的电话专利权在1894年到其后的十年里,整个美国超过6000家公司参与当地电话业务,贝尔电话公司不得不继续进行技术改进和企业重组以应对激烈的竞争。1899年,哥伦比亚大学的Michael Pupin和美国电话电报公司的乔治·坎贝尔(George Campbell)分别独立发展了加感线圈理论,大大降低电话长距离信号耗损率,使建立更远距离电话线成为可能。经过企业重组,美国电话电报公司获得了母公司的主要资产,成为贝尔系统的母公司。1908年,美国电话电报公司开始进行全国性广告,推出"One System, One Policy, Universal Service"的口号,极大提升了美国电话电报公司的品牌形象。

美国电话电报公司在1913年陷入第一次联邦反托拉斯诉讼案。经过长达一年的谈判,最终美国电话电报公司与政府达成协议(The Kingsbury Agreement),成为政府特许垄断企业,条件是放弃西联公司的股票,停止收购其他电话公司,并允许独立电话公司接入美国电话电报公司的长途网络。③

① Stone, Alan. *Public Service Liberalism*. Princeton, New Jersey: Princeton University Press, 1991.
② From http://memory.loc.gov/ammem/bellhtml/004040.html.
③ From http://www.corp.att.com/history/milestones.html.

1915 年,美国电话电报公司开通了首条横贯大陆的电话线,有效将电话联系贯穿整个美国大陆;1927 年,开始越洋电话服务,最先开始连接美国和伦敦;1934年推出穿越太平洋电话服务,最初开通美国到日本,美国电话电报公司从此将全球电话连成一体。

三　电话创新经验与启示——成功之道

目前,学界对创新的基本共识是,"技术创新指新的技术的创造与商业化应用",而"成功的技术创新就是发明 + 研究开发 + 企业家精神 + 管理 + 满足市场需求"。① 从这个角度来理解,电话创新可谓是创新成功的一个典型案例。从贝尔发明电话获得专利到贝尔系统创立,直至美国电话电报公司在电信领域垄断地位确立的过程,充满竞争、壁垒和陷阱,贝尔及其合作者的每一步坚持都是电话创新成功的不可或缺的环节。想从这些环节中简单概括其成功之道不免会挂一漏万,但是纵观电话创新的历史,技术发展、资金支持、法律权利、企业家的商业规划等方面的胜利无疑是其成功的关键。

1. 电话创新经验

（1）技术发展：创新的心脏。陈昌曙教授指出,"技术的发展有其相对独立的自我增长特点,这是极为重要的观点,也是技术哲学的一个最基本的论点。事实上,技术的起源和生成,一方面与社会需求密切相关,在这点上,技术有其推动者;另一方面,技术又有其自我发育的内在机制和根据,就此看,技术亦是原动者。"② 尽管技术创新的起源有"技术推力"和"需求拉力"两种观点,但是"科技推力已是创新的主要动因"。③ 技术创新不等于单纯的技术进步,但技术进步是技术创新的基础,是它的核心内容,包括新技术的出现、完善、更新换代,产生新一轮的技术创

---

① 夏保华：《技术创新哲学》,中国社会科学出版社 2004 年版,第 110—111 页。
② 陈昌曙：《技术哲学引论》,科学出版社 1999 年版,第 137 页。
③ 王耀德、陈家琪、黄文华：《论技术创新的起源和动力》,北京理工大学出版社 2006 年版,第57 页。

新。电话创新不是仅仅获得电话发明专利的技术,要想使这个技术成为产品,投入商业开发,必须要不停地完善电话技术及辅助技术。从实验室到远距离通话,从电话专利到铃声器专利,从接地线圈到金属线圈,贝尔电话公司获得专利后仍然不断改进电话技术,最终完成从发明专利到可售产品的转变。哪怕销售期间也没有停止过电话技术的完善,从金属线传导到光传导,从区域电话到长途电话,再到国际电话,贝尔电话公司在其发展过程中不断推进电话技术的飞跃。同时,贝尔电话公司还成立贝尔实验室作为公司技术更新的发动机,始终把技术发展放在核心地位,通过申请电话专利获得技术的独享权,通过建立长途网络确立专利权到期之后的垄断优势。正是从未间断的促进电话技术发展不断推动电话商业发展到新的台阶,成为贝尔电话公司不断前进的动力源泉。技术发展无愧于技术创新的心脏。

（2）资金支持:创新的血液。任何创新都需要高投入,并且存在失败的风险,因此突破资金壁垒是保证创新成功的另一个重要因素,包括对产品开发、研发、工艺创新、技术改造以及技术获得的财力支持。[①] 从贝尔开始构思电话时开始,就获得了哈伯德和桑德斯的资助。而梅乌奇就是因为没有资金支持而丧失了申请专利的机会。电话商业化过程中,在资金困难面前,哈伯德和桑德斯甚至被迫出价10万美元向西联公司售卖电话专利权,幸运的是,西联公司拒绝了。早期电话销售量很低,收入很难维持电话商业扩展,为了扩大资金来源,哈伯德出租贝尔电话专利权以获得资金来源。尽管这一决定让渡了贝尔电话公司的专利独享权,但是对于资金短缺的贝尔电话公司来说,无疑获得了源源不断的资金流,提供了贝尔电话公司的强大的财力支持。这才使贝尔电话公司走出初期的资金困境。

从发明时的资助到推广初期的资金来源,乃至日后整个商业规划,电话创新无时无刻都离不开资金的支持,只有资金才能让电话创新获得持续进行的力量。可以毫不夸张地说,资金就是技术创新的血液,它为技术创新持续发展提供了源源不断的能量支持。

---

① 陈劲、王方瑞:《技术创新管理方法》,清华大学出版社2006年版,第164页。

（3）法律权利：创新的骨架。创新的法律内涵要求创新是一个由历史事实向法律事实转变，获得法律权利的过程。技术创新的每个环节都涉及利益的确定和分配，法律权利是技术创新主体之间以及与外部环境的结构，不仅包括知识产权，还有合作者之间的股权、技术转移的特许经营权，权利人与经营者之间的管理权以及政府监督的反垄断等。贝尔在开始电话构思和实验时，就协议约定由哈伯德和桑德斯提供资金支持，平等分享贝尔的专利权。后来基于此协议三人成立了贝尔电话公司。通过合同形式确立技术创新主体之间的法律权利，明确了发明人与出资人以及管理人是相分离的。另外，贝尔获得电话专利权后与梅乌奇、格雷、爱迪生、Asahel K. Eaton 及美国政府发生了法律诉讼，最终贝尔都取得了胜利，这是对贝尔法律权利的保护，也是贝尔电话技术创新取得成功的基础。

电话创新过程曾发生过 600 多宗诉讼案件，不仅包括上述专利权诉讼，还有是对未经授权公司的侵权诉讼。通过这些诉讼，贝尔电话公司维护了电话专利权的排他性权利，保护了自身的合法权益。贝尔电话公司赢得与西联公司的关键诉讼后接管了西联公司的全部客户，开始取得电话市场的控制地位。

当贝尔电话专利权到期后，尽管新的电话公司相继成立，但美国电话电报公司这时已通过技术垄断及股票收购等手段获得了电话市场的垄断地位，受到反托拉斯法控诉，陷入垄断诉讼纠纷。但是经过谈判，美国电话电报公司与政府达成协议，特许美国电话电报公司垄断经营，避免了被分拆的厄运。

可见，技术创新就是通过法律事实确立权利义务的过程，技术创新主体通过法律权利明确对内对外的利益分配，确定技术创新的利益格局。法律权利正是作为骨架支撑着电话创新。

（4）企业家主导：创新的灵魂。创新不仅包括新的技术创造和发展，而且包括企业家决定的商业化过程。可以说，只有获得商业上的成功才能称之为技术创新的成功。而企业家非技术家主导的商业规划无疑是技术创新的灵魂。

贝尔发明电话获得专利权之后一年，就成立贝尔电话公司，开始进行商业开发。同时内部分工，贝尔继续从事技术完善，经营则交给企业家哈伯德负责。这一措施使发明与商业经营分离,各取所长,为日后发展奠定了基础。实际上,在电话创新的商业发展中,最重要的举措应该是两位出色企业家的商业规划创新:哈伯德出租特许经营权突破资金壁垒和威尔创立贝尔系统获得全面竞争胜利的技术布局。

在贝尔电话公司成立初期,电话商业陷入了是先扩大供应还是先引导需求——鸡生蛋、蛋生鸡式的困境,销售业务增长极为缓慢,也使贝尔电话公司陷入了财政危机。面对资金壁垒,哈伯德受命管理公司,并提出创造性的商业方案——特许经营权,挽救了危机中的贝尔电话公司,取得了畅通的融资渠道,开发了美国绝大部分区域电话经营业务,致使贝尔电话公司开创了巨大市场,为贝尔电话公司成为业内领先企业奠定了坚实的市场基础。

贝尔电话公司创新史上的另一位伟大的企业家则是威尔。威尔通过公司重组和兼并建立了贝尔系统,从而在其电话专利权到期后仍然延续了电话市场的垄断地位。在第二次任职时,威尔提出"One System, One Policy, Universal Service"的口号,统一了电信市场服务,大大提高了贝尔电话的品牌影响力。可以说,威尔建立的贝尔系统创造了美国电话电报公司商业帝国。

2. 电话创新的当代启示

创新作为推动经济增长的过程,是一场包括技术发展、资金支持、法律权利以及企业家商业规划等方面的全方位竞争。要想取得创新的最终胜利,必须在这场竞争的各个环节识别种种壁垒和陷阱并战胜对手。贝尔电话创新的历程就是一个经典案例,它为现今正如火如荼开展的全面技术创新运动提供了灯塔,很值得我们去学习和研究。

通过对电话创新历程的回顾和分析,给技术创新者诸多启示,对以后的创新工作提供了参考。

第一,创新者往往是发明家和企业家的联盟,而不是发明家的个人行为。不要迷信发明家孤身创业的认知陷阱或者历史讹传。不仅仅贝尔电话创新,瓦特蒸汽机创新、爱迪生电灯创新等著名创新也都是这种联盟的成功。

　　第二,创新者要增强技术创新的竞争意识。创新从开始就是一场竞争。不仅在新技术创造上要领先,在获得知识产权、抢占市场等方面都必须以竞争意识获得创新的领先地位。

　　第三,创新者要深刻理解创新的法律内涵。当代的创新大多是多个主体之间的合作,清晰合作者之间的权利义务就能明确技术创新过程中各自的责任,在取得成就之后又能平等地分配权益,使合作能协调持续进行。同时,创新主体要深刻理解,当代创新竞争往往就是法律权利的争夺。

　　第四,创新者要促进技术发展与商业扩张的良性互动。创新本质上是经济过程,不是单纯的技术过程。每次创新都是独一无二的商业过程,必须注意创新的"当时当地性"特征,采用恰当的商业规划来开发市场和推动新技术最终的商业成功。

第三节　协和式超音速飞机之翱翔蓝天与告别蓝天

　　2006 年 7 月 23 日,法国宇航工业协会和日本航空宇宙工业会联合发表声明,双方已经签署协议,正式合作研制下一代超音速飞机。过去数十年来,日本一直为美国的波音飞机公司供应精密的组件。日本在产品开发工作方面不断发挥创意,但就是缺乏装配一整架飞机的能力。欧洲的空中客车公司一直很想冲破波音公司垄断日本市场的局面,结合日本的生产技术和法国的超音速技术,克服引擎噪音和能源消耗率这两个使法国同英国研制的协和机无法在商业效益方面胜出的因素,新产品称为"超级协和机"(Super Concorde)。预计,处于研制中的超音速飞机将在 2017 年首航。新版的超音速客机比先前的协和机取得很多改进,是航空史上的重要进步,但速度仍不及协和客机。当年的协和客机(Concorde,亦称和谐式客机,台译协和式客机)是由英国和法国联合创新的一种超音速客机,它的主导设计师是 Mr. Lucien Servanty,有"协和号之父"的美誉,他高超的设计能力创造了航空史上被称为奇迹之一的协和客机。这种飞机一共只建造了 20 架,它的最大飞行速度可达 2.04 马赫,巡航高度 18000 米。协和飞机于 1969 年研制成功,1976 年 1 月 21 日投入商业飞行。"协和"是人类首架超音速客机,它的出现曾经在人类航空史上占重要地位,1976 年 1 月 21 日,当第一架协和客机在巴西的里约热内卢机场降落的时候,人们意识到超音速环球旅行的时代来临了。协和式飞机不断被誉为空中"泰坦尼克"、空中"劳斯莱斯"、"未来之机"、"美丽的大鸟"、"时光倒流机"等美名,一度成为高贵与华丽的象征。① 协和客机以其优雅的机身和超前的速度在翱翔蓝天 34 年、商业运营 27 年。2003 年 10 月 24 日,协和客机正式告别蓝天,退出了历史舞台,使一个超音速客运时代就此宣告结束。当时,英国航空公司的首席执行官罗德·埃丁顿说:"这是幻想时代的结束。"② 协和客机是原英国飞机公司(现为英国航宇公司)和法国航宇公司联合创新的成果。它翱翔在蓝天白云之间,如梦如幻,它是那样的引人注目,但是却"英年早逝",令人叹息。这是为什么呢?

一　"协和"式飞机创新的背景

自从 100 多年前的莱特兄弟开辟了人类动力飞行的篇章后,飞得更高、更快、更远成为人类不断追求的目标。到 20 世纪五六十年代,人类对突破飞行极限的渴望达到了极致。超音速成为人类追求的目标之一。音速是指声音在空气中传播的速度。高度不同,音速也就不同。在海平面,音速约为 1224 公里/小时。在航空上,通常用 M(即马赫)来表示音速,M = 2 即为音速的二倍。当飞机飞行速度接近音速时,周围的流动态会发生变化,出现激波或其他效应,会使机身抖动、失控,甚至空中解体,并且还可产生极大的阻力,以突破 M = 1 的速度。人们把这种现象称之为音障。当喷气式飞机出现后,使飞机速度有可能大幅度提高时,能否突破音障就成为航空界注视的一大焦点。英国首先开始对超音速飞机进行研究。迈尔斯公司受官方委托于 1943 年研制 M—52 型喷气式飞机,目标是速度达到 M = 1.6。但

---

① 张维:《"浪漫大鸟"告别蓝天》,《文明》2004 年第 1 期,第 124—132 页。
② 寒羽:《天上的"劳斯莱斯"——"协和"飞机》,《知识就是力量》2000 年第 10 期。

由于当时有人在驾驶其他飞机接近音速时失事遇难,官方认为载人的超音速飞行太危险,后来终止了这一计划。美国于 1944 年开始了同样研究,它采用以火箭发动机为动力。贝尔公司于 1945 年制造出 X—1 火箭实验机,X—1 的机翼很薄,需由一架 B—29 型重型轰炸机挂在机身下带到空中,然后在空中点火,脱离轰炸机单独飞行。1947 年 10 月 14 日,空军上尉查尔斯·耶格(Charles Yeager)驾驶X—1 在 12800 米的高空飞行速度达到 1078 公里/小时,M = 1.1015,人类首次突破了音障。1953 年,试飞员道格拉斯驾驶着"流星烟火"号飞机,在喷气发动机和火箭的双重推力下,首次以音速二倍以上的速度飞行。这说明,只要突破 M = 1,就不会再有音障存在。人们通过研究发现,采用向后倾斜的机翼可以延缓或消除音障现象的出现,并减少飞行的阻力,有利于提高飞行速度,所以后来的亚音速和超音速飞机大都采用有向后倾斜角度的后掠翼、三角翼或梯形机翼。

20 世纪 50 年代,随着喷气发动机、后掠翼等技术的应用,战斗机已经成功实现了超音速和二倍音速飞行。当喷气式客机趋于成熟后,民航界又把注意力放到了超音速客机身上。在新技术、新思想以及一个个成功的新型号的激励下,美、苏、英、法等国纷纷开始探索研制超音速大型飞机,一个个富有科学技术挑战性的计划被提了出来。全世界共有七家著名的飞机制造商先后进行了超音速客机的研发,都期待在这场竞争中拔得头筹。20 世纪中叶,越洋飞行的客机已经彻底抢了豪华客轮和短程客机的生意,以英国布里斯托尔"不列颠那"、美国波音 707 和道格拉斯 DC—8 等为主的飞机把横跨大西洋的时间从以往最少四天缩短到一天之内。以波音 707 为例,它用七个小时的飞行时间就可以从纽约抵达伦敦。虽然与以往相比,这七个小时已经是效率上的革命了,但二战后的经济大战和美欧更紧密的联系使很多乘客对这个速度还是不满意。

其实不只是乘客在关心飞机的速度,各个飞机制造厂也希望能造出飞得更快、效率更高、经济性能更好的飞机来。1960 年前后,美国、苏联、法国和英国先后制造出了超音速的大型战斗机和轰炸机,这些飞机的出现极大地刺激了各个航空公司的决策者们,他们开始向飞机制造商询问是否会有超音速的民航飞机出现,什么时候出现。但飞机制造商明白,任何军用超音速飞机,在飞行中都要保持相当长时间的亚音速飞行,只有在飞机接近危险区域或要进行任务突防,以及躲避敌人追击的时候才会使用"冲刺"速度——超音速。而民航飞机的超音速飞行则是要持续保持超音速的状态,也就是让自己持续"冲刺"。这在飞机的整体制造上将是一个异常浩大的工程,不仅要制造出能在高温高速状态下持续安全运转的发动机,还要打破常规,对飞机的气动外形和整体结构进行全新的设计和探索。在当时,由于风险和成本巨大,没有一个飞机制造商愿意自行投资去挑战这个技术上的大难题。①

二　"协和"式飞机创新的决策、实施及应用

正是在这期间,英国和法国都开始对其飞机制造企业进行了国有化改革或者参股经营的尝试,这就使飞机制造商有机会利用国家的资金和研究人员来研制超音速飞机。1954 年 2 月,英国皇家飞机研究院空气动力学部成立了一个研究小组,开始了超音速客机的初步研究和设计工作。随着新技术的发展、喷气发动机成熟和超音速客机设计方案的不断完善,在 1956 年 11 月 5 日,英国皇家飞机公司正式组建超音速运输飞机委员会,宣布将研制一款能够比音速更快的民航客机,其设计的 BAC223 是一种四台发动机、马赫数为 2(音速的二倍)的 100 座超音速飞机。而此时在法国国内,法国航空公司、达索公司、南方航空公司等获得法国政府的支持,也提出了以"快帆"飞机为基础,使用三角机翼、马赫数为 2.2 的 70 座超音速飞机方案——"超快快帆"。这与英国的方案十分相似,尤其是它们的气动外形,几乎一样:尖尖的头部,在起飞和着陆时,机头下垂,以增加阻力。具有复杂弯度和扭转的狭长三角翼,无水平尾翼。

由于研制飞机费用高,加上方案相近,到了 60 年代初期,两国设计小组关系越来越密切,希望联合试制,赶在苏联和美国之前,实现超音速民航飞行。而当时以

---

① 庾晋、周洁、白木:《"协和"号:世界上唯一运营的超音速客机》,《交通与运输》2003 年第 2 期。

波音707为代表的美国民航客机已称雄于世界航空界,法国总统戴高乐因不甘心民航的天空变为美国"殖民地",为显示欧洲的独立性,极力促成英国和法国合作研究超音速民航飞机;而英国也愿意和法国合作,希望借此牵制法国,束缚它的政治野心。加上当时普遍迷信技术可以无限制地为人类带来福祉,认为建造超音速民航飞机是航空技术发展的下一个必然的步骤。于是在1962年11月29日,在法国总统戴高乐和英国首相麦克米伦提议下,法英两国正式签署了共同研制超音速民航飞机的历史性政府协议,决心向当时被誉为"空中皇后"的波音707发起挑战。1963年1月,法国总统戴高乐在一次演说中曾用"协和"(CONCORDE)这个词来表达法英两国所从事的技术创新合作,于是超音速飞机被命名为"协和"。由于这个技术创新风险巨大,企业家们敬而远之,所以不得不由英法两国政府平摊巨额研制费,机体由改组后的英国飞机公司和法国国营航空空间工业公司负责,发动机由英国罗尔斯·罗伊斯和法国国营航空发动机研究和制造公司负责,协和飞机组装地分别设在英国菲尔顿和法国图卢兹。当时的设计指导思想是,立足于20世纪50年代的技术水平,不追求过多的新材料、新技术,飞机的设计巡航速度为音速的2倍至2.2倍,尽快实现超音速民航飞行。

在英法方面的努力下,"协和"原型机于1965年开始制造。法国组装的第一架协和001飞机于1967年12月11日出厂,1969年3月2日实现首次试飞,并在同年10月1日进行的第45次试飞时突破了音障。英国组装的第一架协和002飞机也于1969年4月9日首飞,从布里斯托尔郊区的菲尔顿机场升空,试飞非常成功。此后,共有18家航空公司随后承诺订购77架"协和",英法两国也雄心勃勃,计划制造1370架"协和"客机。

但这一设想很快就由于"协和"的三大弱点而破灭。

"协和"的三大弱点:第一,经济性差。首先,客机的油耗达到每小时20.5吨,远远高于普通客机。作为超音速客机,速度的优势原本应该体现在长距离飞行上。但是,随着航速的提高,耗油量也直线上升。这就使得"协和"客机需要不断补充燃料,连续飞行的距离也因此受到限制。在"协和"客机研制的中期阶段,恰逢第一次世界石油危机,使这一缺陷就更显突出。由于耗油率过高,载客量偏小,成本高,协和号的票价非常昂贵,大多数乘客望而却步。其次,"协和"客机的维护费用惊人。在飞行 12000 小时后,"协和"客机必须进行为期十个月的大维修,每次费用高达 1000 万美元。"7·25"空难之后,法国航空公司为名下五架运营的"协和"客机专门雇佣了 20 多名飞行员、15 名高级工程师和 160 名技术工人。随着时间的推移,"协和"机群的维修费用不断上涨,而且"协和"客机的大量零配件已不再批量生产,为了更换部分零件,航空公司需要投入额外的成本。成本增加了,票价也就上去了。"协和"客机上只有 92 个座位,是波音 747 等大型客机载客量的四分之一。通常,乘坐"协和"客机从巴黎飞到纽约大约需要 1 万欧元,是普通客机的十几倍。高昂的票价让许多乘客望而却步,结果导致"协和"客机每年亏损四五千万美元。有人说,乘坐"协和"客机旅行的只有三种人:有钱人、好奇的人和喜欢被人宰的冤大头。① 第二,航程短。协和号的航程仅为 5110 千米,只能勉强飞越大西洋,这一航程无法发挥超音速飞机的优势。特别是在太平洋航线上,协和号难以发挥作用。第三,协和客机的噪音和污染都非常严重。"协和"客机起飞前的滑行速度比普通客机快 30% ,产生的噪音也比普通客机高二三十分贝。巨大的噪音让乘客和机场周围的居民难以忍受。而且"协和"客机在 18000 米以上的高空飞行时,排出的废气会直接对臭氧层造成破坏。因此不少国家从环保的角度考虑,禁止"协和"客机飞越其领空,这使"协和"客机的航线受到了很大制约。也正是基于上述原因,尽管最初有 16 家航空公司对"协和"客机表示出兴趣,获得的定单也一度高达 80 架,但最终只有英航和法航在两国政府的压力下,各定了七架"协和"客机进行商业飞行。一直到"协和"客机退役,曾经服役过的"协和"客机也只有 14 架。协和号由于音爆水平高,所以被限制不得在大陆上空进行超音速飞行。噪音可以说是协和商业失败的关键性因素。美国联邦航空局第 36 条规定的噪音标准使协和号不能在美国境内飞行。继美国之后,欧洲和亚洲一些国家从环保的角度

---

① 王立:《为了忘却的纪念——协和客机泪别蓝天》,《中国民用航空》2003 年第 11 期。

考虑,也开始禁止协和客机超音速飞越其领空,各大航空公司纷纷终止了与英法签订的订货合同。最后只有英国和法国自己的航空公司买单。由于产品没有实现批量化生产,价格和维护费用更是昂贵。

但是,英法两国还是对"协和"情有独钟,两架预生产型也分别于 1971 年底和1972 年初交付试飞。预生产型协和作了许多修改:机头加长 0.6 米,机头横截面从圆形改成扁圆形,以改善机舱视界;客舱由 33 米加长到 38.7 米,载客量增加到128 人。1975 年底,协和取得英法两国型号合格证。1976 年 1 月 21 日:"协和"客机首次投入商业飞行,英国航空公司首飞从伦敦到巴林,法航从巴黎经达卡尔至里约热内卢。1976 年 5 月 24 日,英国航空公司和法航同时推出"协和"客机跨大西洋飞行,两架飞机几乎同时到达华盛顿。1977 年 11 月,"协和"客机开始飞行纽约航线。虽然协和还计划开辟到里约热内卢、加拉加斯、华盛顿、新加坡、墨西哥等多条航线,但由于噪音过大、环保限制及成本过高等原因,协和客机很快就只剩下巴黎至纽约和伦敦至纽约两条孤零零的航线。

由于"协和"的弱点,其成本大大高于亚音速客机,致使英法两国航空公司在"协和"的运营上每年要亏损 5000 万美元。虽然如此,但协和是唯一投入商业飞行的超音速客机,被两国航空界当做自己的骄傲。"协和"客机拥有出色的安全纪录,被称为世界上最安全最快速的飞机,维持其运行意义重大,因此依靠两国政府补贴,英航和法航也就一直努力维持其飞行。

三 空难:"协和"式飞机创新实施中的挑战

2000 年 7 月 25 日,法国航空公司一架协和超音速客机执行 AF4590 航班从巴黎戴高乐机场起飞后在巴黎北部的戈内斯镇撞中一座酒店和餐馆,并坠毁。机上共有 110 人,其中 109 人遇难,仅剩 1 名生还者,地面有 4 人丧命。[①] 这是"协和"

---

① Faut & Failure: The Day Concorde Fell to Earth. Spectrum, IEEE, Vol. 37, Issue 9, Sept. 2000, pp. 24 - 28.

机 24 年服役期间发生的首例坠机事件,协和号从未发生灾难性事故的神话被打破。在 2000 年 9 月公布的调查报告显示,空难发生当天,美国大陆航空公司的一架 DC—10 客机在协和客机出事前从戴高乐机场起飞,但它在机场跑道上掉落了一块 43 厘米长的金属薄片,正是这块小金属片割破了随后起飞滑跑的协和客机左侧主起落架的右前轮,致使轮胎爆裂,轮胎上的橡胶残骸击中飞机油箱,从而引发燃油泄漏并起火,第二号发动机失灵且起落架无法收回,由于速度过快,虽然塔台和机组及时发现失火的情况,但已无法停止飞机起飞。机组决定继续起飞前往附近机场备降,但起飞后,与第二号发动机并列的第一号发动机也发生故障。发动机推力的不平衡使协和飞机偏离航线,并导致整个飞机失控而坠毁。报告同时认为,协和飞机也对事故负有部分责任,该型飞机在设计上存在的缺陷和漏洞也是造成事故发生的主要原因之一。首先,轮胎离油箱太近,一旦轮胎爆裂,其碎片很容易穿透油箱,引起油箱着火;其次,油箱的外表缺乏保护层,造成油箱极易被穿透。

这一空难事故发生后,法航协和客机立即停飞,英航协和也随后被迫停飞,但英法两国并未放弃对协和的努力。经过一年多的事故调查、分析,并对协和客机进行部分改进、试验后,新协和的油箱是由具有防弹功能的凯夫拉尔纤维制成的,防火设备被用在了起落架上,另外还最新设计了具有超强抵抗力的放射状轮胎。由法国米其林公司设计的新轮胎通过了极其严格的测试,其中包括每小时 250 公里时速的旋转测试及用钛制刀片切割测试。2001 年 7 月 17 日,在发生空难一年后,英国航空公司的一架协和式客机成功地完成了首次超音速试飞。2001 年 11 月 7 日,“协和”客机经过改进后,英航和法航恢复了前往纽约的飞行,但运客量再也没有恢复到原有的水平。“9·11”事件发生后,世界经济持续低迷,国际民航业也陷入危机,协和原有的客源大量流失,对乘客而言,要乘坐既昂贵又不舒服的协和确实不划算,不如花少得多的价钱乘坐普通客机的头等舱进行越洋飞行。加上协和客机的保养成本在发生事故后增加了 72%,亏损日益严重,因此,英航和法航不得不痛下决心,停飞协和。

四　创新失败："协和"式飞机停飞退役

2003 年 4 月 10 日：英航与法航同时宣布"协和"客机即将退役。英国维珍大西洋航空公司的创始人理查德·布兰森当年 4 月曾表示，他的航空公司希望以每架 170 万美元的价格购买英航退役的"协和"客机，继续进行飞行服务，但遭到英航拒绝。为此，布兰森在 8 月的国际博格诺飞人大赛上，在一架吹气的协和客机上打出"英航不能让它飞行，但维珍能"的标语，讽刺英国航空公司停飞协和客机。①但这也并没能挡住协和退役的脚步。2003 年 5 月 31 日，法航的"协和"客机进行了最后一次商业飞行。美国史密斯索尼亚的航空和空间博物馆将收藏其中的一架协和客机。法国的博物馆收藏了三架"协和"式客机，一架停放在戴高乐机场，另外两架停放在南部城市图罗兹的空中客车飞机制造集团总部和巴黎北面的布尔歇航空和空间博物馆。德国辛斯海姆的施派尔技术博物馆也收藏有一架"协和"客机。2003 年 10 月 24 日下午 4 时零 2 分到 6 分，短短 4 分钟，英航的三架"协和"超音速大型客机满载着名人和工作人员接连在伦敦希思罗机场降落，也结束了自己的使命。英国航空公司总裁埃丁顿说，"协和"退出飞行完全是出于商业原因。②英国航空公司保留一架"协和"作为航展之用，一架飞机拆成 128 个部件拍卖，进行慈善捐助。其余飞机都放在了航空博物馆供人们参观。

协和号飞机自 1976 年投入使用后，飞行了 27 年，运载旅客 200 万人次以上，尽管航空界对其褒贬不一，但它取得的技术成就对航空事业的发展无疑是有巨大影响的。协和客机之后，目前世界上还找不到一个它的替代者，虽然在现有的技术水平上，飞机制造商已有能力造出比协和更大的新型超音速客机，但其商业实用性仍是制约其发展的最大障碍。可以确定的是，在相当长一段时间，世界超音速客机领域将出现空白，协和客机后继乏人。虽说协和超音速飞机是 20 世纪 70 年代的

---

① http://sports.sohu.com/1/0604/88/subject220698844.shtml.

②《航史超音失"协和"》，《国外科技动态》2003 年第 7 期，第 13 页。

产品,但它的电子设备还是比较先进的。特别是在自动飞行方面,协和飞机完全能按照地面的程序和指令,在无飞行员操纵下自动进行起飞与降落。协和曾被认为是世界上最安全的客机。飞机机翼设计为三角翼,三角翼的特点为失速临界点高,飞行速度可以更快,且能有效降低超高速抖动时的问题。飞机从欧洲到纽约的航程只需要不到三个半小时,且因为伦敦、纽约时差四个小时,所以搭乘协和号的旅客最喜欢说"我还没出发就已经到了"。协和号四具引擎更配备了一般在战斗机上才看得到的后燃器(Olympus 593,Rolls-Royce)。这架飞机还有个令人津津乐道的特点就是她会"变形":其一是因为在 2 马赫的飞行速度时,空气摩擦使其机体产生高热,因热胀冷缩效应,协和号在飞行时最长会"变长"约 24 厘米;其二是她的可变式机鼻,在飞行时直直挺挺的如一根针以利高速切开空气,但是在起降时,机鼻可以往下调5°～12°以利飞行员的视野。"协和"客机对飞机的发展和设计思想产生了重大影响,"协和"式飞机在技术上取得的成功勿容置疑,它利用脱体涡产生附加升力的设计思想已在一些先进的高性能作战飞机上得到成功运用,成效显著。① 未来超音速客机仍将充分吸收它的技术成果。有人认为,"协和"式代表了航空技术发展的新阶段。

五 "协和"式飞机创新的启示

1. 政治因素是创新的杠杆

技术作为"人类在利用自然、改造自然的劳动中所掌握的各种活动方式的总和",它是一种作为社会存在的人类力量外在化的表现之一。它通过促进生产力和经济发展而成为一个社会赖以存在的经济基础的重要内容,从而也就必然与该社会以经济为基础的上层建筑发生关系。② 技术和政治相互影响,互相制约。在工程创新的过程中,同样存在工程的政治化的影响,在某些重大的工程创新过程

① 李成智:《飞机设计思想的一场革命——"协和"式超音速客机研制历程》,《航空史研究》1997 年第 4 期。
② 陈凡、张明国:《解析技术》,福建人民出版社 2002 年版,第 7 页。

中,恰恰是工程的政治化促成了技术创新的发生和顺利进行,政治因素对创新起到了至关重要的作用。由于工程是一种力量的象征,它能在一定程度上实现政治目的,因此被打上了政治的烙印;在创新中,技术的开发、发展、运用等有时也离不开政治的参与,技术成为实现政治目的的手段,它能提升国家竞争力、综合国力,影响国际政治实力对比关系。随着技术的发展,当某些技术的复杂程度越来越超出个体和小的企业的能力之后,便要求有国家政治组织角色的出现。在现代社会,随着科学技术一体化的出现,预示着一个时代的领先技术和未来社会的主导技术的发展已经不能没有国家政治行为的介入。① 恩格斯曾说过:"政治统治到处都是以执行某种社会职能为基础,而且政治统治只有在它执行了这种社会职能之时才能继续下去。不管波斯和印度兴起或衰落的专治政府有多少,他们中间的每一个都十分清楚地知道自己首先是河谷灌溉的总的经营者,在那里,如果没有灌溉,农业是不可能进行的。"② 由此可以看出,政治在工程创新中的角色的重要性。

我们看本案中的协和客机的研发、运行都是政治在起着明显的主导和促进作用。"协和"是美苏争霸的产物,为了在美苏争霸中占据一定的角色,英法两国的领导人都竭力促进这种飞机的研制。英国愿意和法国合作,也希望借此牵制法国,束缚它的政治野心。可见,协和客机当时的研究之初完全是政府行为,而不是市场行为,因为很多企业家认为其成本过高,都敬而远之。为了促成它的实现,英法两国政府平摊巨额研制费,在资金和政治上给予了极大的保障,才有了协和客机的问世,也才有了协和客机的商业化运行。当然,协和客机的成功也对两国政治目的的实现起到了很大作用。法新社在评价协和客机时说,法国和英国为使"协和"飞机在蓝天飞行付出了一定的代价,但同它们对这两个国家的航空业所带来的威望相比,那是很小的代价。③ 同样,由于政治目的,美国对"协和"的失败起到了很大的作用。美国的政客们对英法的成功非常仇视,向公众极力宣传超音速飞机的噪音

① 盛国荣、陈凡:《论技术的政治化倾向》,《武汉理工大学学报》(社会科学版) 2006 年第 2 期。
② 《马克思恩格斯选集》第一卷,人民出版社 1972 年版,第 108 页。
③ http://www.people.com.cn/GB/guoji/25/95/20030604/1008310.html.

问题——这种飞机在飞行时会产生严重的音爆现象。美国环保部门的官员们设立条款限制其在陆地上空进行超音速飞行,这些隐性贸易保护主义将"协和"挡在了美国这块最大的飞机消费市场之外,使得它无论在生产还是维护方面都无法实现规模化效应。可以说,美国的政客在协和的失败中产生了极大的推波助澜作用,这就是政治的力量。在这场令人遗憾的事件中,伦敦自然历史博物馆建造了一个纪念性展品,并在其底座上这样铭记:"这项技术本身并没有什么问题,它是政治伪善的牺牲品。"①

　　2. 经济因素是创新的核心

　　创新理论的鼻祖熊彼特认为,"创新"(Innovation),就是把生产要素和生产条件的新组合引入生产体系,即"建立一种新的生产函数",其目的是为了获取潜在的利润。熊彼特指出,这种"创新"或生产要素的新组合,具有五种情况:一是生产新的产品,即产品创新;二是采用一种新的生产方法,即工艺创新或生产技术创新;三是开辟一个新的市场,即市场创新;四是获得一种原料或半成品的新的供给来源,即材料创新;五是实行一种新的企业组织形式,即组织管理创新。② 熊彼特的创新概念主要属于技术创新范畴,也涉及到了管理创新、组织创新等,但他强调的是把技术等要素引入经济,使技术与经济相结合。他认为,只有当新的技术发明被应用于经济活动时,才能成为"创新"。技术创新就是在经济活动中引入新产品或新工艺,从而实现生产要素的重新组合,并在市场上获得成功的过程。从研发成功到市场上的成功,从样品、中试产品进入批量生产阶段,突破了原来生产的特定条件而被推向了更为一般的现实的生产环境。它已不是样品或中试产品制造过程的简单的放大,而是要求对与现实生产制造过程相伴随的生产技术过程加以创新与持续不断地创新。③ 所以,一项工程创新绝不是研发成功就行了,还需要市场的认可。市场的认可不是短暂的过程,而是需要持续的认可。所以,创新工程是将技术

------

① 李剑敏:《协和的启示》,《新闻周刊》2003 年第 21 期,第 56—57 页。
② 熊彼特:《经济发展理论》,人民出版社 1990 年版。
③ 李兆友:《技术哲学视野中的技术创新》,《哲学动态》1999 年第 7 期,第 19—21 页。

等诸多成果持续转化为市场竞争力的过程。

本案中协和的创新之处很多：协和奇特的外形是它引人注目的亮点。它不像普通客机那样使用后掠翼，而是使用三角翼；细长的机身旨在把飞行产生的阻力减到最小，纵向设计的油箱系统使飞机更能很好地适合高速飞行。为了避免细长的机头在起降时挡住飞行员的视线，在设计时专家让头部下垂，这使其在空中的飞行姿态又如鲲鹏展翅。设计的创意旨在打破时速限制，成倍缩短旅行时间。在自动飞行方面，协和飞机完全能按照地面的程序和指令，在无飞行员操作的情况下自动起飞和降落。豪华舒适的内部设施以及 2 马赫以上的飞行速度对"惜时如金"的商业人士具有强大的吸引力。"协和"一度成为欧美商贾贵族出行的首选，其诞生在国际航空界引起巨大反响，仅在 1972 年，协和飞机收到的订单总数就达 80 架，其中包括美、德、日等国的 16 家航空公司。可见，从技术到市场的认可上，创新的第一阶段是成功的。然而不幸的是，1973 年爆发第一次石油危机，飞机燃料价格猛涨三倍，外国订单几乎被全部取消。1979 年第二次石油危机爆发，协和飞机再遭重创。1981 年，从巴黎直飞华盛顿的协和航线被迫取消，其征服拉丁美洲的梦想也随之成为泡影。"9·11"事件使世界航空业遭受重创，伊拉克战争又使民航运输业雪上加霜。在这种情况下，乘坐"协和"的富翁们出行明显减少，他们开始关注每分钟近 40 美元的协和超音速运价。2000 年 7 月 25 日，法航一架协和客机发生空难，机上 110 名乘客和机组人员全部遇难，这使人们对协和的畏惧大大增加。在这种持续恶化的市场条件下，协和客机没有能力扩大市场，甚至连原来的市场也失去了。而且，20 多年不能在自身缺陷的技术方面进行突破，不很好解决高成本、高油耗和高噪音问题，使自身的缺陷越来越影响工程创新的持续。

3. 合作创新是创新的趋势

熊彼特说："创新不是孤立事件，并且不在时间上均匀地分布，而是相反，它们趋于群集，或者说，成簇地发生。"①这就是熊彼特发现的创新群集现象。技术工程

① 熊彼特：《经济发展理论》，人民出版社 1990 年版。

创新群是技术的存在方式。工程创新不是单独存在的,而是生存于特定的创新群之中,没有这个群体,工程创新就失去了存在的根据。在这个群体之中,工程创新获得其存在所必需的各种技术支撑,实现其存在的经济价值。作为技术的存在方式,工程创新群从整体上为创新个体提供了生存范式、需求动力和资源支持等。①一个不容忽视的事实是,随着国际竞争的越来越激烈,企业单独进行创新的成本越来越高,所承担的风险越来越大。越来越多的企业采用了合作创新的方式。国际合作政策之所以能够成为潮流,是因为随着科学技术的发展和市场竞争的日益激烈,越来越多的新技术、新工艺、新材料用于民用航空工业,从而使技术复杂性有不断增加的趋势。在这种情况下,航空企业往往希望通过国际合作的方式,发挥各合作者的技术优势,在较短时间内达到复杂的技术目标。合作可以分担资金,分摊投资风险,分享市场,降低彼此间的竞争,化敌为友,减小互相竞争,降低市场进入壁垒,从而扩大市场。② 可见,现在的创新正在随着全球一体化的趋势不断走向合作创新。

飞机的研制一般需要 20 年左右,其中前后两段时间非常长,以协和为例,从 1956 年英法独立研究开始,属于技术储备、预先研究阶段,大概需要 10～15 年的时间。技术成熟后应用到飞机制造上,所需时间不长,1967 年出现了第一架原型机。但是此后试飞、实验到最后取得适航证,差不多又用了 10 年的时间。现在研制的飞机,到最后生产出来,投入商业运营,将是 20 年后的事了。③ 本案中,法国和英国利用各自的研究优势,共同承担研究费用,最后使"协和"得以商业化,创新获得成功,就是合作创新的典范。而同时有两个反面例子:一个是苏联研制的图—114 喷气式客机。1968 年 12 月底,苏联成功打造出超音速飞机图—114 并试飞成功。此机种从 1977 年开始在苏联民航投入使用,但是由于性能很糟糕并发生

---

① 夏保华、陈昌曙:《技术创新群研究》,《自然辩证法通讯》2000 年第 1 期,第 38—46 页。

② 李小宁、李成智:《民用航空工业中的国际合作》,《北京航空航天大学学报》(社会科学版)1995 年第 1 期,第 35—42 页。

③ 唐宜青:《超越"协和"》,《经济》2005 年第 10 期。

两次重大事故，于第二年夭折。由于技术的不成熟，虽然独立自主，但是在资金和技术上都不占优势，最后使创新失败，没能得到市场认可和长期运行。另一个是日本研制的第二代超音速飞机。2002年7月14日，日本独立研制的第二代超音速试验飞机模型在澳大利亚伍默拉火箭场试飞，仅仅飞行13秒后便因火箭故障坠毁。随后日本又投资1000万美元，在2005年10月10日在澳大利亚进行了第二次试飞并获得成功。但日本深知自己并未掌握大型客机的核心技术，于是与法国联合开发"超级协和飞机"。苏联的失败、日本的失败、英法的成功，都证明了国际技术合作正在成为工程创新的共识。

虽然"协和"客机提前"退休"了，但它仍然是人类航空技术史和工程史上的一段神话。英航总裁罗得·艾丁顿说："协和客机退出历史舞台有着太多的无奈，而伴随着这些无奈结束的，是人类飞行史上的一段浪漫传奇。"①法航首席执行官斯皮内塔说："协和虽然告别了蓝天，但人们将会永远铭记它，协和不会被历史遗忘。我对于协和客机的停飞感到非常失望，但作为法国人，我很骄傲。"②协和客机记载了人类科技发展和工程发展的脚步，同时也留给人们很多思考，人们期待着客机领域工程创新的成功，期待真正的大众化的超音速时代的到来。

第四节　"铱星系统"何以只是耀眼的"流星"

铱星卫星通信系统（以下简称"铱星系统"或"铱星"）使人类实现了在地球上任何地方都可以相互联络的"神话"，即实现了五个"任何"（5w）：任何人（whoever）可以在任何地点（wherever）、任何时间（whenever）与任何人（whomever）以任何方式（whatever）进行通信。铱星是世界上第一个投入使用的大型低轨道移动的通信卫星系统，铱星创新是人类通信技术史和工程史上的奇迹，它开创了全球

---

① http://www.people.com.cn/GB/paper447/10521/957446.html.
② http://www.cctv.com/news/science/20031026/100528.shtml.

个人通信的新时代,被公认为是现代通信史上的一个里程碑。

　　铱星系统创新以摩托罗拉公司为主导,得到众多财团的支持,前后共投资 50 多亿美元,历时 12 年建成。铱星系统曾经得到高度评价,在 1998 年,被美国《大众科学》杂志评为年度最佳科技成果奖,被我国两院院士评选为年度十大科技成就。① 然而,有如此高技术支撑的铱星系统却在正式开通运行仅仅 15 个月之后,便受市场重创,负债累累而企业破产,虽然后来又有挣扎,但始终未能赢得预期的竞争优势。"当今创新失败的主要原因就是忽视历史教训"②,铱星这样耗资巨大、规模空前、技术如此先进而且又是由创新经验丰富的跨国公司所主持的通信工程的巨大创新失败,显然是我国加强自主创新、规避创新失败过程中不得不学的反面一课,其历史经验教训值得我们深思。

一　铱星系统创新始末

　　摩托罗拉的创始人保罗·高尔文(Paul Galvin)曾经说过:"不要怕犯错误,智慧往往是从这类错误中诞生的。你将经受失败,此刻就下决心去建立征服失败的信心。放手去干吧……"③这位意志坚定的企业家创办的摩托罗拉公司,自创立以来就成为创新型企业,基于技术创新和工程创新创造了一个又一个技术奇迹和商业奇迹。在 20 世纪 30 年代,摩托罗拉公司生产出了世界上第一台汽车收音机。40 年代的时候,为二战盟军生产出了收发两用军用手持电话机。在 50 年代的时候,摩托罗拉公司又生产出了便携式电视机。在 70 年代和 80 年代的时候,摩托罗拉公司又成功地制造了微处理器。自成立以来,摩托罗拉公司在一次次的技术创新和工程创新中不断前进,不断创造性地满足顾客的需求,从而

---

① 平树、俞盈帆:《铱星公司停业的启示》,《光明日报》,2000 年 3 月 27 日。
② [英]卡尔·富兰克林:《创新为什么失败》,王晓生等译,中国时代经济出版社 2005 年版,第 81 页。
③ [美]哈里·马克·佩特拉基斯:《摩托罗拉的创业者——保罗·高尔文的一生》,于友、孟宪谟译,人民日报出版社 1994 年版,第 1 页。

获得了巨大的创新成功。永不言败、坚信创新、勇于挑战成为这个公司的核心创新文化理念。

在这样优秀的企业创新文化氛围中，摩托罗拉公司又创造了移动通信技术史和工程史上的辉煌。1983 年，摩托罗拉公司将研制成功的手机推上了市场。这款手机是名符其实的"砖头"，是世界上首部获得美国通讯委员会认可并真正成为大众消费品的蜂窝地面移动电话。它的诞生宣告了个人无线通讯革命的到来。

美国将手机商用之后，其他工业化国家也相继开发出蜂窝公用移动通信网。这些通信系统都属于模拟移动通信系统，是第一代移动通信系统，技术上有很大的缺点，如保密性差、易被窃听、频谱利用率不高、系统容量受限制、模拟系统设备价格高、手机体积大、电池有效时间短等。① 这些技术缺点使得蜂窝手机并没有很好地普及开来，移动通信的供给不足和实际需求旺盛之间的矛盾开始凸现：一方面移动通信无法满足日益增长的普通消费者的需要，另一方面也无法满足高消费群体对于自由通信的高要求。在这种技术现状和社会发展条件下，移动通信的技术创新和工程创新日益迫切，铱星系统的天才创意和创新实践就产生于这样一个高技术通信时代。

1985 年，一次偶然事件的触动，使得摩托罗拉公司的一位名叫巴里·波蒂格（Bary Bertiger）的工程师成为铱星创新传奇的第一人。这一年，巴里·波蒂格和妻子在巴哈马度假，他的妻子担心在这偏远的地方手机失灵，她没法用手机及时联系客户从而耽误工作。妻子的抱怨给了他最初的建立卫星移动通信系统的灵感，度假之后，他联合另外两个在亚利桑那的摩托罗拉卫星通信组的工程师，继续阐发完善他的构想。② 三位富有才华的工程师的集体创意就是，用一组围绕地球的低轨道卫星组成全球卫星通信系统，把整个地球表面覆盖起来，无论手机用户在白雪皑

---

① 朱立伟：《移动通信》，机械工业出版社 2002 年版。

② Sydney Finkelstein Shade H. Sanford. Learning from Corporate Mistakes: the Rise and Fall of Iridium. *Organization Dynamics*, Vol. 29, No. 2, 2000: 138.

皑的南北极,或是在茫茫无边的大漠,还是在郁郁葱葱的原始森林,这组全球卫星通信系统都能及时为他提供方便的通信服务。

这三位工程师提出的这个创意,并没有在他们的上级主管部门那里获得同意和支持,上级部门可能认为这对于摩托罗拉公司来讲是一个莫大的挑战,谁也无力承担其中的风险。但是,这个富有挑战性的创新构想却得到时任摩托罗拉公司总裁的罗伯特·高尔文(Robert Galvin)的支持。他以及他后来的继任者,也就是他的儿子克里斯托夫·高尔文(Christopher Galvin)都积极支持开发卫星通信系统。他们继承了摩托罗拉公司由来已久的核心创新文化理念,相信本公司的技术创新一定能够成功,认为先进的技术一定会赢得市场,并将铱星系统视为摩托罗拉公司科技实力的象征。① 于是,在公司领导人的大力支持下,摩托罗拉公司的工程师们开始实施铱星创新计划。

1988 年,摩托罗拉公司正式决定建立由 77 颗(后改为 66 颗)低轨道卫星组成的移动通信网络,并且以在元素周期表上排第 77 位的金属"铱"来命名该系统——"铱星系统"。该系统是将重 689 公斤的 72 颗(其中 6 颗备用)卫星发射到距地球 780 公里外的低轨道上,这一铱星群的 66 颗卫星中每颗都将聚焦波束投向地面,这些卫星在功能上相当于绕地球旋转的蜂窝电话发射塔。将铱星群发射到低地轨道,是因为这样做能使铱星系统的 66 颗卫星所形成的覆盖范围与全世界所有的地面电话网络相结合,从而为职业商人、旅行者、乡村或不发达地区的居民抢险队提供随时的通信服务。这样的市场定位基本是面向富翁级别的人们,他们大都是花钱不眨眼的那种人。

1990 年,摩托罗拉公司在纽约、伦敦、墨尔本、东京四地举行了新闻发布会,正式向全世界公布了铱星系统的建设运营计划。1991 年,铱星系统的开发建网工作正式展开,并以摩托罗拉公司为主合资建立了独立的铱星有限责任公司,摩托罗拉

---

① Sydney Finkelstein Shade H. Sanford. Learning from Corporate Mistakes: the Rise and Fall of Iridium. *Organization Dynamics*, Vol. 29, No. 2, 2000: 138.

公司占有铱星公司25%的股份,成为铱星公司最大的股东。起初共有19个财团支持铱星创新,包括京瓷、雷神、洛克希德等英国、日本、印尼、中国台湾、泰国的通信公司。① 1996年,第一个卫星地面关口站在日本建成;1997年5月5日,铱星卫星系统首次发射成功;到1998年5月15日为止,系统的72颗卫星全部发射完毕。其间,全球的12个地面关口站也建设完毕。② 1998年11月1日,以美国副总统戈尔第一次使用铱星手机进行通话为标志,从提出创意到研发到商用,经过12年的努力,耗资50多亿美元的铱星系统正式开始投入运营,为客户提供卫星通信服务。当时每部铱星手机的价格是3000美元,每分钟话费是3~8美元。

铱星系统用66颗卫星将地球覆盖起来,它采用先进的星上处理和星间链接技术,使人在地球上的任何地方都能用铱星系统实现联络。铱星全球卫星通信在当时属开天辟地的创举,它有别于传统的地面通信模式,不是通过地面基站将通信者相互联系,而是通过全球的卫星通信系统来联系,这样就克服了网络信号问题,大大提高了通信质量。铱星创新计划的提出和实施是人类通信技术史上的一大奇迹,它是人类实现畅通无阻、自由通信的伟大理想的伟大尝试。

铱星创新虽然赢得了来自社会各界尤其是科技界的高度评价,但是在20世纪90年代,一些经济观察家认为摩托罗拉公司的铱星创新仅是形式上的成功。在1994年至1997年之间,摩托罗拉公司销售额增长缓慢,纯收入下降。到1999年4月,铱星公司用户还不足1万,远远没有达到理想的预期用户数量。面对着微乎其微的收入和每月4000万美元的贷款利息,铱星公司陷入了巨大的压力之中。1999年5月,在铱星公司仅仅投入运营6个月之后,公司净亏损达5.05亿美元。1999年7月,铱星公司被迫解雇了15%的员工。1999年8月,铱星系统的用户增加至20000人,但还是远远低于企业维持生存所需的用户数量底线。1999年8月13

---

① Carissa Bryce Christensen Suzette Beard. Iridium: Failures & Successes. *Acta Astronomca*, Vol. 48, NO.5 - 12, 2001: 822.

② Carissa Bryce Christensen Suzette Beard. Iridium: Failures & Successes. *Acta Astronomca*, Vol. 48, NO.5 - 12, 2001: 819.

日,铱星公司被迫申请破产保护。2000 年 3 月 17 日,因难以寻找到新买主,美国联邦破产法院正式宣布铱星公司破产,铱星系统的商业服务于 3 月 18 日停止。就这样,作为航天飞行史上最大的一桩破产案,铱星历经 12 年开发过程,从正式运行到正式破产,却仅仅历时 15 个月。正因为如此,人们经常把铱星创新比作如昙花一现的"流星"。

破产的铱星公司被澳大利亚的 Quadrant 公司以 2500 万美元的象征性价格收购,①原铱星系统的主要投资者摩托罗拉公司承担了"新铱星"手机的研制工作,美国波音公司承担起卫星的维护和运营的责任。这样经过重组后,"新铱星"公司成立。2000 年底,美国国防部为了支持铱星公司的收购,一口气与新铱星公司签下了 7200 万美元的订单,为新铱星公司的新生提供了客户和资金的支持。新铱星公司于 2001 年 3 月 30 日重新开始卫星通信业务。"9·11"事件以后,新铱星公司与五角大楼签订协议,为 2 万名美国国防部员工提供服务。新铱星公司同时不断降低话费以吸引顾客,并重新进行了市场定位,定位为那些地面无线通讯网无法顾及的海上、空中作业的个人和企业,包括那些从事石油天然气开采、采矿、建筑、伐木、救灾抢险、野外旅游的个人和组织。铱星系统的 66 颗周游天际的卫星又重新投入运行,它能否在激烈的市场竞争中赢得谨慎预期的成功? 人们在谨慎地观望和期待。

二　铱星系统创新失败的原因分析

从表面上看,铱星技术是先进的、完美的,它可以为任何人提供在任何时间、任何地点、与任何人、以任何方式进行的通话,实现"通信无死角"的技术目标。但是,铱星创新的确是失败了,高技术并没有得到创新者设想中理所当然的市场高回报。预期和结果如此"出人意外"的巨大反差何以产生? 人们对此议论纷纷。简单地说,原因如乔治·华盛顿大学太空政策研究所约翰·诺斯顿所总结的:"在错

① 王兵:《铱星的陨落》,《人民邮电报》,2002 年 1 月 8 日。

误的时间,错误的市场,投入了错误的产品。"复杂地说,铱星创新惨败的原因是多元的。我们仅从以下四个角度讨论铱星失败对我国创新实践的启发。

1. 创新文化：企业家迷信高技术

全世界几十家公司都参与了铱星系统创新计划的实施,这表明,从技术角度看,铱星系统创新计划的确立、运筹和实施是成功的。但是,创新本质上是经济过程,并非单纯的技术过程,迷信高技术的成功必然带来市场的高收益是一种幻觉,是对创新本质的错误把握。高技术带来的高风险即使在摩托罗拉这种创新经验丰富的跨国巨人面前也显得残酷无情,任何新技术产品最终都要接受市场的检验,盲目相信高技术的创新实践的代价是惨重的。

从创新管理的因素来讲,摩托罗拉公司的一些主管部门从一开始就反对铱星计划,他们担心这样巨大的创新风险太大。但是恰恰是这样的高技术高风险性,使得这个创新计划得到了摩托罗拉公司 CEO 的强力支持,这是有具体的历史文化根源的。摩托罗拉的企业文化可以说是永不言败的工程师精神,也正是受到这样的企业文化的影响,摩托罗拉基于技术创新和工程创新不断开拓新市场赢得一个又一个的发展机遇。久而久之,这样的创新成功不断正面反馈,使得摩托罗拉的企业家们不断继承和强化了摩托罗拉的核心创新文化,其中包括敢于冒险、勇于创新、不怕失败、崇拜高技术新技术等。在实验室内,这种工程师精神确实令人敬佩和值得推广,在摩托罗拉公司的发展中,这样的企业文化也曾经立下汗马功劳,但是在将高技术向市场推进的过程中,当一系列问题发生的时候却不改初衷仍然执迷于高技术崇拜,就容易导致严重失误。尤其当企业家过分相信自己的决断力,而工程师们又盲目迷信技术优势,其创意和市场现实之间脱节时,这样的企业创新文化更容易导致创新失败。

可以说,不怕失败、勇于创新的企业文化是企业尤其是跨国企业发展壮大的核心动力。从北美的微软、英特尔、康柏、惠普、IBM,到欧洲的飞利浦、西门子,再到亚洲的宏基、NEC,无不以高投入、高技术创新创造出了高收益。当然,也应看到,技术创新的失败率较高,风险也很大。据国外学者研究,信用卡等创新产品中,有将近75%在推出时就已宣告失败。但是,恰恰这一点历史经验足以让我国要"走出去"的企业警觉创新文化的两面性:没有敢于冒险、勇于创新的企业文化,企业想要发展壮大几乎不可能。而实际上,对于我国绝大多数的企业来说,缺乏勇于创新的企业文化恰恰是他们发展壮大的瓶颈,摩托罗拉的企业文化需要他们认真学习。拥有了这样的创新文化,同时还要警惕高风险可能带来的创新失败,要相信高技术、依靠高技术,但又不可迷信高技术。这就要求我国企业要批判地学习摩托罗拉的创新文化。这说起来容易,做起来的确有困难,因为人们的技术崇拜心结的确强大,尤其是靠技术起家的企业和工程师出身的企业家,其强路径依赖通常使他们很难摆脱技术成功经验带给他们的深刻影响。

台湾"IT教父"施振荣的观点可以给这样迷信技术的企业当头棒喝,在他的著作《全球品牌大战略》(2005)中这样写到:"我始终不觉得发明专利有多了不起,因为发明是个人或少数人的创意,发明有没有价值,不只靠发明本身的价值,还要在市场上成功、创造价值,这需要资金、管理和营销等学问。"他认为,在企业创造价值的过程中,发明所贡献的比重不高,一般只能占1/10。这一评估或许会让很多有"技术情结"的人感到愤慨,但却道出创新中要避免一个重大陷阱的本质:创新不要迷信高技术,偏执地相信高技术新技术未必能够获得创新成功。工程师的文化不能僭越企业文化,企业创新文化中,更重要的是企业家文化,综合思考技术、经济和管理等诸多要素,才能立足企业发展全局和长远战略进行创新决策。

铱星创新失败中企业家的角色值得我们反思。企业创新技术实施的关键在于有自信果敢的企业家的决策和推动。有这样一个企业家的引导和推动,无论是进行技术研发,还是进行市场调研,获得全方位的支持就不是问题了,这样的创新条件对于摩托罗拉公司来说是极为有利的。摩托罗拉公司的企业家们勇于创新并且切实鼓励推动创新,这对于企业的生存是至关重要的条件。然而铱星创新却失败了,这需要我们反思企业家决断力所具有的两面性,即自信的反面是刚愎自用,企业家过于自信则会盲目,则会迷失于自己的决断力。迷信自已的创新情结，无视显而易见的反面事例的警告，听不进反面意见甚至压制反对意见的提出，这样则会造成创新不可避免的失败结局。中国缺乏勇于创新的企业家，却不乏刚愎自用、自以为是的企业领导人。铱星创新失败对于中国企业家的成长的启示是意味深长的。

2. 创新集成：技术系统匹配性差

产业技术的一个重要特征就是整个技术系统中各种技术之间要合理搭配。[①] 衡量这个系统的指标，并不是看某一环节上技术水平的高低，而是看整个技术系统的功能和效益。铱星卫星通信技术创新本身的缺陷及其技术系统匹配性差，是铱星创新技术失败的重要因素。当技术要素遭遇经济要素的评价时，表面上看来似乎完美的技术便可能充满了问题，更何况技术本身又存在种种不足。为了抢占市场，铱星系统匆匆上马，其技术系统中的各子系统之间没有形成良好的匹配关系，严重影响了铱星系统运行的市场效果。例如，铱星手机供应不及时，有的客户交钱后等了半年才拿到货，这种微观的经济因素就使铱星公司损失了不少用户。

铱星移动通信系统具有许多优势，但是相对地面移动通讯系统，铱星移动通信系统本身还是存在许多不足。铱星手机十分笨重，使用也不方便。例如，摩托罗拉公司生产的铱星双模式手机重约 454 克，在漫游全球时，为了与当地蜂窝电话网相连，要经常更换适合当地区域传输标准的通话卡，每张卡的价格高达 660 ~ 900 美元。而一般的 GSM 手机重量还不到 100 克。由于采用新技术，铱星系统刚使用时还有一些不足之处等待完善，例如，其通话的掉话率较高，数据传输速率较低，价格昂贵，在房间和车子等障碍物内无法通信。[②] 而整个世界移动通信系统的趋势却是手机越做越小，商家为了赚取通话费，甚至无偿赠送手机。在这样的市场背景下，铱星公司必然要和地面移动电话系统产生竞争。任何一项技术创新产品或系

---

① 远德玉、陈昌曙：《论技术》，辽宁科学技术出版社 1986 年版，第 148 页。

② Carissa Bryce Christensen Suzette Beard. Iridium: Failures & Successes. *Acta Astronomca*, Vol. 48, NO. 5 - 12, 2001: 820.

统进入市场,都将面临与传统的同类产品的竞争,而一项新技术在使用的过程中需经过一个逐步完善的周期,恰恰是这个周期和完善过程中的局部技术缺陷或技术匹配性差,使得创新产品丧失了市场竞争力。总之,"在一个产业技术系统中,注意整体功能的匹配是十分重要的。从整个功能的最佳化出发,抓产业技术系统中落后环节的改造,尽量采用先进技术,这才是产业技术系统发展的关键所在"①。

事实上,没有完美的技术,各种技术的高低水平的区分是相对的。就像著名的小灵通技术和 GSM 技术比较那样:一般观点认为,小灵通(PHS)采用微蜂窝基站,发射功率小,需要架设很多基站才能解决覆盖问题,因此,和 GSM 的宏蜂窝移动通信技术比较,PHS 是一项落后的技术。但是,小灵通却具有 GSM 手机所无法比拟的特点,即电磁辐射低,正是这个特点使得小灵通在某些细分市场具有独一无二的竞争优势,比如手机在日本医院中被禁止使用,而小灵通却可以使用。所以,尺有所短,寸有所长,各种技术创新只要找好自己的市场定位,就可以立于不败之地。

3. 创新管理:要素创新的整合性弱

创新是一个系统工程,不是某一种单项活动或一个孤立环节,它需要有一系列与技术要素的创新相配套的经济要素的创新和管理要素的创新,而只有借助众多要素的创新组合,才能确保创新的成功。创新管理是一个多要素创新的集合过程,不仅仅包括工程师们所擅长的技术要素的创新,还包括也许更为重要的经济要素的创新和管理要素的创新。铱星创新失败的重要原因在于其经济要素和管理要素的创新失误:错误的市场定位和软弱无力的营销手段。

铱星创新的市场定位的失败。铱星创新将其市场局限于很小的部分,即那些花钱不眨眼的人,和一些国际旅行、探险、矿业开采行业的人。由于消费群体的定位很有限,一旦失去这部分消费群体,其成本就无法回收,市场潜力的有限导致铱星发展空间也很有限。

①　远德玉、陈昌曙:《论技术》,辽宁科学技术出版社 1986 年版,第 149 页。

铱星创新的市场定位与实际需求的错位,在我国也有明显的表现。自 1999 年 7 月 1 日我国和全世界同步正式推出商业铱星手机,较长时间内,我国只有 900 多个用户,这与铱星公司预计在我国市场争取数万用户的目标相去甚远。铱星公司未能真正了解市场的需求,从而做出了错误的市场定位。

铱星创新的营销战略的失误。铱星系统建设完成后,迫于还债匆匆投放市场,没有进行周密的市场部署,比如没有建立完善的产品生产和销售、服务机制,某些顾客在付钱半年后才拿到铱星手机等。铱星手机生产厂商只有两家,它们远远赶不上消费者的需求,这样就严重损坏了创新产品的形象。

铱星创新的经济要素和管理要素创新的种种失误,再次告诫我们一个基本事实:创新不是单纯的技术上的突破,也不是单纯的技术家和工程师们的高明主意的简单推进,而是一个经济、管理、技术、文化等多方面因素整合的复杂过程,是一个包括企业家、技术人员、管理人员、销售人员、营销人员、工人等多主体共同协作的复杂过程,需要周密的系统安排。

4. 创新环境:忽视竞争对手,没有与时俱进

企业创新实践不是在孤芳自赏的环境中进行的,尤其当代创新,是企业在激烈的竞争中谋求生存谋求发展的根本凭借。因此,竞争环境中的企业创新必须清醒地密切关注竞争对手的变化,审时度势,必要的时候对自己的创新实践要进行适当的调整。铱星创新失败的关键在于错误地判断甚至忽视竞争对手地面蜂窝移动通信技术的演变,从而错失了发展良机。①

1987 年,当铱星创新计划提出来的时候,地面蜂窝移动通信技术还没有广泛使用,蜂窝电话的全球普及率还不到 10% 。当时蜂窝电话受基站建设的限制,覆盖面积十分有限,因而给低轨卫星通信厂商带来了很大的信心。摩托罗拉在进行铱星创新规划时,没有在意蜂窝移动通信技术这个潜在的竞争对手的发展,完全低

① Sydney Finkelstein Shade H. Sanford. Learning from Corporate Mistakes: the Rise and Fall of Iridium. *Organization Dynamics*, Vol. 29, No. 2, 2000: 139.

估了市场的发展趋势,以至于研发时间过长。而在历经 12 年开发成功开始商业运营时,全球移动通信市场格局已经发生巨变:全球领先的通信厂商争相进入移动通信市场,各种移动电话产品体积越来越小巧,通信费用越来越低。地面蜂窝移动通信技术发展迅猛,1992 年全球普及率超过 25%,2000 年超过 45%。传统的移动电话已成为廉价的大众化商品,在很大程度上占据了移动通信市场,夺走了铱星创新计划初期设定的主要目标市场,使铱星系统刚开始商用时就陷入了巨大的客户缺失的尴尬境地。

实际上,在铱星创新的漫长过程中,铱星公司如果及时反应进行调整,还是有可能抓住若干个转折点避免惨败的。早在 1994 年,Teledesic 就向美国联邦通信委员会(FCC)提交建立宽带移动通信网;次年,FCC 正式批准了 Teledesic 的计划,宽带移动通信技术已经出现,但铱星创新对此新技术变化毫无反应,依旧坚持最初的创新设计,闭门造车。1997 年,Internet 已是妇孺皆知,宽带已是大势所趋。在这种情况下,铱星公司应该在将铱星系统推向市场之前,对移动通信领域的新的市场方向做出调整,将其目标人群调整为需要在地面移动通信系统的盲点区域工作的客户,并且可以转向定位在互联网络环境下的无线通讯和数据传输领域同地面移动通信技术展开竞争。但是,很遗憾,铱星公司的创新实施依然是我行我素,直至破产。"每个人都在拒绝改变:这是人类状况的一个基础部分。只有在对自己有显著好处时人们才会改变。如果相信创新提供实际收益,他们才会采用它。"①铱星公司没有识别时代发展的趋势,在地面蜂窝移动通信技术日益完备时,在众多顾客已经对蜂窝通信习以为常、理所当然时,铱星公司还是推出自己的新通信方式,通过体积大、功能少、在室内不能通话、而且价格昂贵的铱星手机同一般的移动电话竞争,这样的不合时宜的竞争,当然使铱星溃不成军,败下阵来。铱星创新失败深刻地揭示了以下观点的真理性:"主意、产品或创新本身并不是不好,之所以有

① [英]卡尔·富兰克林:《创新为什么失败》,王晓生等译,中国时代经济出版社 2005 年版,第 132 页。

的失败了,是由于错误的背景下被错误的应用。"①

三 从铱星系统的创新失败看创新的风险性

"多数的创新,无论是多么令人兴奋,最终都将消失在历史的灰烬里。"②技术创新和工程创新具有很大的风险性,每个环节都包含了很多不确定的因素。据来自美国的一份调查报告反映,新技术产品的成功率一般都不太高,即使在美国这样技术经济极为发达的国家,其成功率也只有30%左右。国外学者也曾对创新进行社会调查,成功的创新项目只占总数的1/3,失败的占2/3。铱星系统创新可以视为单纯技术上的创新成功,而不是成功的工程创新。工程创新的全过程,从设计、论证、决策、操作到实施的各个环节,都是要面向市场的。市场是一个复杂的系统,在对市场的深刻认识中理解创新的高风险性和推进创新尤为重要。

机遇偏爱有准备的头脑,我们需要通过学习拥有创新的智慧。彼得·德鲁克曾经深刻阐述了创新中风险学习的意义:"许许多多成功的创新者和企业家,他们之中没有一个有'冒险癖'……他们之所以成功,恰恰是因为他们能确定有什么风险并把风险限制在一定范围内,恰恰是因为他们能系统地分析创新机会的来源,然后准确地找出机会在哪里并加以利用,他们不是专注风险,而是专注机会。"我国在建设创新型国家的过程中,具有的后发优势就是可以积极借鉴发达国家创新失败的经验教训,使我们的自主创新实践少走弯路,规避高风险,识别机会和抓住机会,事半功倍。关注创新失败案例研究,对于我们更冷静、更理性地认识和把握今天被炒得沸沸扬扬的自主创新时髦话语一定会产生很大的积极意义。

---

① [英]卡尔·富兰克林:《创新为什么失败》,王晓生等译,中国时代经济出版社2005年版,第47页。

② 同上,第23页。

第五节 "新可口可乐"之意外结局

"失败乃成功之母",创新失败是理解创新和实现成功创新的重要经验来源。可口可乐公司著名的"新可口可乐"(以下简称为"新可乐")创新,是举世公认的创新失败,对这个创新过程中所遭遇的陷阱、壁垒及其启示进行分析,显然可以超越失败的常识意义,从失败的视角对成功地突破创新壁垒和躲避创新陷阱构成富有启发意义的经验支撑和理论领引。

一 新可乐创新的过程

1. 严峻挑战:新可乐创新的背景

20 世纪 60 年代,可口可乐公司遇到老对手百事可乐公司越来越强烈的挑战。百事可乐把客户群体重点放在尚未形成消费习惯、尚未依赖可口可乐的年轻人身上,掀起了"百事可乐新一代"、"百事挑战"等大规模营销运动,进行了一系列充满朝气和活力的广告宣传以及大规模的试饮活动。百事可乐与当时最受欢迎的歌星麦克尔·杰克逊签约,树立起该公司朝气蓬勃、精力充沛、经验丰富的形象以打击可口可乐公司。百事可乐公司推出一个主题为"让你的口感做判断"的广告:公司大胆地对消费者口感试验进行现场直播,即在不告知随机被采访者在拍广告的情况下,请他们品尝各种未标名称的饮料,然后说出哪一种口感最好。百事可乐的冒险成功了,试验全过程在电视里直播,参与者无一例外地都说是百事可乐味道更好。① 这些活动极大提高了百事可乐在年轻人中的影响,百事可乐得到越来越多的年轻人的欢迎,成为新一代的专用饮料。百事可乐逐渐演化为新一代的精神象征,可口可乐则成了"传统"、"僵化"、"保

---

① [美]康斯坦斯·L·海斯:《争霸——可口可乐全球扩张的真实历程》,山河译,电子工业出版社 2005 年版,第 118 页。

守"、"落伍"的"老人"的形象。

百事可乐成功地赢得了新一代人的信任,销售量大大增加,市场份额从 20 世纪 70 年代中期到 1984 年一直稳步上升。在 1985 年,百事可乐的市场份额已经达到 17.8% ,而可口可乐的市场份额是 22% ——可口可乐的这个市场份额似乎已多年停滞不前,可口可乐在市场上的增长速度从每年递增 13% 下降到只有 2% 。

市场竞争事态似乎表明,饮料市场的优势将会逐渐落到百事可乐的手中。市场丧失,业绩下滑,可口可乐公司在饮料市场的领导者地位遭遇有史以来最严重的挑战。

2. 开发新可乐:新可乐创新的决策

20 世纪 70 年代,18% 的饮料消费者只认可可口可乐这一品牌,认同百事可乐的只有 4% ,到了 80 年代只有 12% 的消费者忠于可口可乐,而只喝百事可乐的消费者则上升到 11% ,与可口可乐持平的水平。而在此期间,无论是广告费用的支出还是销售网站的成本,可口可乐公司都比百事可乐公司高得多。可口可乐拥有两倍于百事的自动售货机、优质的矿泉水,更多的货架空间以及更具竞争力的价格,但是为什么它仍然失去了原属自己的市场份额呢?

可口可乐公司在近百多年的发展历程中,面对激烈的市场竞争之所以能够脱颖而出,一个重要的原因在于其不断创新。在长期的发展中,可口可乐公司生产过健怡可口可乐、减肥可口可乐,雪碧、芬达等一系列的成功创新产品。早在 1938 年,一个堪萨斯报纸的编辑威廉·艾伦·怀特(William Allen White)就对可口可乐进行了充满敬意的描写:他在 70 岁生日接受《生活》杂志的摄影采访时,一直在喝可口可乐,他坚定地认为,可口可乐"是高贵的美利坚品质的体现,是用诚实制造的正派产品,并且多年来一直不断改进"①。

可口可乐公司的新总裁罗伯特·郭思达(Robert C. Goizueta,也有译为戈伊祖

---

① [美]康斯坦斯·L·海斯:《争霸——可口可乐全球扩张的真实历程》,山河译,电子工业出版社 2005 年版,第 121 页。

塔)面临艰难决策。郭思达毕业于耶鲁大学化学工程系,作为化学工程师常年工作在可口可乐公司的技术领域,后得到公司的重用,开始在公司亚特兰大总部的工程管理部工作,直至 1981 年成为公司的总裁。多年来积累的技术工作经验,使罗伯特·郭思达对技术有敏锐的直觉,这样的工作背景使他坚信可口可乐公司一定能在技术上研发出口味更好的可口可乐。

郭思达召开全体经理人员大会,他宣布,对公司来说,没有什么是神圣不可侵犯的,改革已迫在眉睫,人们必须接受它。于是,公司开始将注意力转移到调查研究产品本身的问题上来。调查证据日益明显地表明,味道是导致可口可乐衰落的唯一重要的因素,已经使用了 90 多年的配方,似乎已经合不上今天消费者的口感要求了。

众所周知,可口可乐的配方是可口可乐公司的生命线,配方只有少数几个人知道。改变可口可乐的配方,对可口可乐公司而言似乎是冒天下之大不韪的举措,一直没有哪位公司高层管理者胆敢对配方做出改动。怀特的话——可口可乐"多年来一直不断改进"——成为支持郭思达改变配方的动力之一。郭思达视察可口可乐的技术部门以后,决定开始实施"堪萨斯计划"——进行自主创新,改变可口可乐的口味。郭思达亲自小心谨慎地主持公司的新产品研发工作,希望研制出一种具有更好口感的"新可乐",借以能够彻底击败百事可乐,挽回可口可乐在市场上的不利局面。

3. 企业家坚持:新可乐创新的运作

郭思达经过一年多持续耐心的说服工作,终于得到一直强烈反对新可乐创新的公司元老罗伯特·W·伍德鲁夫(Robert W. Woodruff)的同意。公司的一位高层管理人员反对新可乐创新,认为新可乐创新就如同换掉美国国旗一样愚蠢,但郭思达坚信新可乐创新的必要性和自己在商业上的天赋。①

① [美]戴维·格里森:《我愿全世界都买可口可乐——罗伯特·戈伊祖塔与可口可乐的全球营销战略》,傅兴潮译,宇航出版社 1998 年版,第 208 页。

　　公司技术部门的研发工作不负众望,研制出一种具有"独特的、无法形容的口味"的新可乐饮料。研发新配方的保密工作在继续,同时秘密的市场调研工作也在紧张进行中。可口可乐公司进行了大规模的市场调研,公司调动了 2000 名市场调查员在 10 个主要城市 20 个分散的市场调查。每次无论是跟踪调查还是集体访谈,无论是有商标的还是没商标的饮料口感试验,被调查者似乎都更喜欢新可乐而不是百事可乐,甚至具有 90 多年历史的老口味可口可乐都被遗忘了。调查表明,新可乐更受欢迎,口味胜于百事可乐。由于担心已有调查依然具有某种潜在的倾向性,为确保调查的科学性,可口可乐公司还雇用一家宣传公司进行了调查,调查结果与期望完全一致,53% 的消费者选用新可乐,只有 47% 选择百事可乐。可口可乐公司还将两箱没有贴标签的可口可乐,其中一箱是新可乐,一箱是旧可乐,分送到 200 个家庭,在他们喝完后再做调查,调查结果表明人们似乎更喜欢新可乐。① 公司也试探性地调查消费者对取消老可口可乐的反应,结果遭到被测小组的强烈反对。但是,在郭思达看来,这个反应只是一个小小的挫折,并不能阻止新可乐创新的最终成功。②

　　1984 年 9 月初,在最终研制成功新可乐配方后,可口可乐公司作了这样的试验,在不知道牌子的情况下,请消费者品尝不同的饮料。结果是新可乐超过百事可乐 6 到 8 个百分点,这又一次表明新可乐配方是一个很大的成功。③

　　在进行了一系列的市场调研之后,可口可乐公司确信已经有足够的资料显示新可乐比老可乐和百事可乐更能迎合更多的客户群。而郭思达至少用了五年的时间进行新可乐配方的研发工作,他自信新可乐会获得成功。1985 年 4 月,郭思达正式向公司高层管理者和董事会公开表明,要改进盛行了 99 年的可口可乐配方,生产已经研制成功的新可乐。出于对郭思达的服从和希望,尽管有人认为此举可

---

　　① [美]戴维·格里森:《我愿全世界都买可口可乐——罗伯特·戈伊祖塔与可口可乐的全球营销战略》,傅兴潮译,宇航出版社 1998 年版,第 205 页。

　　② 同上,第 198 页。

　　③ 同上,第 209 页。

能会葬送整个可口可乐公司，尽管大部分董事对新可乐持反对意见，但是反对者最终还是保留了意见，同意了郭思达的决定。于是，可口可乐公司决定停止旧可口可乐的生产，开始生产新可乐，以避免两种饮料相互竞争，从而可能最终会将全面领先的地位拱手让给百事可乐。①

　　4. 遭遇强烈抵制：新可乐创新的实施

　　1985 年 4 月 23 日，新可乐正式推向市场。可口可乐公司在纽约市的林肯中心举行了一个主题为"公司百年历史中最有意义的饮料营销新动向"的新闻发布会。郭思达兴奋地向全世界宣布："最好的饮料——可口可乐，将要变得更好"，新可乐将取代老可乐上市。但是，与会的 200 多家新闻媒体中的大多数并未信服新可乐的优点，他们的报道一般都对新可乐表示否定和怀疑，如《新闻周刊》的报道大标题就是"可口可乐乱弹琴"。

　　在新可乐上市四小时之内，可口可乐公司便接到 650 个抗议更改产品口味的电话；当月底，抗议电话的数量急增至每天过千宗；到 5 月中旬，批评电话更升至每天 5000 个，6 月则上升为 8000 多个，而这期间还有无数的抗议信件。新可乐问世第三个月，其销量仍不见起色，而公众的抗议却愈演愈烈。许多人表示宁可喝白开水也不喝新可乐；老可口一路紧俏，在很多地方都被抢购一空，而新可乐仍在积压；西雅图的消费者成立了一个名为"全美老可口可乐饮用者协会"的组织，发起各种抗议活动，威胁要进行集体起诉，除非可口可乐公司重新使用旧配方；专栏作家、卡通画家以及喜剧演员全部加入了反对新可乐的阵营。② 一些抗议意见非常激愤：新可乐"不配用可口可乐这个名字"，"就是在我家院里焚烧国旗也不会像这件事一样令我难过"。一些抗议不是愤怒而是悲伤：新可乐"夺走了童年的记忆"。多数美国人表达了相似的意见：可口可乐背叛了他们，"重写《宪法》合理吗？ 重写《圣经》呢？ 改变可口可乐配方，其性质一样严重"。同时，罐装厂商也向可口可乐

---

　　① [美]戴维·格里森：《我愿全世界都买可口可乐——罗伯特·戈伊祖塔与可口可乐的全球营销战略》，傅兴潮译，宇航出版社 1998 年版，第 217 页。
　　② 同上，第 124 页。

亚特兰大总部抗议,要求恢复生产老可口可乐来弥补他们的经济损失。① 在苦撑78 天之后,1985 年 7 月 11 日,可口可乐公司最终被迫决定恢复生产传统配方的老可口可乐,并将其命名为“经典可口可乐”,与“新可乐”一起销售。郭思达亲自宣布了这一消息,当天即有 18000 个表示支持的电话打入公司免费热线。ABC 电视网中断了正在播出的热点节目插播了这条新闻。第二天全美国各大报的头版头条都报道了这个新闻。

尽管如此,可口可乐公司仍坚持将新可乐视为其产品的“旗舰”,但消费者似乎并不认可。到了 1985 年底,经典可乐的销售大大超过了新可乐,新可乐只占据2% 的市场份额。1990 年春,公司重新包装了“新可乐”,并将其作为一个延伸品牌,以“可乐Ⅱ”的新名字重新推向市场。但是,现在经典可乐占据了美国软饮料市场的 20% 以上的市场份额,而“可乐Ⅱ”只占据了微不足道的 0.1%。新可乐从来就没有获得过真正成功意义上的市场份额。《纽约时报》评论可口可乐公司更改饮料配方的新可乐创新,是“美国商界一百年来最重大的失误之一”。

二　落入决策陷阱：新可乐创新失败的原因分析

可口可乐公司这样创新经验丰富的著名跨国公司都难以避免创新失败,是否意味着创新时时有陷阱,令人着迷、使人生畏且令人难以理解和难以把握的神秘活动呢？ 其实不然,创新虽然是一种充满不确定性的探索活动,但深入分析新可乐创新失败恰恰可以帮助我们理解创新实践的一些关键之处。

创新不仅是一个单纯的发明过程,更是一个社会的过程。② 作为一种饮料,新可乐的口感优于老可乐和百事可乐,这表明新可乐创新在技术上无疑是成功的。但是新可乐推向市场后却不为广大消费者所欢迎,这表明新可乐创新又的确是失败了。创新需要一定的外部环境和内部条件。在可口可乐公司的新可乐创新中,

---

① ［美］康斯坦斯·L·海斯:《争霸——可口可乐全球扩张的真实历程》,山河译,电子工业出版 2005 出版,第 27 页。
② ［英］卡尔·富兰克林:《创新为什么失败》,王晓生等译,中国时代经济出版社 2005 年版,第 29 页。

涉及到的问题突出表现为以下几个方面:

1. 企业家的决断力

罗伯特·郭思达作为可口可乐公司的掌门人,锐意改革,勇于面对百事可乐的竞争挑战和公司内部的反对,凭着作为化学家的丰富技术经验,主持新可乐创新工作,而新可乐在技术上的成功对于这位企业家来讲也是不言而喻的。在召开公司高层的会议中,他独挡一面,让其他的管理人员感受到他不可战胜、永不言败的精神气质,在士气上战胜了对新可乐创新持反对意见的人。郭思达能够推动新可乐创新,无疑与他本人向来自信、从不自我怀疑的个性直接相关。如果这个创新决策不由他主宰而是由别人主宰,那可口可乐公司也许就不会出现该公司有史以来这次最大的创新实践了。

有了这么一个自信果敢的企业家,无论是进行技术研发,还是进行市场调研,获得全方位的支持就不是问题了,于是耗资巨大,规模宏大的技术研发和市场调研可以陆续展开,调研的结果似乎是不可怀疑的,新可口可乐的推出必定会成功。这样的创新条件对于可口可乐公司来说是极为有利的。郭思达勇于创新并且切实鼓励推动创新,这对于企业的生存是至关重要的首要有利条件。然而新可乐创新最终却失败了,这需要我们反思企业家决断力在创新中所具有的两面性。

2. 创新的价值定位

新可乐对旧可乐的完全取代,刺激了美国人深深积淀的对可口可乐的感情,以及由此延伸出来的美利坚的民族感情和文化底蕴。可口可乐不只是一种饮料,更是伴随美国几代人成长的文化,是美国文化中宝贵的精神财富。可口可乐自诞生以来就出现在街头巷尾的零售商店里,尤其在二战期间,可口可乐公司让美国士兵在异国他乡都能喝到与国内同等价格同等品质的可口可乐,鼓舞了美国军人的士气。它已经作为一种精神文化内化在美国人的心中,成为美国人不可缺少的文化因素,如同星条旗和棒球一样,成为美国精神的象征:某种意义上,可口可乐已经不是饮料,或者不仅仅是单纯的饮料,而是自由和进取的象征。明白这点就不难理解新可乐创新失败的深层次原因了,即可口可乐公司只是将可乐定位为一种器物层面的饮料，一种"口感决定论"的饮料，新可乐是更好口感的饮料而已，而没有将其视为一种新文化运动，进而没有深刻认识新可乐创新实际上是对美国传统文化心理的挑战和变革。这种对创新本质的理解出现致命的偏差，落入这种认知陷阱中的创新实践自然也就难以获得成功了。

3. 市场信息的认知

创新从来都是在市场中进行的，进行市场调研获得准确的市场信息是创新的基本工作内容。从市场调查的方面来讲，市场调查本身是可能存在缺陷的，它不一定能准确无误地反映出消费者的心理，它不一定能告诉调查者想知道的东西，调研结果也不能轻信，因为它可能是假相。新可乐创新的市场调查虽然规模巨大、范围广泛，但仅限于消费者对新可乐口感的反应，而没有更加深入地从各个角度多方面调查，例如，人们对于新可乐完全取代旧可乐的心理反应等其他比口感更重要的文化因素的调查。

从消费者的心理上来讲，消费者在市场调查中会出现言行不一的状况。消费者是理性的，在口感权衡的时候他们会选择味道甜美的新可乐。但在面对新可乐完全代替经典可乐的时候，他们则又在一种更为深刻的理性层面做出判断，拒绝接受新可乐，因为从他们的内心深处来讲，无法割舍的是经典的可口可乐，那是一种深深积淀的文化情感和文化认知，不仅仅是一种饮料或消费习惯。

三 躲避创新陷阱：从新可乐创新失败看创新的内涵

20 世纪初，熊彼特（Joseph Schumpeter）在《经济发展理论》一书中解释了创新的含义，并给予创新以极高的地位。经济学意义上讲的创新不是普通大众所认为的创造新事物，而是指任何在生产过程中的工艺、生产装置以及生产出来的新产品在商业交易中实现其价值。只有实现了经济上的或市场上的价值才算创新的成功。1962 年，伊诺斯（J. L. Enos）明确地阐述了创新是几种行为综合的结果，这些行为包括发明的选择、资金投入保证、组织建立、制定计划、招用工人和开辟市场等。著名的创新研究者克利斯·弗里曼（Chris Freeman）和罗克·苏特（Luc Soete）

将技术创新定义为新产品、新过程、新系统、新服务的首次商业性转化。① 我国著名技术哲学家陈昌曙先生也强调,技术创新专指发明的首次商业上的应用或技术成果的产业化商业化,而不仅限于技术上有创造和更新。② 可见,创新绝不是单纯的技术意义上的成功,真正的技术创新和工程创新成功是包括新技术产品的商业化的实施成功的整个过程创新。

从本质上说,创新是一项冒险性的事业。"多数的创新,无论是多么令人兴奋,最终都将消失在历史的灰烬里。"③创新具有很大的风险性,每个环节都包含了很多不确定的因素。大量研究表明,从新颖的思想到产品的成功这一系列过程中,失败的比例非常高。创新的失败比例范围为30% ~95% ,目前公认的平均失败率为38% 。④ 创新活动充满了风险性,创新失败的原因值得我们去深思,可口可乐公司的新可乐创新实践给我们躲避创新陷阱、追求创新成功留下许多宝贵的启示。

1. 企业通过创新谋求发展

世界上著名的跨国公司没有不是在持续进行创新实践中谋求发展的。它们在对市场需求的深刻理解把握的情况下,开展自己的一次次创新工作,不断追求技术进步,领先市场。我国的企业加入 WTO 之后,要自觉学习跨国公司坚持创新的生存之道,绝不能因为创新存在着高风险就畏惧不前;一定要勇于创新实践,只有这样才可能增强企业的核心竞争力,在复杂激烈的国际竞争中获得生存和发展。

2. 创新是风险活动,需要管理

创新成功来之不易,需要敢于承担巨大的风险。我国的企业在进行创新实践

---

① [英]克利斯·弗里曼、罗克·苏特:《工业创新经济学》,华宏勋等译,柳卸林审校,北京大学出版社2004 年版,第256 页。
② 陈昌曙:《技术哲学引论》,科学出版社1999 年版,第148 页。
③ [英]卡尔·富兰克林:《创新为什么失败》,王晓生等译,中国时代经济出版社2005 年版,第23 页。
④ JOE TIDD 等:《创新管理——技术、市场、与组织变革的集成》,陈劲等译,清华大学出版社2002 年版,第7 页。

时，一定要科学决策，充分做好预研工作。我们需要记住，"创新的过程是一个充满高度不确定性的过程，牵涉到许多相关因素：技术因素、市场因素、社会因素、政治因素及其他因素。在如此复杂的不确定性过程中，技术创新要取得成功需要周密的管理过程"。①

3. 单纯技术上的创新成功不是成功的创新

"创新成功就是指技术成功"这个认识陷阱和实践陷阱我们一定要警惕，领先的技术、先进的技术并不一定就适合市场需求。创新要走向成功是各种因素综合作用的系统工程，技术仅仅是其中需要考虑的一个因素；创新的每一步都要走好，尤其要获得市场上的商业成功才是真正的创新成功。

4. 创新应该注意的几个问题

第一，创新的成功首先依赖于卓越的企业家的领导。企业家要有远见卓识，自信但不盲目乐观，洞察先机，预见未来，企业家的个人气质往往对创新起决定性作用。

第二，多次高层的圆桌会议也是必需的，这样可以群策群力，全方位系统考察评价一个创新计划的优劣，避免企业家的独断失误。

第三，市场调研工作是创新中重要的工作。市场调研应该包括竞争对手和价格调查、市场容量估计、消费者需求研究。② 但要注意，调研本身容易出现缺陷，它不一定能告诉我们想知道的事情，获得的信息可能失真。

第四，认知消费者的需求至关重要。一定要辨识消费者真正需要什么样的技术改进或产品功能进化，只有在满足消费者需求的情形下，创新才会获得真正意义上的市场的成功。

第五，民族文化和生活习俗都是影响创新能否成功的重要因素。不符合大众习惯、违背民族文化心理的创新往往难以获得成功。

---

① JOE TIDD 等：《创新管理——技术、市场、与组织变革的集成》，陈劲等译，清华大学出版社2002 年版，第 8 页。

② ［英］卡尔·富兰克林：《创新为什么失败》，王晓生等译，中国时代经济出版社 2005 年版，第124 页。

　　实践表明,"当今创新失败的主要原因就是忽视历史教训"①,创新失败的历史经验值得我们去研究。从理论上说,我国在建设创新型国家的过程中,具有的明显的后发优势就是可以积极借鉴发达国家创新失败的经验教训,使我们的自主创新实践洞察可能的创新陷阱和创新壁垒,达到事半功倍、少走弯路的功效。但是,需要我们注意的是:实际上,这种后发优势仅仅是潜在的、可能的"势",而不是现实的"优势";除非我们努力进行大量深入的创新案例研究尤其创新失败的案例研究,否则这种优势非但难以形成,反而可能使我们陷入"后发劣势"的陷阱之中——或者迷信创新、盲目创新,或者恐惧创新、逃避创新。研究落入创新陷阱的创新失败,一定会对于我们更冷静、更理性地认识和把握今天被炒得沸沸扬扬的创新时髦话语产生很大的积极意义。

第六节　企业多元化战略中的技术转型

——新日铁与首钢"造芯"案例研究

　　追求持续成长的企业必须时常对自身所处的生存环境保持高度的敏感,当建立在现有核心技术基础之上的事业已经很难为企业提供足够的成长空间时,适时地推进多元化战略、实施技术转型便成为一种明智的选择。与基于原有技术轨道的技术创新相比,转换技术轨道的技术创新,即技术转型的管理要复杂得多。② 它对企业的前途具有更多的不确定性。因此,有必要加强对企业技术转型问题的研究。

　　在企业技术转型研究方面,虽然出现了一些针对高新技术产业转型问题的探讨,但对传统产业转型问题的研究却很少见到。③ 事实上,不仅迅速地更新高新技术产

---

　　①［英］卡尔·富兰克林:《创新为什么失败》,王晓生等译,中国时代经济出版社2005年版,第81页。

　　② 和矛、李飞:《行业技术轨道的形成及其性质研究》,《科研管理》2006年第27(1)期,第35—39页。

　　③ 高建、程源、徐河军:《技术转型管理的研究及在中国的战略价值》,《科研管理》2004年第25(1)期,第49—54页。

业需要面对转型问题,那些已经步入成熟期的传统产业同样面临着较大的转型压力。如果这些企业解决不好自身的技术转型问题,目前实力再怎么强大都难以有美好的未来。为此,本文拟以日本新日铁公司和中国首都钢铁公司在推进多元化发展战略过程中积极开发半导体事业为案例,尝试着探讨一下传统产业的技术转型问题,以期能为众多钢铁企业何以开拓半导体事业均遭败绩现象给出一种解释。

一 案例说明

1. 新日铁涉足半导体

二战期间,日本的钢铁业受到了很大的冲击。战后,由于率先采用了第二代钢铁生产技术,日本迅速成长为世界上首屈一指的钢铁大国。不过,这种高速发展到1973 年粗钢产量达 1.19 亿吨的顶峰以后就停止了。此后的十余年间,由于石油危机的爆发,日本粗钢的产量始终在 1000 万吨左右徘徊不前。① 经过一番艰苦探索之后,日本钢铁企业在 20 世纪 80 年代中期终于意识到行业内部的成长空间已十分有限。于是,各大钢铁企业纷纷开始策划实施多元化战略,试图通过新业务的开拓来实现企业的转型。这一时期,在政府的积极推动下,日本的半导体产业发展迅猛,被广泛认为是一个新兴的有前途的事业领域。② 尽管此时日美半导体摩擦已日益加剧,但是日本钢铁企业确信作为“工业粮食”的钢铁的地位终将被半导体所取代。

在日本钢铁企业开始思考如何推进多元化战略之时,有两件事影响了他们的决策。(1) 1985 年,在半导体领域起步很晚的东芝公司开发 1M 动态随机存取存储器(RAM)获得成功,第二年开始生产、销售,并迅速占领全球 50% 的市场,从而获得巨额利润;(2) 同样是 1985 年,英特尔公司因其拳头产品 64K 动态 RAM 的价格猛跌,公司财务报表上出现严重赤字,不得不宣布放弃动态 RAM 的生产,以集

---

① ［日］産業構造研究會:《現代日本産業の構造と動態》,新日本出版社 2000 年版,第 248 页。
② ［日］新井光吉:《日·米の電子産業. 東京》,白桃書房 1996 年版,第 142—158 页。

中精力投入微处理器的开发生产。① 这两件事无异于说：虽然可大量生产的通用型动态 RAM 景气浮动非常大，但在美国半导体生产的龙头老大英特尔公司退出竞争的情况下，只要把握住切入时机，后发者完全可以取得成功。

再者，作为工业原材料，半导体材料与钢铁在制取过程中有着很多相似性。以硅晶片生产为例，首先从硅矿石中提炼粗硅，接着将粗硅精炼成多晶硅，然后将多晶硅加工成单晶硅，最后将单晶硅切割成硅晶片。至于将硅晶片加工成含有晶体管、二极管、电容、电阻等元器件的半导体集成电路块，也即通常所说的芯片，当然和钢铁生产存在着很大的差异，而且通常都需要高度的技术和大量的资金。但是，硅晶片的生产、投资规模比芯片要小得多，而且技术难度也不高。因此，日本的钢铁企业从 1985 年开始纷纷作出加入半导体材料生产行列的决定，并将半导体事业作为各企业的支柱产业之一来加以培育。

率先从事多晶硅生产的是日本钢管(NKK)。新日铁紧随其后，于 1985 年 6 月成立了注册资金为 4.5 亿日元的全资子公司"日铁电子"。同其他钢铁公司一样，新日铁先从技术门槛相对较低的半导体材料入手，在新近结成的半导体生产战略伙伴日立公司的支持下，投资近 150 亿日元在其下属的光制铁所导入了切割单晶硅制作硅晶片的全套生产设备，并于 1986 年秋试生产成功，于 1987 年正式投产。硅晶片量产成功后，新日铁随即策定了以向新兴事业领域拓展为主要内容的"多种经营"计划，确立了公司的中期发展目标。其具体数值是，到 1995 年，公司的电子信息部门的营业额占全体营业额比重上升到 20%，达 8000 亿日元[3,276]。显然，单靠硅晶片的生产，新日铁很难实现此项数值指标。因此，新日铁不久后便开始将目光投向芯片生产、乃至个人电脑生产业务。

经过一番考察后，新日铁决定采取先填平芯片生产业务周围的壕沟，然后再强攻芯片生产堡垒的方略。于是，他们一边生产硅晶片，一边研制生产芯片所需的封装材料、集成电路焊接引线、半导体用喷镀装置等，积极为芯片生产预做准备。两

① [日]古光太郎：《日美韓台半導體產業比較》，白桃書房 2002 年版，第 124 页。

年后,即 1989 年底,新日铁宣布成立半导体元器件开发中心,并投资 90 亿日元研制芯片生产流水线。尽管具体管理部门先后制定了多个强攻芯片生产业务的方案,但因投资过大,公司决策者始终未予批准实施。每次,当决策者们刚要决定批准芯片项目上马之时,因技术进步,设备升级,投资预算需要大幅追加之故,又不得不缩回来。这样反反复复,新日铁错失了不少进入芯片生产行业的良机。

1991 年,在原"多种经营"计划的基础上,新日铁制定了《新中期综合经营计划》,时效横跨 1991 至 1993 年的三年间,计划将电子信息事业定位成"仅次于钢铁的核心事业",并拟定在此领域每年录用 1000 名新员工。至于电子信息领域的营业额目标则向下做了大幅调整,将 1993 年的电子信息领域与新材料领域的营业额之和定为 3700 亿日元。尽管如此,直至 1992 年底,新日铁均未找到启动芯片生产业务的合适时机。

新日铁真正启动芯片业务始于 1993 年 1 月对 NMBS 的收购。NMBS 是日本滚珠轴承生产商 Minebea 公司于 1984 年 5 月成立的生产超大规模集成电路的分公司。1985 年 5 月开始生产当时最先进的 256K 动态 RAM。但是面临半导体产品迅速的更新换代和巨额的设备投资,前期有限的赢利很快在后面的投资中消耗殆尽。1992 年,由于动态 RAM 市场不景气,该公司出现了 137 亿日元的赤字;而且,原定于该年 12 月从英特尔引进闪存技术的计划也未能成功。迫于无奈,Minebea 最终决定出售 NMBS。此时,新日铁正考虑通过以收购半导体公司的方式进入芯片市场,于是双方很快便一拍即合。

根据新日铁岩崎英彦常务董事的说法,新日铁决定收购 NMBS 这样一个面临困境的芯片公司主要有如下几点考虑:(1)虽然 NMBS 生产的是通用内存,但是存在向生产特定用途内存转型的可能;(2)可以为日立公司进行 4M 动态 RAM 的代工生产;(3)可以借此维持与英特尔的合作关系;(4)尽管半导体业务现在出现不景气,但它依然是正在成长且深具前景的事业,控制好经营范围,日后盈利不会有问题。当时,主张推进这项收购计划的主要是新日铁副总裁今井敬(后担任总裁、董事长)和常务董事千速晃(后担任总裁)。经艰苦谈判,新日铁最终以 55 亿日元购买了 NMBS 的 56% 股权,并承接了该公司的 300 亿日元的有息贷款。该公司此后被更名为"日铁半导体"。

1995 年,"日铁半导体"因个人电脑需求增加而出现赢利。同年 8 月投入 80 亿日元在馆山工场建造了 1M 动态 RAM 生产线。但之后的进展并不顺利,只有 4M 动态 RAM 在 1996 年赢利 207 亿日元。由于主力产品动态 RAM 价格低迷,致使"日铁半导体"于 1997 年 3 月出现 154 亿日元的赤字,1998 年 3 月又接着出现了 160 亿日元的赤字。1998 年 9 月,新日铁决定将拥有 930 名员工的"日铁半导体"转让给台湾联华电子集团,同时宣布从芯片生产领域完全撤出。当时,"日铁半导体"56% 股份的出售价格仅为 15.2 亿日元。[1] 若加上全额出资在馆山工厂兴建的半导体生产线的损失以及担保的债务,新日铁的损失总额高达 1200 亿日元。不仅如此,五年的芯片研发经验和对未来的期待与自信也全部赔进去了。1998 年 4 月就任的千速晃总裁感叹道:"付了一笔高昂的学费。价格变动的剧烈程度与钢铁等相比差异实在是太大了!"有趣的是联华电子接手"日铁半导体"两年后就开始盈利。

继从事芯片生产的"日铁半导体"被转让之后,从事硅晶片生产的"日铁电子"也很快被转让出去了。基于半导体材料的需求在未来会进一步扩张的预设,日本各大钢铁企业纷纷效仿 20 世纪 80 年代后期取得初步成功的日本钢管和新日铁,投入巨额资金购置设备,从事半导体材料的生产,致使半导体材料的供应量快速攀升。但是,半导体材料的市场容量有限,特别是在硅循环不景气阶段,其需求量更少。因此,各大钢铁企业花巨款购置的结晶硅生产设备根本无法进行满负荷运行,新日铁所属的"日铁电子"当然也不例外。虽然"日铁电子"通过艰苦努力,于 1998 年创造了硅晶片市场占有率达世界第七的佳绩,但由于硅晶片价格低迷,其后不得不一而再、再而三地压缩硅晶片的生产规模。2000 年 5 月,新日铁迫不得已主动将"日铁电子"55% 的股份转让给德国的 Wacker-Chemie GmBh 公司,放弃

---

① 黄钏珍:《联电收购新日铁半导体 56% 股权》,《台湾工商时报》,1998 年 9 月 30 日。

了"日铁电子"的经营控制权。2003 年 5 月，新日铁又将日铁电子的另外 45% 的股份转让给该公司，从而彻底放弃了硅晶片生产业务。[①] 这样，新日铁便完全从半导体事业领域撤退下来了。

2. 首钢造芯始末

首钢涉足半导体事业始于 80 年代末。当时首钢拥有较充裕的剩余资源，包括雄厚的自有资金和先进的金属材料生产技术等。但是，首钢主业的拓展却遇到了瓶颈，主要是因为受地理位置的局限，无法进一步扩大钢铁生产规模。在政府大力发展半导体产业政策的引导下，首钢开始把注意力转向芯片这一高科技制造领域。为了弥补在技术和市场资源方面的不足，首钢选择与日本电气株式会社（NEC）合资成立子公司的方式进军芯片生产领域。

首钢与日本电器合资经营的首钢日电电子有限公司（SGNEC）于 1991 年 12 月正式成立，总注册资金为 86.75 亿日元，其中首钢的出资比例占 60%，NEC 占 40%。[②] 新成立的首钢日电雄心勃勃，计划从 NEC 公司全面引进芯片设计、生产、管理技术并购买整套生产设备和 CAD、CAT 和 CAM 系统，以实现开发、设计、生产、销售、服务一条龙经营。[③] 1994 年 4 月，首钢日电首先建成芯片生产的后工序生产线并投产，主要从事 4M 动态 RAM 等芯片的封装。[④] 由于兴建伊始就采用了代表当时国内芯片生产最高水平的 SOJ、SSIP、SOP、QFP、QIP 等五种工艺，故首钢日电成了当时国内工艺水平最高、封底形式最多的芯片生产企业。一年后，也即 1994 年 12 月，首钢日电又建成了芯片生产的前工序生产线并投产。该生产线全部采用 NEC 的原装设备及技术工艺，按照日方提供的图纸进行生产，主要生产国

① Wacker NSCE Will Become a Wholly-owned Subsidiary of Wacker-Chemie Group. NSC: News Release, May 28, 2003. http://www0.nsc.co.jp/shinnihon_english/news/index.html.

② Transfer of Vanguard Semiconductor Technology to China. NEC: News Release, 96/01/23-01. http://www.necel.com/english/news/9601/2301.html.

③ 程远：《首钢日电电子公司工程竣工》，《经济日报》，1993 年 12 月 5 日。

④ 宣刚：《不断开拓，勇于进取——首钢日电电子有限公司采访纪实》，《计算机世界》，1995 年 5 月 3 日。

内最先进的最小线幅为 1.2 微米的 6 英寸芯片,月投片生产能力为 5000 片。由于 1995 年正值硅循环的鼎盛阶段,国际市场上的芯片价格居高不下,故首钢日电芯片投产当年的销售额就达到 9 亿多元人民币。①

为继续保持在国内同行业中的领先地位,并达到国际先进生产水平,1995 年底,首钢与 NEC 协商决定,追加投资 120 亿日元进行技术升级和扩容。② 此举主要是想将首钢日电的芯片生产技术水平由 1.2 微米提升到 0.7 微米,动态 RAM 的封装技术水平由 4M 提升到 16M。为换取 NEC 的技术,首钢同意改变首钢日电的股权结构。结果,首钢日电的注册资金由 86.75 亿日元增加到 159.75 亿日元,首钢出资所占比例由 60% 降到 49%,NEC 由 40% 增加到 51%。经过如此努力之后,首钢日电的月封装能力提升至 670 万个,月投片产能提升至 8000 片。

为了培育自主设计能力,1996 年,首钢日电开始接受国内外的委托设计。他们先后设计出不同功能的钟表电路、彩电遥控器电路和电子电表电路,并由此逐渐成长为国内唯一的具有芯片设计、前工序芯片制造、后工序封装和集成电路测试的完整生产链的企业。③ 1998 年 7 月,他们又封装生产出国内第一块 64M 动态 RAM,使我国集成电路封装生产跻身世界主流产品的行列,并且成为国内唯一能够封装生产 4M、16M、64M 动态 RAM 的企业。④

NEC 是从芯片研发、设计、制造到应用完全自成体系的大型电子企业。它对代工生产模式非常陌生。其实,这种模式也不符合 NEC 的经营战略和利益。⑤ 首钢与 NEC 合资成立芯片生产公司的目的是要实现产业转型,它对代工生产模式不仅不排斥,而且还非常欢迎。因此,双方在代工生产问题上的认识差距很大。首钢

---

① 傅超英:《让中国信息产业吃上"国产粮"——首钢发展大规模电路纪实》,《科技潮》2001 年第 4 期,第 67—69 页。

② 陈来:《"首钢日电"鞭及亚微米时代》,《中华工商时报》,1996 年 1 月 25 日。

③ 林凌:《向高、精、洁、效相结合的方向迈进——首钢产业结构现代化情况调查》,《改革》2001 年第 1 期,第 36—45 页。

④ 《全国电子工业系统经营业绩前 100 位企业介绍》,《经济日报》,1999 年 2 月 5 日。

⑤ 屠建路:《2000—2001 年中国 IC 产业的发展情况分析》,《中国高新技术产业导报》,2001 年 2 月 17 日。

为实现"在 2010 年前后，以信息产业为代表的高科技产业的规模、效益将超过钢铁业"的战略目标，①从未放松提高自行开发、设计、生产芯片能力的努力。在 1999年 NEC 受到世界半导体市场不景气的影响减少订单，特别是在我国"打私"力度迅速加大的情况下，首钢日电快速实现了从产品单一返销国外向返销国外与开发国内市场并重的经营战略的转变。该年，首钢日电的前、后工序的生产线全部对外开放，先后接受了多家公司的代工，而且他们的通用芯片还以优异的质量通过了康柏、惠普和 IBM 等世界著名企业的认定。② 2000 年，半导体景气回升，NEC 的订单增加的情况下，首钢日电不得不中止对外代工业务，以满足 NEC 的芯片生产需求。③

　　为实现产业转型的战略目标，首钢期待着在 8 英寸、0.25 微米芯片上有所作为，这也是美国等发达国家当时能够容忍转移到中国的最高技术。2000 年 1 月中旬召开的首钢十四届一次职代会上，首钢总经理在报告中明确提出，要"积极安排启动建设 8 英寸、0.25 微米芯片生产线项目，加速微电子生产基地的建设"。④ 同年 5 月，建设北方微电子产业基地研讨会在首钢召开，出席会议的北京市领导代表市政府明确表态，支持首钢上 8 英寸、0.25 微米项目。在北京市政府的大力支持下，首钢果敢地喊出了"首钢未来不姓钢"的口号。⑤

　　2000 年 12 月，首钢总公司、首钢股份有限公司、首钢高新技术有限公司、北京市国有资产经营公司以及美国 AOS 半导体公司等三家境外公司共同投资成立了北京华夏半导体制造股份有限公司（HSMC），总投资额为 13.35 亿美元。⑥ 据首钢股份公告，资本金部分由三家首钢系公司出资 1.2 亿美元；美国 AOS 半导体公司提供知识产权部分，另两家境外公司分别出资 1 亿美元；北京市国有资产经营公司

① 李洪：《首钢集团多元化经营战略研究》，北京大学 2000 年硕士论文，第 36 页。
② 陈东、田京海：《首钢日电集成电路订单激增》，《中国经济导报》，1998 年 11 月 13 日。
③ 《首钢日电：8 英寸适时而动》，《中国电子报》，2002 年 12 月 20 日。
④ 贾中：《0.25 微米芯片生产线开工进入倒计时》，《首钢报》，2000 年 11 月 23 日。
⑤ 顾列铭：《中国晶片业的风雨之路》，《经济导报》，2003 年 6 月 30 日。
⑥ 丁弃文：《首钢停止造芯：冲动的惩罚》，《21 世纪经济报道》，2004 年 11 月 4 日。

投入 4500 万美元,其余部分由银行贷款构成。新成立的华夏半导体计划首批动工兴建两条 8 英寸、0.25 微米的芯片生产线,2002 年投产,2004 年形成月投片达 4.5 万片的能力,①其后再兴建两座芯片加工厂。与此同时,首钢还力促首钢日电将 6 英寸的芯片生产项目由 0.35 微米升级为 0.25 微米,并在此基础上兴建一条 8 英寸、0.25 微米的芯片生产线,以同华夏半导体形成互补之势。

但是 2001 年,全球半导体的大滑坡使局势发生了逆转。这一年,全球半导体的销售额由 2000 年的 2000 亿美元缩减至 1400 亿美元。受这种少见的不景气影响,美国 AOS 公司率先放弃华夏项目投资,致使该项目由其负责提供并承担知识产权责任的承诺无法兑现,影响了项目的进展。② 紧接着另外两家境外投资者也因为国际芯片市场低迷而撤资。③ 为此,寻找新的合作伙伴成为首钢的当务之急。首钢股份先后与美国、荷兰、日本等外国公司多次洽谈,但未能取得实质性进展。此间,华夏欲收购韩国现代公司一条半导体生产线的方案也未能实现。④ 自此,华夏半导体项目陷入僵局。

2001 年的半导体不景气也导致 NEC 的业绩出现恶化。是故,NEC 再次大幅缩减给首钢日电的订单。在这种情况下,首钢日电只好再次接受对外代工业务,其 6 英寸芯片升级项目虽得以继续,但 8 英寸芯片项目不得不延期,并最终于 2003 年 5 月被迫喊停。长期追踪半导体行业的日本记者认为,国际半导体市场严重萎缩,NEC 芯片生产巨额亏损,导致 NEC 把实现赢利视作头等要务。此时,追加投资、提升技术水平很难成为决策者的议题,⑤更何况 NEC 早已在上海与华虹合资启动了 8 英寸芯片项目。不论是从整体发展战

---

① 庞义成:《首钢 8 英寸:等待沸腾》,《多媒体世界》2001 年第 4 期,第 46—47 页。
② 周方:《首钢"停芯"风波》,《数字商业时代》2004 年第 12 期,第 24—26 页。
③ 王文:《首钢芯片陷入困境 投资者因芯片市场低迷而撤资》,新浪网,2001 年 12 月 30 日。http://tech.sina.com.cn/h/n/2001-12-30/97881.shtml.
④ 张立伟:《台半导体业两岸喊话要政策找市场》,《财经时报》,2001 年 12 月 19 日。
⑤ 高改芳:《分拆首钢半导体业务,NEC 中国密谋香港上市》,《21 世纪经济报道》,2003 年 1 月 16 日。

略，还是从近年来的经营状况来考虑，NEC 都不可能在首钢日电再建一条 8 英寸生产线。

2002 年年底，首钢总公司换届，公司内开始传出将回归钢铁本业的呼声。2003 年 1 月，首钢宣布，将斥资 5 亿元投入北京现代汽车有限公司。这样，首钢的 8 英寸芯片项目事实上被搁置起来了。① 2004 年 10 月 26 日，北京首钢股份以公告的形式向股市宣布，原拟用募集资金投资的 8 英寸芯片项目，由于市场变化，外方公司放弃合作投资，公司本着谨慎原则，在进行多方努力仍达不到原投资方案目标的情况下，作出终止华夏项目投资的决定，②并将用于该项目 2.5 亿元募集资金投向高等级机械用钢技术改造项目。③ "高等级机械用钢"实际上就是高技术含量和高附加值的线材和棒材。这与首钢的汽车产业发展战略紧密相关，充分体现了首钢不再"痴情"于芯片产业，而是回归钢铁主业并布局汽车产业用钢的决心。

二　分析讨论

从世界范围来看，涉足半导体领域的大型钢铁企业并非仅有新日铁和首钢两家。日本钢管、川崎制铁、住友金属和神户制钢等日本大型钢铁企业也曾于 20 世纪 80 年代中后期投资半导体事业。台湾中钢也于 1994 年引进德国技术开始生产 8 英寸芯片。④ 但是，这些企业无一例外，最终都遭遇了挫折。尽管企业进行技术转型，尤其是知识和设备相关度不高的弱相关型转型⑤的难度很大、成功率较低，但并不是没有成功者。例如，雅马哈公司就成功地将触角由乐器制造业延伸到了

---

① 朱继东：《首钢"撤火"难降芯片产业"高热"》，《经济参考报》，2003 年 6 月 26 日。
② 首钢股份有限公司董事会：《北京首钢股份有限公司 2004 年年度报告》，2005 年 3 月 17 日，第26 页。
③ 张起卫：《首钢放弃芯片业务 2.5 亿元回投钢铁业》，《中国工业报》，2004 年 11 月 2 日。
④ 《台湾中华征信所》供稿：《台湾"中钢"集团立足本业多种经营》，《海峡科技与产业》1999 年第 6 期，第30—31 页。
⑤ 张米尔：《弱相关型产业转型中的转型企业技术学习》，载柳卸林：《中国创新管理前沿》第一辑，北京理工大学出版社 2004 年版。

摩托车制造业,GE 由一家电器公司成长为飞机发动机、医疗成像设备制造商以及金融服务和娱乐媒体公司。那么,为何这些大型钢铁企业在向半导体事业领域进行转型时都遭遇了挫折呢? 回答这个问题,有必要从影响技术转型的几个主要因素,如技术选择、技术学习、文化锁定(cultural lock-in)等处入手。

1. 技术选择

企业在推进多元化战略、实施技术转型时,可供选择的技术获取方式主要有三种:原创、改良、模仿。选择原创方式实施技术转型则要求企业依靠自身的力量来实现重大技术突破,并以此为基础实现企业经营要素的新组合。运用改良方式实施技术转型则要在他人完成的技术发明基础上,通过纵向深化、或横向拓展来实现发明的新应用,也就是说努力将潜藏在他人的发明中的应用可能性现实化。至于依靠模仿方式实施技术转型则是指通过购买或合资经营等形式引进技术和设备,学习、效仿别人的创新思路和创新行为,实现企业经营方式的变革。尽管与全新的原创技术和部分新的改良技术相比,模仿技术只不过是现已存在的由他人拥有知识产权的旧技术,但它对转型企业来讲,却是新的。

企业在推进多元化战略时应该选择哪一种技术获取方式实施转型主要取决于该企业所拥有的内部条件和所处的外部环境。从实践上看,依靠自身的研发力量实现重大技术突破,取得原创技术的企业为数并不多。大多数企业,或者跟在原始企业之后,瞄准原创技术的发展进行技术跟踪研究,随时准备调整生产组织和市场经营战略以实现创新;或者与原始企业之间保持一定的距离,节省研发经费,只投入少量资源用于技术信息的收集整理,把注意力放在一旦新的市场出现后迅速引进相关技术和设备,通过提高产品的性价比,抢占市场份额。也就是说,大多数企业走的都是技术改良和技术模仿之路。这主要是因为,在技术发展的前范式阶段,技术路径不确定,研发风险极大,研发成本很高,只有那些资金实力雄厚,技术力量强大,经受得住长时期的无收益投入的少数企业才能进入。一般企业只有在技术路径已经确定,主导设计已经出现,技术的不确定性已经大为降低的情况下才能切入。这时,竞争已由新产品的竞争转为工艺创新、组织管理创新和市场创新的竞争,参与竞争的门槛已大为降低,故有一定的创新意识和创新能力的企业都可以一试。①

新日铁在进入半导体材料领域时采取了与日立公司合作的方式,而其进军芯片生产领域则是通过兼并半导体公司 NMBS 实现的。首钢进军芯片生产领域时最初采取的是与有经验的半导体公司 NEC 合资建厂的方式导入半导体生产技术和设备。在华夏项目上,其思路则是倚重以知识产权入股的美国 AOS 半导体公司。也就是说,无论是新日铁还是首钢,都没有选择依靠自身的技术力量寻求技术突破,最终实施技术转型的进路。他们最终选择的都是走模仿创新之路。作为实力雄厚的超大型企业,在推进多元化战略、实施技术转型之时,能清醒地作出如此低姿态的选择,难能可贵。

新日铁和首钢选择走模仿创新之路实施技术转型的战略本身并没有错,问题是他们在实施转型之初对目标产业技术与现有核心技术之间的巨大差异以及技术转型可能导致的风险认识不足,以致二者在实施技术转型时不仅都选择了与钢铁技术相关度不高的半导体加工技术,而且导入的半导体加工技术在当时都不是最先进的。

新日铁兼并的 NMBS 是日本一家滚珠轴承厂经营的芯片生产公司。该公司本身就是三流的芯片生产企业,因负债累累无力进行技术引进与技术改造而被迫出售。新日铁尽管以非常低廉的价格成功地收购了这家芯片生产企业,但是这样的企业不可能在芯片生产领域为新日铁提供足够强的技术和市场竞争力。首钢没能导入最先进的芯片生产技术与设备更不足为怪,因为西方发达国家至今还在禁止本国企业将所谓的有可能转为军用的尖端技术出口给中国;而且,NEC 公司作为日本的半导体产业的领头羊,出于维护自身以及日本半导体厂家的利益考虑,当然不愿意将最新的芯片生产技术和设备提供给中方。半导体加工技术是一门更新淘汰速度极快的新兴技术。既然在半导体事业领域自主创新能力有限的新日铁和首

---

① 任元彪:《论技术创新中的几对现实关系》,《新华文摘》1995 年第 5 期,第 170—171 页。

钢一开始就没有能够抢占到半导体加工技术的制高点,那么在后续的芯片生产、销售、设备升级的竞争中陷入被动,难以冲破强手如林的半导体加工企业设置的技术与市场壁垒就是预料之中的事了。

2. 技术学习

钢铁业的大量生产方式的确立始于19世纪后半叶,至今仅完成了两次重大的技术创新。一次是20世纪50—70年代以氧气顶吹转炉、连续铸钢法和多机架串列式连续高速轧钢机为代表的第二代钢铁技术的确立;另一次是20世纪80—90年代在一些西方发达国家形成的以铁水预处理、控制轧制技术和各种形式的短流程钢铁生产技术为核心内容的第三代钢铁技术的确立。[1] 与这种比较稳定的生产工艺相对应,钢铁企业的生产设备更新速度非常缓慢。但是,同为工业生产原料的半导体材料的生产却表现出了不同的特征。其设备更新速度远高于钢铁企业。1958年生产的硅单晶直径通常只有15毫米,但1968年就增加到了50毫米,70年代后期又增加到150毫米,1986、1996年又分别提高到200毫米和300毫米。[2] 硅单晶直径每提高一次,生产设备就得相应地升级一次。问题是集成电路生产设备的更新速度比硅晶片的还要快。如动态RAM的容量在过去20年,即以每三年增加四倍的速度在高速增长。[3] 这样的增长速度导致半导体生产设备运转三年后便会面临淘汰的危险。除此之外,钢铁产业和半导体产业的生产几何尺寸和加工精度也相差悬殊。钢铁生产的精度是以毫米为单位的,而在半导体生产中则要精确到纳米级。因此,无论是从知识层面,还是从设备层面来讲,钢铁产业与半导体产业之间的相关度都很低。

钢铁产业与半导体产业之间的差异还体现在两者之间的技术与设备的更新换代速度方面。这一点,尤为重要。由于半导体产业的技术与设备的更新换代速度远高于钢铁产业,这就为钢铁企业以模仿创新的方式进军半导体加工领域设置了

① 张信传等:《中国钢铁工业技术创新战略》,冶金工业出版社1998年版,第18—19页。
② 张厥宗:《半导体工业的发展概况》,《电子工业专用设备》2005年第122期,第5—12页。
③ 何仲惠:《半导体产业发展动向系列报导之一》,《世界电子元器件》1996年第9期,第17页。

一个重大的难题。那就是，在技术和设备引进之后，如何迅速消化、吸收，并在该技术和设备遭淘汰之前形成自主创新能力。否则，就无法逃脱"引进→落后→再引进→再落后"的怪圈。① 半导体加工技术和设备极其昂贵，任何企业都承载不起持续多次的引进。而要避免持续多次的引进，企业只有在技术学习方面狠下功夫。

国内外有关技术学习模式的研究已有不少，②但都忽略了企业技术学习速度或时间问题。企业因为技术落后才以直接购买或合资经营等方式引进技术和设备，引进的即使是最先进的技术和设备，在引进企业消化、吸收该项引进技术期间，输出企业的技术和设备通常都会有所发展，于是引进企业和输出企业之间又形成了一定的技术差距。如果输出企业输出的本来就不是最先进的技术和设备，则双方之间的技术差距会更大。引进企业和输出企业之间的技术差距越大，对引进企业市场竞争力的形成就会越不利。因此，引进企业必须努力缩小与输出企业之间形成的技术差距。其办法有二：（1）开始新一轮的技术引进；（2）通过技术学习形成自主创新能力。第一种情况下，如果处理不好引进技术的消化、吸收和提高问题，又会出现新一轮的技术落后。显然，问题的关键是如何通过技术学习形成自主创新能力。技术学习存在一个时间问题，如果引进企业在输出企业完成新一轮技术升级前，不能有效地通过技术学习迅速追赶上来，则引进企业在市场竞争中将会不可避免地再一次陷入被动境地，其结果是引进企业很难摆脱对输出企业的技术依赖。这些，从我国近年来的技术引进实践中可以看得非常清楚。

新日铁和首钢分别从 NMBS 和 NEC 获得了成套半导体加工设备和相应的技术。这些设备和技术尽管在当时不是最先进的，但在获取之初，它还算是先进的，至少不算是落后的，否则新日铁和首钢不会为获取它而付出那么大的代价。加上，

---

① 张景安：《实现由技术引进为主向自主创新为主转变的战略思考》，《中国软科学》2003 年第11 期，第1—5 页。

② 朱朝晖：《发展中国家技术学习模式研究：文献综述》，《科学学与科学技术管理》2007 年第1期，第78—82 页。

新日铁和首钢为导入半导体技术事前已做了不少准备,奠定了比较好的技术引进基础。所以,两家企业在进军半导体领域之初都实现了一定程度的赢利。问题是这种良好势头没能得以维持。其主要原因是,半导体加工设备和技术更新速度太快,尽管两家公司在半导体领域形成了一定的技术学习基础,但是以他们的技术力量和经济实力很难在很短的时间内对引进技术进行有效的消化、吸收和提高,故无法迅速缩小与主流半导体厂家之间的技术差距。

前已述及,半导体生产设备运转三年后便会面临淘汰的危险,如果没有一支实力雄厚的技术队伍,根本无法适应如此快的设备更新和技术升级。新日铁和首钢都拥有强大的经济实力,但它们在半导体人才的储备和培养方面并无多少优势可言。为弥补技术力量的不足,新日铁计划每年从电子信息领域录用1000名新员工以充实研发和生产队伍,但是依靠这些新生力量来实现半导体加工设备的局部改造与技术升级无异于缘木求鱼。首钢则由于无法依靠自身的力量通过技术学习来缩小技术差距,不惜以首钢日电的控股权来换取 NEC 的新一代半导体加工技术。在自身无法通过技术学习迅速形成技术创新能力的情况下,即使可以通过再次引进之类方法暂时摆脱技术明显落后的困境,但不可能从根本上扭转技不如人的局面,因而企业很难在技术引进之后的长期竞争中获胜。

3. 文化锁定

企业在其发展过程中会逐渐形成一种"文化锁定"。这种文化锁定会为企业在特定领域的发展提供竞争优势,但它也会成为企业推进多元化战略时的障碍。因为文化锁定容易造成思维定势、决策僵化,削弱企业的创新能力,并降低企业实行技术转型、特别是知识和设备相关度不高的弱相关型技术转型的积极性。由于企业在现有技术上已经进行了巨大投资,并由此获得了社会认同和大量财富,因此人们通常不愿意将各种资源由已经取得成功的领域转投到新的、尚未证实的领域,而更愿意把主要精力和资源投放到现有生产体系的维持与改进上。即使是企业的决策者们富有远见卓识,愿意推进多元化战略,实施技术转型,以促进企业持续、稳定的发展；但是，企业长期形成的文化传统不是一朝一夕所能改变的，尤其是当这种文化曾经孕育过成功时更不容易改变。因此，企业在推进多元化战略时，面临的不仅仅是技术转型问题，还有文化转型问题。如果转型前的企业文化不能迅速地得以改造，那么它极易成为技术转型的障碍，从而导致技术转型的最终失败。

芯片制造业是产品更新换代迅速、市场波动性强、强调应变能力和核心技术的产业；而钢铁业则是生产和销售比较稳定、更强调安全性和计划性的产业。半导体产品的急速更新和市场行情的剧烈波动，要求致力于进入半导体产业并寄希望在激烈的竞争中立足、发展的企业决策层能够对产品的发展前景作出准确的预期，而且还要对瞬息万变的市场作出及时、恰当的反应。不仅如此，它还要求企业拥有一支应变能力强、工作效率高的管理团队，以及拥有追求动态成长的经营理念及与之相适应的创新文化和创新机制。然而，对那些欲推进多元化战略的钢铁企业来讲，要做到这一点，并非易事。因为钢铁企业注重的是生产的稳定性和安全性。为实现此一目标，钢铁企业制定了一系列相应的规章制度，并将其付诸实施。久而久之，企业内部便形成了一种谨慎决策、安全第一的文化氛围。这种求稳、惧怕动荡的结果是钢铁企业对市场变动乃至技术更新的反应远不如半导体企业那样灵敏。

半导体企业要求决策者和管理层对市场的急剧变动和技术的快速更新必须及时、快速地作出反应。而新日铁公司采取的决策机制却是，每年由总裁召集公司内各制铁所所长和业务部部长20人召开两次为期两天的例会，逐个听取意见，并进行细致的讨论。虽然新日铁公司在半导体事业部门成立之后，并没有将这种决策模式全面复制到半导体事业部门，而且还将生产、销售、采购和开发等职能下放给了半导体事业部门。但是，半导体事业部门的领导层和中间管理层大都是由新日铁公司有关部门抽调过去的，他们的身上无不深深地烙下了新日铁公司的文化痕迹。因此，他们不可避免地会将钢铁企业的决策风格、管理方式和文化心态带到半导体事业部门。① 这种情形在首钢日电中也有所反映。首钢日电的管理者中尽管有一些来自于 NEC，但是大多数管理人员均来自首钢（772 名员工中，日籍员工只有 14 人②）。他们长年在首钢工作，深受首钢企业文化的影响。至于首钢的华夏项目则几乎是一个彻头彻尾地由首钢决策的项目。虽说新日铁和首钢的企业文化曾为各自企业带来过辉煌，但钢铁企业和半导体企业之间的文化差异有着天壤之别，故实施转型的难度相当大，尤其是在给定的转型时间极其短暂的情况下。既然新成立的半导体事业部门不能不大量使用原有的钢铁业经营管理人才，难以克服钢铁企业决策风格和工作习惯的影响，也即无法在短期内成功地冲破原有企业文化的锁定，那么新事业进展不顺也就在所难免。

三　结　语

实际上，影响企业技术转型成功与否的因素有很多，但通过上述三方面的简单考察，我们可以得出这样的几点启示：

第一，企业在推进多元化战略，实施技术转型时，必须妥善处理好技术选择、技术学习、文化锁定等问题；否则，企业不仅无法分散经营风险，获得更多的利润，而且还有可能面临更大的危机。

第二，企业在推进多元化战略时，应尽可能地发挥原有技术优势，即使是实施弱相关型技术转型，也应努力选择最为先进、更新换代周期比较长的技术，以便冲破进入壁垒，站稳脚跟。

第三，选择模仿创新之路，虽然可以绕过投巨资从事原创技术研发可能遭遇的风险，但在技术学习过程中同样必须支付高额的学习成本，而且支付了这些学习成本之后，如不能在引进技术与设备的更新换代周期内迅速形成自主创新能力，就有

---

① 王凤彬、朱景力：《新日铁公司多元化经营战略与组织战略剖析》，《改革》1998 年第 2 期，第 108—119 页。

② 傅超英：《和你在一起——首钢 NEC 中日员工抗击非典坚持生产纪实》，《首钢日报》，2003 年 6 月 11 日。

可能再次陷入技术落后的被动局面。

第四,在一个领域取得成功的人才和企业,不一定能在另一个相关度不大的领域取得同样的成功。技术类型不同的企业对人才和企业文化的要求是不同的。企业在推进多元化战略、实施技术转型时,必须妥善处理好人员的调动和搭配问题,以利形成适合目标产业发展的新型企业文化。

后　记

本书以"工程创新"为基本主题,全书结构分为理论篇和案例篇两大部分。案例篇与理论篇虽然有呼应、有配合,但案例部分自有其特殊的作用和意义,并不是理论部分的"附属品"。

在理论篇中,本书主要阐述了以下八个理论观点:

(一)工程活动是社会存在和发展的物质基础,是直接生产力。

(二)在国家创新系统中,研发活动是"前哨战场",工程创新是"主战场"。"侦察兵"和"主力军"必须密切配合与协同才能取得"创新之战"的胜利;"侦察力量"薄弱或"主力军"战斗力不强都不可能赢得"创新之战"的胜利。

(三)必须从"全要素"和"全过程"的观点认识工程创新。工程创新的"全要素"和"全过程"中都存在壁垒和陷阱——包括"要素壁垒和陷阱"与"集成壁垒和陷阱"。创新过程必须突破所有壁垒和陷阱才能取得成功;而一个壁垒或陷阱前的失败就可能导致创新的整体失败。

　　（四）科学发现和技术发明的评价规范是只承认"首创性"；而工程活动的基本特征是具有"唯一性"。

　　（五）工程活动是在"创新空间"中通过不断的"选择"与"建构"而把"可能性"转化为"现实性"的过程。

　　（六）工程活动的灵魂是其主体依赖性和当时当地性。学习和创新之道，理有固然；此人此时此地，势无必至。

　　（七）"实践智慧"和"理论智慧"是两种不同类型的智慧。军事智慧和工程智慧都属于实践智慧。工程智慧常常直接体现为善于应对壁垒与陷阱的智慧。应该知己知彼，知败知成；察势谋划，妙用奇正；突破壁垒，躲避陷阱；有学有创，合作竞争。

　　（八）创新过程包括"发明"、"首次商业化"（狭义创新）和"创新扩散"三个阶段。三个阶段中需要运用三种不同类型的工程智慧。创新扩散不但涉及微观问题而且涉及宏观问题，"创新"的"扩散速度"和"扩散规模"问题是带有宏观性的重大问题。

　　这里重复以上八个理论观点，目的是希望能够加深读者的印象。

　　科学研究、文艺创作和工程活动都要求进行创新。不但科学家和诗人的"身份"内在地提出了创新的要求，而且工程师和企业家的"职业"或"身份"也内在地提出了创新的要求，于是创新就成为科学研究、文艺创作和工程活动的"共同主题"。

　　我国古代著名诗人元好问在《论诗三十首》中说："奇外无奇更出奇，一波才动万波随。只知诗到苏黄尽，沧海横流却是谁？"对于"奇外无奇"二句，有人引姜夔《白石道人诗说》的一段话进行了解释："波澜开合，如在江湖中，一波未平，一波已作。如兵家之阵，方以为正，又复为奇，方以为奇，忽复是正，出入变化，不可纪极，而法度不可乱。"这段话的旨趣与本书上篇中阐述的观点有颇多共通之处。

　　2003 年，中国科学院成立了工程与社会研究中心。2005 年，受中国科学院研究生院科研启动经费项目"工程与社会基本问题的跨学科研究"（项目负责人李伯聪)资助,开始了本书的讨论和写作过程。2008 年,我们的研究工作又得到了国家软科学课题"国家重大建设工程文化与创新文化研究"(项目编号:2007DXS1K013—01,项目负责人李伯聪)的帮助。在本书写作过程中,许多学者曾经多次聚会中国科学院研究生院进行有关学术研讨,氛围难忘。现在本书在浙江大学出版社支持下得以出版,希望能够尽快听到读者的批评和反馈意见。

本书是集体智慧的结晶,各章节的撰写人如下:

第一章　绪　论　　李伯聪(中国科学院研究生院)

第二章　工程创新:创新的主战场　　王大洲(中国科学院研究生院)

第三章　工程创新中的壁垒和陷阱　　邢怀滨(东北大学)

第四章　工程创新的实质与工程智慧　　李伯聪(中国科学院研究生院)

第五章　关于工程创新案例分析和研究的几个问题　　徐炎章(浙江工商大学)

第六章　国内案例研究

第一节　重要历史文物和现代水利枢纽双重身份的都江堰

张成岗　张尚弘(清华大学)

第二节　钱塘江大桥:我国桥梁工程史上的里程碑

徐炎章　侯　日(浙江工商大学)

第三节　我国的万吨水压机及其总设计师

孙　烈　张柏春(中国科学院自然科学史研究所)

第四节　中文印刷业跨入"光与电"的时代——王选和激光照排系统

徐炎章　王素宝(浙江工商大学)

第五节　续写辉煌——北京正负电子对撞机重大改造工程

张恒力(北京工业大学)

第六节　中药新剂型"双黄连粉针剂":从专利到市场

王大洲(中国科学院研究生院)

第七节　"技术落后"帽子下的"小灵通"大显灵通

赵建军　毛明芳(中共中央党校)

以上案例中的绝大多数最初都是作为本书案例而开始撰写的，但也曾作为单篇文章在《工程研究》、《工程与哲学》或其他杂志发表，收入本书时略有修改。

本书作者

2008 年 9 月 30 日

图书在版编目（CIP）数据

工程创新：突破壁垒和躲避陷阱/李伯聪等著. —杭
州：浙江大学出版社. 2010. 11
ISBN 978-7-308-07950-1

Ⅰ.①工… Ⅱ.①李… Ⅲ.①技术哲学－研究 Ⅳ.
①N02

中国版本图书馆 CIP 数据核字（2010）第 175758 号

工程创新：突破壁垒和躲避陷阱

李伯聪等 著

责任编辑	董德耀 葛玉丹
封面设计	虢 剑 洪 杰
出版发行	浙江大学出版社
	（杭州市天目山路 148 号 邮政编码 310007）
	（网址：http://www.zjupress.com）
排 版	杭州大漠照排印刷有限公司
印 刷	杭州浙大同力教育彩印有限公司
开 本	787mm×1092mm 1/16
印 张	22.25
字 数	324 千
版 印 次	2010 年 11 月第 1 版 2010 年 11 月第 1 次印刷
书 号	ISBN 978-7-308-07950-1
定 价	45.00 元

浙江大学出版社发行部邮购电话（0571）88925591